普通高等教育 IT 类工程创新能力培养规划教材

Web 前端开发技术

（慕课版）

主　编　鄢　涛　刘永红　于　曦

副主编　刘启萍　赵卫东　叶安胜

科学出版社

北　京

内 容 简 介

本书写给Web前端开发人员，尤其适合初学者。它从基础的语法规则开始，采用逐步构建的学习方法，一步一步深入、系统地阐述了Web前端开发的三大核心技术HTML、CSS、JavaScript。内容编排结构合理，由浅入深，循序渐进地引导读者快速入门。本书从初学者的角度出发去审视和阐述知识，力求与初学者思维相近，心灵相通；同时又尽量以生动、系统的方式去总结知识，像在做学习笔记一样亲切，希望带给读者轻松、愉悦的学习体验。相信学完本书后，你不仅能牢固地掌握前端开发基本核心技术，为进一步深入学习打下坚实的基础，更能体会一些知识的学习方法，在快乐中成长！

本书可作为高等学校软件工程、计算机科学与技术、网络工程、物联网工程、信息科学技术、数字媒体技术、数据科学与技术（大数据管理相关）及其他文、理科相关专业或计算机公共基础的信息管理、电子商务、网站建设等相关课程教学的教材，也可作为IT相关岗位的工程技术人员的培训及参考用书，还可以作为初学者的自学读本。

图书在版编目(CIP)数据

Web前端开发技术 / 鄢涛，于曦，刘永红主编.—北京:科学出版社，2018.10
（2021.7重印）

ISBN 978-7-03-059087-9

Ⅰ.①W… Ⅱ.①鄢… ②于… ③刘… Ⅲ.①网页制作工具
Ⅳ.①TP393.092.2

中国版本图书馆 CIP 数据核字 (2018) 第 231058 号

责任编辑：冯 铂 / 责任校对：韩雨舟
封面设计：墨创文化 / 责任印制：罗 科

科 学 出 版 社 出版

北京东黄城根北街16 号
邮政编码：100717
http://www.sciencep.com

成都锦瑞印刷有限责任公司 印刷

科学出版社发行 各地新华书店经销

*

2018 年 10 月第 一 版 开本：787×1092 1/16
2021 年 7 月第三次印刷 印张：21.5
字数：510 千字

定价：69.00 元
（如有印装质量问题，我社负责调换）

前 言

近年来，互联网技术飞速发展，Web 技术早已从简单的页面呈现过渡到复杂的 Web 应用。前后台开发在业务上紧密联系、技术架构上松散耦合的新的开发模式使得传统的"网页三剑客"开发技术已经满足不了实际开发需求，前端开发成为一个新兴的方向，前端工程师的职业应运而生。

随着手机、平板等智能设备的普及，Web 应用从电脑浏览器端过渡到兼容各种设备的响应式设计，HTML5、CSS3、JavaScript 框架等技术迅速流行和普及，开发模式也从前端开发进一步跃迁为"全栈开发"，全栈工程师成为令人瞩目的热门职业。

说到这里，你或许已经满怀憧憬：认真学习完这本书，成为全栈工程师！

非常遗憾地告诉你：路漫漫其修远兮！这本书并不是圣经，要成为全栈工程师，还有很长的路要走。新的 Web 技术、开发框架不断涌现，学无止境，挑战无时无刻不在，Web 前端开发技术的学习永远都是"在路上"！

那么这本书的意义在哪里呢？

常言道：万丈高楼平地起。无论多么高级的设计师，都是从点点滴滴的基础知识积累起来的；Web 最新的架构、技术，也是从最基本的 HTML、CSS、JavaScript 发展而来的。本书中的内容是整个 Web 技术的核心和基础，是前端路上重要的第一步。这本书正是引领新手从零基础开始，打开前端工程师的大门，为成长为前端工程师甚至全栈工程师打下坚实的基础。

本书特色

- 系统学习：将 HTML、CSS、JavaScript 等知识碎片化、系统化
- 通俗易懂：语言力求简洁、轻松
- 生动形象：广泛使用图、表，像做笔记一样介绍知识
- 重点突出：宽开本排版，两栏设计，专门用于突出和强调重难点

读者对象

- 没有任何编程基础的初学者
- 将从事 Web 开发的初学者
- 有一定基础，但希望系统学习和梳理前端基础技术的学习者
- 大中学院、培训机构相关专业的学生
- 既可自学，也可以作为教材，尤其适合翻转课堂教学、SPOC 教学

相关资源

- 视频教学：重要知识点提供视频教学，扫二维码即可学习
- 课件 PPT：配套教学 PPT
- 配套代码：教材的全部示例提供源代码
- 网络考试：提供 Web 前端技术相关理论知识的网络考试系统

特别致谢

本书主编是鄢涛、刘永红、于曦；副主编是刘启萍、赵卫东、叶安胜；编委是胡屹、杜小丹、彭长宇、杨柳、袁飞、周晓清、聂莉莎、苏长明、朱然、刘昶、李丹、苟小珊、张莉、方林红、孟飞、洪雪维、黄兴禄、王文杰等。

在编写中，本书得到了很多亲友和同仁的帮助。首先特别感谢家人的支持和鼓励；其次特别感谢创新工作室前端技术方向安春生、温云天、王华港、宋双飞、李瑞雪、王东、费浩然等同学，他们为教材的编写、案例、考试系统等相关配套资源的开发做了大量工作；此外，邓波、蒲雪、陈佳豪、周婵、谭兴望、王珍、曹柳、袁芷毓、曾谊等同学参与了教材的审校和辅助工作；同时，感谢成都大学信息科学与工程学院提供宽松的环境；最后，诚挚感谢出版社冯铂、韩雨舟等相关工作人员的编辑、审校工作，正是他们辛苦的付出，本书才得以顺利完成！

由于笔者水平有限，书中难免有疏漏和不足之处，恳请广大读者及专家批评指正。有任何问题、意见或者建议，请发邮件至 983167735@qq.com 或者通过微信 cduTower 与作者联系，在此表示真诚的感谢！

目 录

第二部分 CSS

CONTENTS

CONTENTS

第三部分 JavaScript

CONTENTS

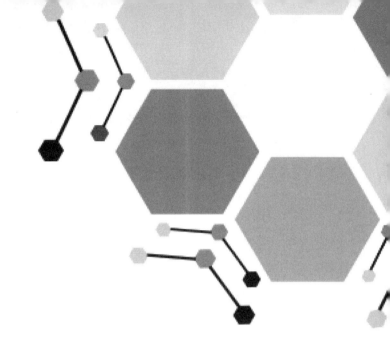

第一部分

HTML

第1章　Web前端开发技术综述

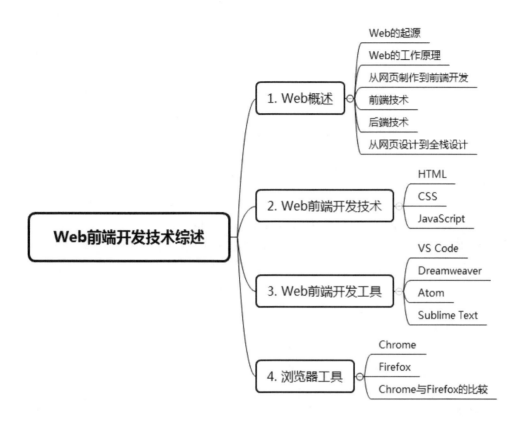

📖 本章介绍

　　Web 的存在已有 20 多年。随着网络技术的不断发展，其对智能手机、平板电脑等的影响不断加深，对于懂得如何做好网页设计与制作的程序员而言迎来了绝佳的发展机会。从本章开始，将会带你走进 Web 前端开发的世界，为你打开这个世界的第一道门，给你带来一个全新的体验。本章内容包括 Web 的概述、前后端技术、Web 前端开发所用的知识、开发工具、调试工具等。

💡 学习重点

了解什么是 Web 前端

学会区别前、后端技术

了解前端开发的三项基本技术

学会使用开发工具和调试工具

1.1 Web 概述

Web 是 World Wide Web 的简称，即全球广域网，也称为万维网。它是一种基于超文本和 HTTP 的、全球性的、动态交互的、跨平台的分布式图形信息系统，是建立在 Internet 上的一种网络服务，为浏览者在 Internet 上查找和浏览信息提供了图形化的、易于访问的直观界面，其中的文档及超级链接将 Internet 上的信息节点组织成一个互为关联的网状结构。

随着社会的不断发展，网络技术日新月异，国内外信息化建设已经到了以 Web 应用为基础核心的阶段，越来越多的企业选择以 Web 来建立其应用系统，增强企业的管理，加大企业的影响力。Web 开发的市场需求大，但也越来越复杂，这既是一个机遇，也是一个挑战。

1.1.1 Web 的起源

Web 这个 Internet 上最热门的应用架构是由蒂姆·伯纳斯·李（Tim Berners-Lee）发明的。1989 年欧洲核子研究组织（European Organization for Nuclear Research，CERN）中由蒂姆·伯纳斯·李领导的小组提交了一个针对 Internet 的新协议和一个使用该协议的文档系统，该小组将这个新系统命名为 Word Wide Web，它的目的在于使全球的科学家能够利用 Internet 交流自己的工作文档。

这个新系统被设计为允许 Internet 上任意一个用户都可以从许多文档服务计算机的数据库中搜索和获取文档。1990 年年底，这个新系统的基本框架在 CERN 中的一台计算机中开发出来。1991 年该系统移植到了其他计算机平台，并正式发布了 Web 技术标准。目前，与 Web 相关的各种技术标准都由著名的万维网联盟（World Wide Web Consortium，W3C；又称 W3C 理事会）管理和维护。

1.1.2 Web 的工作原理

在了解 Web 的工作原理之前需要了解 Web 服务器和 Web 客户端。

Web 服务器：安装了 Web 服务器软件的计算机就是 Web 服务器。Web 服务器软件对外提供 Web 服务，供客户访问浏览，接收客户端请求，然后将特定内容返回客户端。常见的 Web 服务器有：IIS、Apache、Tomcat 等。

Web 客户端：通常将那些向 Web 服务器请求获取资源的软件称为 Web 客户端。Web 浏览器是客户端最主要的应用软件，用户只需安装一个浏览器，便能向服务器发送请求，并得到服务器的响应。常见的 Web 浏览器有：Chrome、Firefox、Internet Explorer 等。

Web 的工作机制如图 1-1 所示。

（1）客户端通过浏览器发出要访问页面的 URL 地址，经过地址解析，

W3C 是 Web 技术领域最权威和最具影响力的国际中立性技术标准机构。到目前为止，W3C 已发布了 200 多项影响深远的 Web 技术标准及实施指南，有效促进了 Web 技术的互相兼容，对互联网技术的发展和应用起到了基础性和根本性的支撑作用。

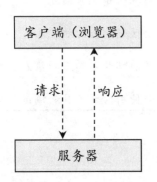

找到服务器的 IP 地址，向该地址所指向的 Web 服务器发出请求。

（2）Web 服务器根据浏览器发送的请求，把 URL 地址转换成页面所在服务器上的文件名称，找到相应的文件。

（3）如果 URL 地址指向 HTML 静态页面，Web 服务器使用 HTTP 协议将该文档直接发送给客服端，由客户端浏览器负责解释执行。如果 HTML 文档中有 JSP、ASP、PHP 等动态代码，则由服务器运行这些程序。最后应用程序执行后的结果发送到客户端。

（4）如果程序中包含对数据库的操作，则应用程序将查询指令发送给数据库驱动程序，由驱动程序对数据库进行操作。

（5）数据库服务器将查询结果返回给数据库驱动程序，并由驱动程序返回给 Web 服务器。

（6）Web 服务器将结果数据嵌入页面中相应的位置。

（7）Web 服务器将完成的页面以 HTML 格式发送给客户端。

（8）客户端浏览器解释执行接收到的 HTML 文档，并显示结果。

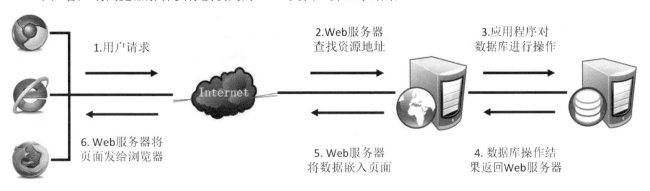

图 1-1 Web 的工作流程

1.1.3 从网页制作到前端开发

Web 前端开发是从网页制作演变而来的，名称上有很明显的时代特征。在互联网的演化进程中，网页制作是 Web1.0 时代的产物，那时网站的主要内容都是静态的，用户使用网站的行为也以浏览为主。

1. Web 1.0 纪元

Web1.0 时代始于 1994 年，其主要特征是大量使用静态的 HTML 网页来发布信息，并开始使用浏览器来获取信息。Web1.0 时代主要是单向的信息传递，市场需求主要是门户网站、企业网站、个人网站。

Web1.0 的本质是聚合、联合、搜索，其聚合的对象是巨量、无序的网络信息。Web1.0 只解决了人对信息搜索、聚合的需求，没有解决人与人之间沟通、互动和参与的需求。主要技术是 HTML、CSS 和 Flash 等。

💡 Web1.0 的特征是以静态、单向阅读为主，用户仅是被动参与。

技术上主要依赖动态 HTML 和静态 HTML 网页技术。

2. Web 2.0 纪元

Web2.0 始于 2004 年 3 月。在 Web2.0 中，软件被当成一种服务，互联网从一系列网站演化成一个成熟的为最终用户提供网络应用的服务平台。强调用户的参与、在线的网络协作、数据储存的网络化、社会关系网络、RSS 应用以及文件的共享等成了 Web2.0 发展主要支撑和表现。

Web2.0 是互联网一次理念和思想体系的升级换代，由原来自上而下的由少数资源控制者集中控制主导的互联网体系，转变为自下而上的由广大用户集体智慧和力量主导的互联网体系。主要技术是：HTML、CSS、JavaScript、AJAX 等。

> Web2.0 是一种以分享为特征的实时网络，用户可以实现互动参与，但这种互动仍然是有限度的。
>
> 主要以 JavaScript、XML、AJAX 等技术和理论为基础。

3. HTML5 纪元

HTML5 草案的前身名为 Web Applications 1.0，于 2004 年被 WHATWG 提出，于 2007 年被 W3C 接纳，2014 年 10 月完成标准制定。

HTML5 时代指的是移动搜索的时代，不是大众用户的时代。HTML5 让网页制作从布局到细节处理都更加灵活，可以创建更好的网页结构，拥有更加丰富的标签，对媒体播放、编辑、存储等有更好的支持方式，兼容性更强。

近年来，越来越多的系统和应用平台选择使用 HTML5 作为制作标准，网页制作也被纳入其中，从各种平台的总结来看，HTML5 有两大特点，一是强化了 Web 网页的表现性能；二是追加了本地数据库等 Web 应用的功能。随着 HTML 技术的发展，强大的功能陆续被应用到网页制作、网站建设中。主要的技术是 HTML、CSS、JavaScript、HTML5、CSS3、移动端 Web、响应式设计、服务端脚本等。

> HTML5 的设计目的是为了在移动设备上支持多媒体。
>
> 主要以 HTML5、CSS3 以及一些新的框架为技术基础进行开发。

4. Web 3.0 纪元

对 Web3.0 的定义是网站内的信息可以直接与其他网站内的相关信息进行交互，能通过第三方信息平台同时对多家网站的信息进行整合使用；用户在 Internet 上拥有直接的数据，并能在不同网站上使用。Web3.0 浏览器使网络成为一个可以满足任何查询需求的大型信息库。

Web1.0 是过去时，Web2.0 和 HTML5 是现在时，Web3.0 是将来时。从网页制作到前端开发，Web 时代不断升级，所需的技术也越来越多，未来的市场需求也将越来越大。

> Web3.0 以网络化和个性化为特征，可以提供更多人工智能服务，用户可以实现实时参与。
>
> Web3.0 的技术特点是综合性的，语义 Web、本体是实现 Web3.0 的关键技术。

1.1.4 前端技术

进入 Web2.0 时代后，网站的前端发生了翻天覆地的变化，网页不再只是承载单一的文字和图片，各种富媒体让网页的内容更加生动，网页上软件化的交互形式为用户提供了更好的使用体验，这些都是基于前端技术实现的。

什么是前端技术？前端技术包括 Web 页面的结构、Web 页面的外观视觉表现以及 Web 页面的交互实现。简单地说，就是我们日常浏览网页时所呈现的内容，包括文字、图片、动画特效以及交互行为。现在的前端技术不仅包括"三剑客"（HTML、CSS、JavaScript），还有 HTML5、CSS3、响应式开发、移动端开发等，这些都是当今时代发展的产物，也是时代的潮流。想要成为一名优秀的前端工程师，这些技能都是必不可少的。

前端开发的内容包括：文本编辑、图像处理、界面设计、网页布局、网页样式设计、用户与网页的交互设计等。

☞ 前端三剑客：
HTML、CSS、JavaScript

☞ 前端新技术：
HTML5、CSS3、响应式设计、移动端开发。

1.1.5 后端技术

后端是指运行在服务器端的程序，这些程序可以动态和互动的页面。一般来说，后端是由后台开发工程师进行设计、开发的，但是作为前端工程师了解一些后端开发技术是非常有益的。

后端更多的是与数据库进行交互以处理相应的业务逻辑，需要考虑的是如何实现功能、数据的存取、平台的稳定性与性能等业务。常用的后端开发技术有 Java、PHP、Python、ASP.NET、Node.js 等。

后端开发的内容主要包括：表单处理、服务器中信息组织方式的设计、数据库编程、内容管理系统、服务器端应用程序等。

1.1.6 从网页设计到全栈设计

网页设计（Web design）侧重于设计方面的任务，而前端开发（Front-end development）更多的是处理执行方面的任务。

前端工程师的职责是制作标准优化的代码，并增加交互动态功能，开发 JavaScript 以及 Flash 模块，同时结合后台开发技术模拟整体效果，进行丰富互联网的 Web 开发，致力于通过技术改善用户体验。

前端开发更关心的是网页设计能按照规范来实现设计，而网页设计必须为前端开发提供规范的视觉产物。从普遍意义上讲，网页设计师是 Web 环境的设计者，而前端开发主要作用于 Web 环境的客户端部分（浏览器）。

后端开发（Back-end development）又称后台开发，更多的是与数据库进行交互以处理相应的业务逻辑。需要考虑的是如何实现功能、数据的存取、平台的稳定性与性能等。

全栈工程师（Full Stack developer）也叫全端工程师，是指同时具备前端和后台能力，掌握多种技能，并能利用多种技能独立完成产品的人。

一个现代化的项目，是一个非常复杂的构成，需要一个人来掌控全局，这个人不需要是各种技术领域的资深专家，但他需要熟悉各种技术。对于一个团队特别是互联网企业来说，有一个全局性思维的人非常重要，这个角色就是全栈工程师。

网页设计师、前端工程师、后台工程师、全栈工程师的相互关系如图 1-2 所示。

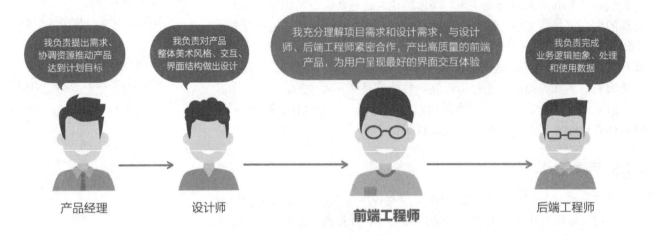

图 1-2 Web 开发中的角色关系

现在客户端/服务器功能的快速增长重叠，前端开发的角色已经很不容易定义。前端开发者已不再只是减少图像文件或写 CSS，因为服务器环境的行为层变得更加依赖于客户端的行为层（如 Node.js、meteor.js、handlebars.js、require.js、Ember.js 等）。

当然，角色之间都有重叠的技能（如 HTML、CSS、JavaScript），示意如下：

前端工程师

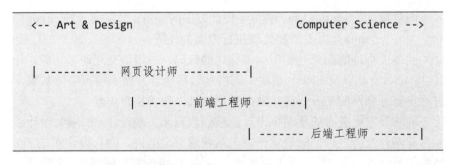

1.2 Web 前端开发技术

Web 前端开发需要掌握的基本技术有 HTML、CSS、JavaScript，它们被称为"三剑客"。在前端开发中，它们有各自的角色，发挥着各自的功能。HTML 负责结构，CSS 负责样式，JavaScript 负责交互。本节只对这三种技术进行简单的介绍，后面的章节将会进行详细介绍。

- HTML——结构层
- CSS——表示层
- JavaScript——行为层

1.2.1 HTML

HTML 是一种**超文本标记语言**（Hyper Text Markup Language），包括"头部"（head）和"主体"（body）两部分。其中"头部"提供网页的一些信息，"主体"部分提供网页的具体内容。

HTML 并不是一种编程语言，而是一种标记语言，也就是说，它是用来识别和描述一个文件中各个组件的系统，如标题、段落、列表等。通过 HTML 就能够搭起整个网页的骨架，即网页的整体结构。每个网页的骨架都是按照一定顺序搭建的，并可以在这个骨架里填充一些内容，如文字、表格、图像等。

1.2.2 CSS

用 HTML 描述好网页的结构后，就需要 CSS 就要出场了，CSS 正是用来对网页进行"化妆"，使其变得美观和生动的重要技术。

字体、色彩、背景图片、行间距、页面布局等都是通过 CSS 来进行控制的。如果需要给网页添加一些特殊效果或者动画，可以通过 CSS3 来完成。CSS 不仅能够提供页面在传统的浏览器和屏幕上展示，还能提供网页在其他媒介终端上展示，如平板电脑（Pad）、智能手机等。

CSS 样式表是可以重复使用的，增大了代码的利用率，也就是说，多个标签或者元素都可以使用同一个 CSS 样式，后面章节将会详细介绍。

1.2.3 JavaScript

JavaScript 是一种脚本语言，在网页中它可以用来添加交互和行为。JavaScript 是常用于操纵网页元素或者浏览器窗口功能的一种语言，也是最标准和最普遍使用的脚本语言。

编写 JavaScript 需要一定的编程经验，它和 HTML、CSS 比起来编写的难度较大，但是它是网页不可或缺的，对于网站开发很有用处，只要通过不断的练习，便能熟练地掌握 JavaScript 的编写。

JavaScript 常见的主要有：处理表单、控制元素、控制事件的发生、获取元素的内容等。

1.3 Web 前端开发工具

作为前端开发人员，使用一款自己熟悉且功能强大的开发工具是非常重要的，对于开发效率也会有很大的提高。现在各种各样的开发工具，都有各自的优点，选择好适合自己的开发工具才是最好的开发工具。编者推荐以下 4 个编译器。

☛ HTML 超文本标记语言，Hyper Text Markup Language。

☛ HTML 并不是一种编程语言，而是一种标记语言。

📹 HTML 的前世今生

❓ **为何推荐这几款编译器？**

✏ VS Code、Atom、Sublime Text 都是现在最为主流的开发工具，并且都是跨平台的，同时支持 Windows、Linux、Mac OS X 等操作系统。Dreamweaver 则具有所见即所得的特性、有站点、模板、库等概念，非常适合初学者。

1.3.1 VS Code

VS Code（Visual Studio Code）是微软研发的一款免费、开源的跨平台（代码）编辑器，支持 Windows、Linux 和 OS X 操作系统。这款编辑器默认集成 git（一款代码管理工具，后面章节会有具体介绍），支持 git 提交。同时也具有开发环境功能，如代码补全、代码片段、代码重构等，还支持扩展程序并在编辑器中内置了扩展程序管理的功能。本书的全部代码都在 VS Code 上编辑调试通过。

ⓘ **本书的全部代码都在 VS Code 上编辑调试通过。**

1. VS Code 的安装和运行

VS Code 可以在官网上（https://code.visualstudio.com）选择符合个人电脑操作系统的版本进行下载安装。

VS Code 的安装：如果是新手用户可以直接进行默认安装，有一定软件安装经验的用户可根据自己的安装经验进行自定义安装。

📝 **程序员为什么喜欢黑色主题？**

- 黑色给人神秘感，让你感觉自己似乎在做伟大的事情。
- 夜间工作模式，程序员经常在晚上工作。
- 黑色对眼睛的刺激性小。

安装完成后，启动 VS Code。VS Code 默认的界面是黑色主题"Dark+ (default dark)"。本书中为了方便界面截图的显示，将皮肤换成了白色"Light+ (default light)"。更换皮肤的操作是：文件➜首选项➜颜色主题，然后在"选择颜色主题"的下拉列表中选择。

VS Code 的主界面如图 1-3 所示。

菜单栏　资源管理器　搜索　源代码管理　调试　扩展　活动栏　边栏

拆分编辑器　更多　小地图　编辑区　面板　状态栏

图 1-3 VS Code 窗口构成

（1）**编辑区**（Editor）：编辑文件的主要区域，这里最多可以同时并排编 3 个文档。

（2）**边栏**（Side Bar）：包含像资源管理器等多个不同的视图，以便项目相关工作和编辑器设置管理。

（3）**状态栏**（Status Bar）：显示正在编辑的文件及当前打开的项目的相关信息。

（4）**活动栏**（Activity Bar）：提供资源管理器、搜索、源代码管理器、调试、扩展等管理的视图切换。

（5）**面板**（Panel）：有不同的面板可以显示输出、调试、错误、警告等相关信息。

（6）**小地图**（Minimap）：也称代码缩略图，提供代码的缩略图显示，并具有高亮提示（搜索、错误等）功能，能够在代码中快速滚动和跳转。

2. VS Code 的项目管理

VS Code 的项目文件是针对文件夹，它没有创建项目或者创建站点之类的概念。用户可以在编译器中创建文件夹作为项目目录，也可以打开或者拖动文件到编译器中作为项目文件，如图 1-4 所示。

🛈 VS Code 是基于文件或文件夹的系统，可以将这里的文件夹理解为其他 IDE 中的"项目"。

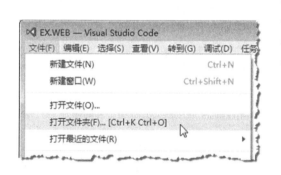

将一个文件夹或文件拖动到编译器中，编译器就会导入文件夹或者打开文件

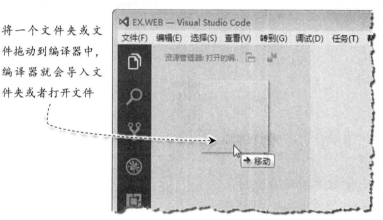

图 1-4 通过菜单操作（左）或者拖动操作（右）在 VS Code 中打开文件或文件夹

需要说明的是：一个 VS Code 窗口虽然能够同时打开若干个不同的文件进行编辑，但是只能打开一个文件夹作为"项目"进行管理。如果想要同时打开几个不同的文件夹（项目）进行管理，可以通过菜单栏"文件→新建窗口"进行操作。

☞ 新建文件：**Ctrl + N**
☞ 新建窗口：**Ctrl + Shift + N**

3. VS Code 的插件

VS Code 编辑器本身是很轻量级的，功能有限，开发效率并不高。但是由于它可以安装许多的"扩展"，也就是常说的插件，这就使得 VS Code 能够更高效地进行项目开发。

💡 VS Code 的"扩展"等效于其他 IDE 的"插件"。

VS Code 扩展的安装和管理操作如图 1-5 所示。

3. 输入扩展名关键字(模糊)

1. 点击"扩展图标"

2. 已安装、推荐安装的扩展列表

4. 模糊查询得到的扩展列表

5. 选择符合条件的扩展进行安装

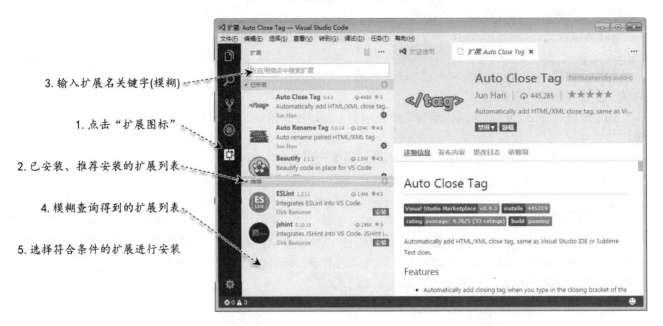

图 1-5 VS Code 扩展安装及管理

扩展安装完成后点击"重新加载"或者重启编辑器,插件就可以使用了。双击已安装的扩展,编辑区就会出现扩展的描述及使用方法。

以格式化代码为例,假设正在编辑一个 JS 文档,当输入的代码没有进行有效的缩进、换行时效果如下(注意,中间有多余空格):

```
function demo() {   alert(   "代码格式化示例。");     }
```

如果没有使用插件,软件自身提供了格式功能,操作是:先选中要格式化的代码,然后用鼠标右键点击文档编辑区,在快捷菜单中选择"格式化选定代码",或者使用快捷键:Ctrl+K, F。但此功能非常有限,只能进行现有缩进排版,并不能根据代码类型进行换行、自动缩进等。

搜索并安装格式化代码插件(这里推荐 beautify),然后进行格式化,该扩展将会根据 JS 语法进行格式化,效果如下:

```
function demo() {
    alert("代码格式化示例。");
}
```

可以看出,效果比较完美。

好的扩展,能够极大地提高开发效率,表 1-1 给出了几个非常有用的扩展,基本能够满足初学者的需求。

☞ 格式化代码:Shift + Alt + F

💡 如果不知道或者忘记了安装插件的快捷键,可以通过输入关键字来搜索扩展并使用它。通过快捷键 **Ctrl + Shift + P** 打开 ShowCommands, 来输入关键字。

表 1-1 VS Code 常用扩展

扩展名	功能描述
Auto Close Tag	自动闭合 HTML 标签
Auto Rename Tag	修改 HTML 标签时，同步修改闭合标签
Bootstrap 3 Snippets	使用 Bootstrap 框架，自动引入 Bootstrap 文件
Color Picker	颜色选择器
Debugger for Chrome	让 VS Code 映射 chrome 的 debug 功能
Eslint	为 JavaScript 自制错误、警告提示规则
HTML CSS Support	写 class 时智能提示当前项目所支持的样式
HTML Snippets	HTML 代码片段及提示
Jquery Code Snippets	提示 jQuery 函数名称
JS-CSS-HTML Formatter	三种语法格式化
View In Brower	在浏览器中预览
Vscode-icon	为文件及文件夹加上相应文件的图标

更多的、有特色的扩展，需要大家根据实际需要去安装使用。

4. VS Code 的快捷键管理

由于 VS Code 可能安装很多扩展，用户可能会忘记相应的快捷键；还有可能快捷键被其他扩展占用；此外，用户可能希望根据自己的习惯修改和设置快捷键，所以快捷键的管理是比较常用的功能。

通过菜单操作：文件→首选项→键盘快捷方式，就进入快捷键管理界面（如图 1-6 所示），如果快捷键过多，可根据关键词搜索。

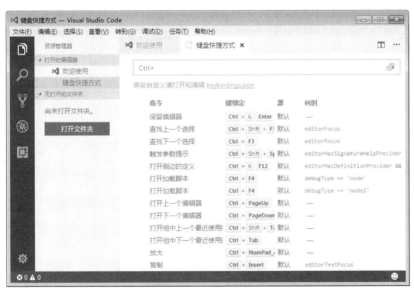

图 1-6 VS Code 键盘快捷方式界面

❶ 鼠标移到快捷键上，左侧会出现编辑图标✎，单击该图标，在弹出的编辑快捷键对话框中直接按新的快捷键，然后回车确定，即完成快捷键的修改。

表1-2中列出了VS Code中常用的快捷键，供初学者使用。

表1-2 VS Code 中常用的快捷键

操作	快捷键
查找上一个匹配项	F3
查找下一个匹配项	Shift + F3
定位到行号	Ctrl + G
格式化代码	Shift + Alt + F
关闭窗口	Ctrl + Shift + W
列出所有引用	Shift + F12
全屏	F11
添加、删除行注释	Ctrl + K, C/U
跳转到定义处	F12
向上/下移动一行	Alt + Up/Down
向下/下复制一行	Shift + Alt + Up/Down
新建窗口	Ctrl + Shift + N
新建文档	Ctrl + N
修剪空格	Ctrl + Shift + X
选中当前行	Ctrl + I
在当前行上方插入一行	Ctrl + Shift + Enter
在整个文件夹中查找	Ctrl + Shift +F

5. VS Code 的字体调整

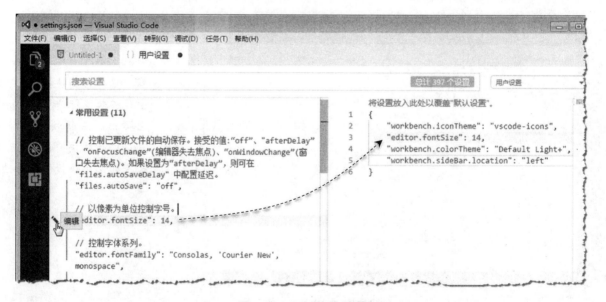

图1-7 VS Code 的用户设置

不少的编辑器可以任意对字体进行缩放（如 Visual Studio 中按住 Ctrl 键滑动鼠标滚轮即可），遗憾的是，VS Code 并未提供这项功能。快捷键 Ctrl+"+"、Ctrl+"-"可以放缩字体，这个操作的实质是更改显示比例，整个界面都会按比例进行放缩，而不只是更改字体大小。

如果需要固定字体样式，可以通过修改系统设置实现。菜单操作："文件→首选项→设置"（快捷键 Ctrl +,）打开用户设置（如图 1-7 所示）。将"editor.fontSize"项"复制到设置"中进行编辑，保存即可。

☛ 打开系统设置：**Ctrl +,**

1.3.2 Dreamweaver

Adobe Dreamweaver 简称 DW，中文名称"梦想编织者"，最初由美国 Macromedia 公司开发，2005 年被 Adobe 公司收购。DW 是集网页制作和管理网站于一身的所见即所得网页代码编辑器。利用对 HTML、CSS、JavaScript 等内容的支持，设计师和程序员几乎可以在任何地方快速制作网页和进行网站建设。

Adobe Dreamweaver 使用所见即所得的接口，也有 HTML 编辑的功能，借助经过简化的智能编码引擎，轻松地创建、编码和管理动态网站。访问代码提示，即可快速了解 HTML、CSS 和其他 Web 标准。使用视觉辅助功能减少错误并提高网站开发速度。

❶ Dreamweaver 最大的特点是所见即所得，非常适合初学者。

Dreamweaver 编辑器界面如图 1-8 所示。

❶ Dreamweaver 另一个重要的特点是使用了"站点"的概念，有助于初学者对于站点、首页、相对路径、绝对路径等概念形成认识。

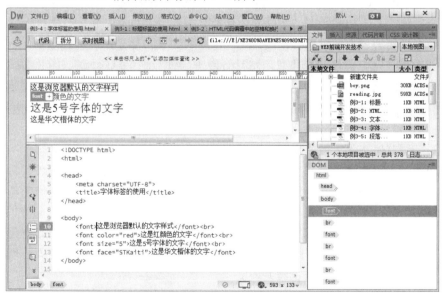

图 1-8 Dreamweaver 编辑器界面

🎬 Dreamweaver 的安装和基本使用

DW 的设计视图如下。

（1）拆分视图：同时看到设计的页面效果和相应 HTML 代码，非常适合初学者。

（2）代码视图：只显示 HTML 代码，适合有一定基础、可以直接写 HTML

代码的开发者。

（3）实时视图：直接在 DW 中预览设计效果，支持 JS 交互，相当于简易的内嵌浏览器。

Dreamweaver 官网地址：http://www.adobe.com/。

1.3.3 Atom

Atom 是 github 专门为程序员推出的一款跨平台文本编辑器，具有简洁和直观的图形用户界面，支持 CSS、HTML、JavaScript 等多种网页编程语言。它支持宏，自动完成分屏功能，集成了文件管理器。通过丰富的插件机制可以完成各种语言开发，常用于 Web 前端开发。

Atom 的功能特点主要有：界面清新、丰富的插件、git 原生支持、自定义界面、智能提示等。

Atom 官网地址：https://atom.io/。

1.3.4 Sublime Text

Sublime Text 是一款跨平台代码编辑器，从最初的 Sublime Text 1.0，到现在的 Sublime Text 3.0，Sublime Text 从一个不知名的编辑器演变到现在几乎是各平台首选的 GUI 编辑器，简洁、轻便是其一大特性。

Sublime Text 的功能特点有：主流前端开发编辑器；体积较小，运行速度快；文本功能强大；支持编译功能且可在控制台看到输出；支持插件开发以达到可扩展目的等。

Sublime Text 官网地址：http://www.sublimetext.com/。

1.4 浏览器工具

浏览器是指可以显示网页服务器或者文件系统的 HTML 文件内容，并让用户与这些文件进行交互的一种软件。它用来显示在万维网或局域网等中的文字、图像及其他信息。这些文字或图像，可以是连接其他网址的超链接，用户可迅速及轻易地浏览各种信息。

对于前端开发人员来说，它不仅仅是用来查看网页效果的工具，更是用来调试代码、调试程序的一个利器，所以熟练使用浏览器是开发人员所必备的技能。常见的浏览器见表 1-3。

💡 常见的编辑器还有：

- Notepad++
- Editplus
- HBuilder
- Vim
- WebStorm
- Brackets
- Emacs

表 1-3 常用的浏览器

内核	浏览器
Trident（又叫 IE 内核）	IE（Internet Explorer）
	The World（世界之窗）
	Maxthon（傲游）
Gecko	Netscape（网景）
	Firefox（火狐）
Presto	Opera
Webkit	Safari（苹果系统 Mac OS 浏览器）
	Chrome（Google）

下面介绍两种在开发中最常使用的浏览器：Chrome 和 Firefox。

1.4.1 Chrome

Chrome，又称谷歌浏览器，是一款由 Google（谷歌）公司开发的免费网页浏览器。该浏览器基于其他开源软件撰写，包括 WebKit，目标是提升稳定性、速度和安全性，并创造出简单且有效率的使用者界面。其已顺利通过 W3C 标准的 HTML5 和 CSS3 专业测评。

Chrome 的功能特点主要有：调试方便、不易崩溃、速度快、安全且支持插件扩展、搜索简单等。

Chrome 官网地址：http://www.google.cn/chrome/。

与 VS Code 通过扩展（插件）来增强功能类似，Chrome 也可以安装扩展程序，步骤如下。

第 1 步：启动 Chrome 浏览器，点击右上角小图标，如图 1-9 所示。

第 2 步：点击"更多工具→扩展程序"。

第 3 步：在 Chrome 的扩展管理界面，显示已经安装好的扩展。如果要安装新的扩展，只需将下载好的扩展文件拖到 Chrome 扩展管理界面中，松开鼠标，根据提示确定即可。

图 1-9 Chrome 浏览器管制控制图标

1.4.2 Firefox

Firefox，又称火狐浏览器，是一款自由及开放源代码的网页浏览器，

❶ 常见的浏览器还有 360 浏览器、搜狗浏览器等。

360 浏览器和搜狗浏览器都是双内核的，同时支持 Trident 内核和 Webkit 内核，极速模式是基于 Webkit 开发的；兼容模式是基于 Trident 内核开发的。

在哪里获得插件？

Chrome 扩展（插件）通过网络下载到本地进行安装，插件特别多，这里编者推荐一个下载地址（http://chromecj.com/）。除此之外，还可以在 Chrome 扩展商店进行下载。

使用 Gecko 排版引擎，支持多种操作系统，如 Windows、Mac OS X 及 GNU/Linux 等。Firefox 支持非常多的网络标准，如标准通用标记语言下的子集 HTML 和 XML、XHTML、CSS（除了标准之外，还有扩充的支持）、ECMAScript（JavaScript）、DOM、XPath 和 PNG 图像文件。

Firefox 的功能特点主要有：插件检查、隐私浏览、保持同步、调试方便、硬件加速等。

Firefox 下载地址：http://www.firefox.com.cn/。

Firefox 扩展（插件）的安装方法与 Chrome 类似。

1.4.3 Chrome 与 Firefox 的比较

两种浏览器都有各自的优缺点，其比较见表 1-4。

表 1-4 Chrome 与 Firefox 浏览器的比较

项目	Chrome	Firefox
内核	Webkit	Gecko
启动速度	快	较慢
内存	占用内存多	占用内存少
界面	简洁	复杂
进程	多进程	单进程
定制性	弱	强
扩展（插件）	分类清晰，容易查找	扩展丰富

在开发过程中，没有绝对好的浏览器调试工具，适合自己的就是最好的。

1.5 本章总结

通过本章的学习，相信你一定对 Web 的开发有了一个深刻的理解，对于它的工作原理、工作机制也有简单的了解。在本章，着重介绍了 Web 前端开发的三种基础技术（HTML、CSS、JavaScript）、开发工具以及调试工具，把这些准备工作都做好了，就将正式开启前端开发的学习。

1.6 最佳实践

（1）下载并安装开发工具，并安装必要的扩展（插件），熟悉编译器的使用。

（2）下载并安装浏览器工具，了解浏览器之间的区别。

浏览器中怎样调试程序？

● Chrome 浏览器：

鼠标右键➡检查➡控制面板➡调试程序（可查看网页元素、CSS 样式、控制台输出内容、查看网络请求等）

● Firefox 浏览器：

鼠标右键➡审查元素➡控制面板➡调试程序（查看器、控制台、调试器、样式编辑器等）

第 2 章 HTML 基础

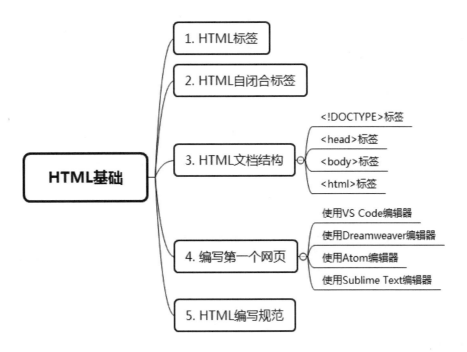

HTML基础
1. HTML标签
2. HTML自闭合标签
3. HTML文档结构
　　<!DOCTYPE>标签
　　<head>标签
　　<body>标签
　　<html>标签
4. 编写第一个网页
　　使用VS Code编辑器
　　使用Dreamweaver编辑器
　　使用Atom编辑器
　　使用Sublime Text编辑器
5. HTML编写规范

本章介绍

本章主要介绍 HTML 文档的基本结构，介绍头部（head）和主体（body）两大部分在网页中的重要作用。讲解 HTML 标记的作用及基本语法，以及如何编写简易的 Web 网页代码。

学习重点

了解 HTML 的文档类型

理解 HTML 的标签和元素

理解 HTML 的文档结构

学会编写第一个网页

2.1 HTML 标签

HTML 页面是由元素（element）构成的。元素由标签（tag）、属性（attribute）和元素的内容构成。标签是元素的组成，用来标记内容块。

HTML 标签有如下特点。

(1) HTML 中的所有内容都应处于标签中。

(2) 标签是由尖括号包围的关键词（如 \<html\>）。

(3) 标签不区分大小写。

(4) 标签通常是成对出现的（如 \<b\> 和 \</b\>），也有自闭合标签。

(5) 标签对中的第一个标签是开始标签，第二个标签是结束标签。

(6) 开始标签和结束标签也被称为开放标签和闭合标签。

开始标签　　　　结束标签
（开放标签）　　（闭合标签）

元素 = 开始标签 + 内容 + 结束标签

HTML 基础结构标签，见表 2-1。

HTML 标签与文档结构

表 2-1 HTML 基础结构标签

标签	描述
\<!DOCTYPE\>	定义文档类型
\<html\>	定义 HTML 文档
\<title\>	定义文档的标题
\<body\>	定义文档的主体
\<h1\> to \<h6\>	定义 HTML 标题
\<p\>	定义段落
\<br\>	定义简单的折行
\<hr\>	定义水平线

HTML 常用格式标签，见表 2-2。

表 2-2 HTML 基础格式标签

标签	描述
\<abbr\>	定义缩写
\<address\>	定义文档作者或拥有者的联系信息
\<b\>	定义粗体文本
\<center\>	定义居中文本（不赞成使用）
\<code\>	定义计算机代码文本
\<em\>	定义强调文本
\<font\>	定义文本的字体、尺寸和颜色（不赞成使用）
\<i\>	定义斜体文本
\<strong\>	定义语气更为强烈的强调文本

HTML 中只有这些标签吗？

此处主要介绍的是文本格式和基本的 HTML 基础标签。图像、列表、表单、表格等标签会在特定的章节进行详细介绍。

标签的属性（attribute）：除 HTML 本身能描述的特性之外，大部分标签还会搭配属性，以提供更多的相关信息。标签和属性不区分大小写，它们之间用空格分隔。

💡 标签和属性不区分大小写，它们之间用空格分隔。

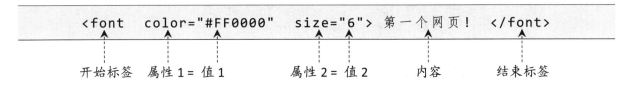

2.2 HTML 自闭合标签

HTML 元素的内容，定义了元素的结构，表明了哪些元素可以包含哪些内容和哪些元素可以包含哪些属性。但也有一些元素是空元素（即不包含任何内容），这种元素相对应的标签称为自闭合标签。以下是常见的自闭合标签：

br、input、hr、img、meta、link、col、area、base、command、embed、keygen、param、source、track、wbr

W3C（World Wide Web Consortium）制定了多个版本的 HTML 规范，规定了所有 HTML 标签的语法。其中规定非自闭合标签必须要有开始标签和结束标签，自闭合标签没有闭合标签。示例代码如下。

```
<p>非闭合标签</p>
<img src="images/demo.png" >左侧 img 标签为自闭合标签
```

➤ 非自闭合标签必须有开始和结束标签

➤ 自闭合标签没有结束标签

有关自闭合标签是不是应该加"/"，在 XHTML1.0、HTML4.01 和 HTML 中有些不同。XHTML 规范要求最严格，必须添加"/"来表明标签的结束。在 HTML4.01 的规范中不推荐添加"/"，而 HTML5 规范最为宽松，添不添加"/"都正确。示例代码如下。

ℹ️ 带闭合符号"/"的写法符合 XHTML1.0、HTML4.01 和 HTML5 规范，HTML4.01 不推荐使用。

ℹ️ 不带闭合符号"/"的写法符合 HTML4.01 和 HTML5 规范，不符合 XHTML1.0 规范。

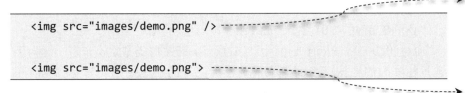

2.3 HTML 文档结构

每个规范的 HTML 文档都有基础的文档结构，HTML5 的文档结构相比 HTML4.01 更加简洁。本书采用的是 HTML5 的文档结构。

一个 HTML 文档由 4 个基本部分组成：文档声明、HTML、head、body，如图 2-1 所示。

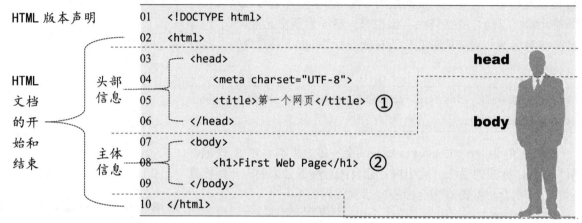

图 2-1 HTML 的基本结构

2.3.1 <!DOCTYPE>标签

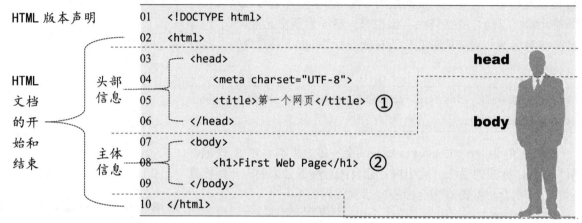 本书的所有实例、实战项目代码均采用 HTML5 的文档结构。

<!DOCTYPE>标签用于定义文档的类型，其相关语法特点如下。

（1）必须是 HTML 文档的第一行，在 <html> 标签之前。

（2）它不是 HTML 标签，而是指示 Web 浏览器关于页面使用哪个 HTML 版本进行编写的指令。

（3）在 HTML 4.01 中，<!DOCTYPE>声明引用 DTD。

（4）DTD（Document Type Definition）即文档类型定义，是一套为了进行程序间的数据交换而建立的关于标记符的语法规则。它是 SGML 和 XHTM 的一部分。DTD 规定了标记语言的规则，这样浏览器才能正确地呈现内容。

（5）HTML5 不基于 SGML，所以不需要引用 DTD。

（6）<!DOCTYPE>没有结束标签。

2.3.2 <head>标签

<head>标签是用来放 HTML 文档的一些信息，其中标题和图标会显示在网页中，其余信息虽然不会直接显示在页面中，但也是 HTML 文档必不可少的结构标签。

i head 中的标题和图标将会显示在网页中。

☞ HTML 4.01 的文档类型声明：
```
<!DOCTYPE HTML PUBLIC "-//W3C//DTD HTML 4.01 Transitional//EN" "http://www.w3.org/TR/html4/loose.dtd">
```
☞ XHTML 1.0 的文档类型声明：
```
<!DOCTYPE html PUBLIC "-//W3C//DTD XHTML 1.0 Transitional//EN" "http://www.w3.org/TR/xhtml1/DTD/xhtml1-transitional.dtd">
```
☞ HTML 5 的文档类型声明：
```
<!DOCTYPE HTML>
```

1. <title>标签

<title>标签定义文档的标题，它在 HTML 文档中是必须的。一个文档不能超过一个<title>标签，所有的主流浏览器都支持<title>标签。<title>标签中的标题内容也需要好好写，因为它在搜索引擎中有很大的作用，一般关键词网站排名，大多是根据标题标签中包含的关键字进行排名。<title>标签的主要作用如下。

（1）定义浏览器工具栏中的标题。

（2）提供网页被添加到收藏夹时的标题。

（3）显示在搜索引擎结果中的页面标题。

示例代码如图 2-1 中所示的第 05 行及例 2-1 中第 04 行。

【例 2-1】 为网页添加标题，代码如下。

💡 head 中的标签还有 style 标签以及 script 标签，后面章节将会详细讲解这两种标签。

🎞 HTML 的<head>标签

```
01   <!DOCTYPE HTML>
02   <html>
03   <head>
04     <title>定义标题</title>
05   </head>
06   <body>
07     文档内容……
08   </body>
09   </html>
```

2. <link>标签

<link>标签是在 HTML 文档中声明使用外接资源时使用的标签。<link>标签在用于链接 CSS（层叠样式表，后面章节会介绍）文件时，几乎得到了所有主流浏览器的支持，但几乎没有浏览器支持其他方面的用途。<link>

标签的属性见表 2-3。

表 2-3 <link>标签的常用属性

标签	描述
href	**hypertext ref**erence，指定需要加载的资源文件的地址
media	媒体类型
rel	**rela**tion，指定链接类型
title	指定元素名称
type	包含内容的类型，一般使用 type="text/css"

💡 media 属性会在 CSS 章节进行详细讲解。它是现在流行的响应式布局的必要属性设置。

<link>标签的示例代码见例 2-2。

【例 2-2】使用<link>标签引入外部样式表 style.css，代码如下：

```
01  <!DOCTYPE HTML>
02  <html>
03  <head>
04      <link rel="stylesheet" type="text/css" href= "style.css"/>
05  </head>
06  <body>
07      文档内容……
08  </body>
09  </html>
```

☞ <link>标签 **rel** 属性的 stylesheet 值表示链接文档外部样式表，即 href 链接到的 style.css 文件。

3. <meta>标签

<meta>标签是 HTML 文档中的一个重要标签，它被用来描述一个 HTML 网页文档的属性，如作者、日期、网页描述、关键字、页面版本等。<meta>标签提供的信息用户不可见，这些信息主要服务于浏览器、搜索引擎和其他网络服务。

<meta>标签有两个属性，分别是 http-equiv 属性和 name 属性。name 属性主要用于描述网页，如网页的关键词、叙述等。与之对应的属性值为 content，content 中的内容是对 name 填入类型的具体描述，便于搜索引擎抓取。<meta>标签中 name 属性的语法格式为：

☞ meta 标签 name 属性常用的参数有 description、keywords、viewport、author、copyright 等。

```
<meta name="参数" content="具体的描述">
```

<meta>标签中 name 属性的常用参数见表 2-4。

表 2-4 <meta>标签中 name 属性的常用参数

标签	描述
keywords	用于告诉浏览器该网页的关键字

（续表）

标签	描述
description	用于告诉浏览器该网页的主要内容
viewport	用于移动端网页设计（后面章节会有具体讲解）
robots	定义搜索引擎爬虫的索引方式
author	用于标注网页作者
generator	用于表明网页的开发软件
copyright	用于标注版权信息
revisit-after	设置搜索引擎爬虫重访时间

http-equiv 属性是 http 协议的响应头报文，此属性代替 name 属性，http 服务器通过此属性收集 http 协议的响应头报文。此属性的 http 协议响应头报文的值应使用 content 属性来描述。Meta 标签中 http-equiv 属性的语法格式为：

```
<meta http-equiv="参数" content="具体的描述">
```

http-equiv 属性的主要参数见表 2-5。

表 2-5 <meta>标签中 http-equiv 属性的常用参数

标签	描述
content-type	设定网页字符集，便于浏览器解析与渲染页面
X-UA-Compatible	用于告知浏览器以何种版本渲染页面
cache-control	指定请求和响应遵循的缓存机制
expires	设定网页到期时间，过期后网页需要重新加载
refresh	网页将在设定的时间内自动刷新并调向设定的网址
set-cookie	使网页过期后，该网页本地的 cookies 会自动删除

☛ <meta>标签的 http-equiv 常用的参数 content-type、refresh、set-cookie 等。

【例 2-3】使用 http-equiv 属性的 refresh 参数每隔 10 秒刷新一次网页，代码如下：

```
01  <!DOCTYPE HTML>
02  <html>
03  <head>
04    <title>定时刷新网页</title>
05    <meta http-equiv='refresh' content='10'>
06  </head>
07  <body>
08    文档内容
09  </body>
10  </html>
```

2.3.3 <body>标签

〈body〉与〈/body〉标签之间的内容构成整个文档的主体内容，其间可以放〈div〉、〈p〉、〈hr〉、〈h1〉等众多标签，浏览器可以把 body 部分的内容显示出来。HTML 的编写，主要是在 body 部分进行。

2.3.4 <html>标签

〈html〉标签用来标识文档的开始和结束。〈html〉在文档的最前面，用来标识文档的开始。〈/html〉在文档的结尾处，用来标识文档的结束。

2.4 编写第一个网页

学习 HTML 主要是对标签的学习，能够合理地使用标签后，便学会了 HTML。由于 HTML 只是文本，所以任何文本编辑器都能够编写它。虽然如此，程序员都希望使用操作简便、功能强大、效率高、能够让代码明晰、美观的编辑器。

现在，我们用几款常用的编辑器来编写第一个网页。

2.4.1 使用 VS Code 编辑器

使用 VS Code 创建文件，菜单操作"文件➜新建文件"（快捷键"Ctrl+N"）即可新建一个文档。默认状态下，新建的文档类型为"纯文本"，此时输入 HTML 代码，编辑器并不会有语法高亮、智能提示等信息。为了让编辑器提供专业的支持，需要先选择语言模式将文档类型修改为 HTML 类型（编辑后再保存），或者直接先将文档保存为*.html 后，再进行编辑。

以先编辑，后保存操作为例：

（1）**选择语言模式：**打开"选择语言模式"选项，选择"HTML（html）"，如图 2-2 所示。

i HTML 是超文本语言，所以任何文本编辑器都能编写它。

i 本书的所有代码实例、项目实战都是在 **VS Code** 编辑器中进行编写通过。

☞ 选择语言模式的快捷键：

Ctrl + K   M

注：Ctrl+K 后松手，单独再按 M

图 2-2 选择语言模式

（2）**编辑代码**：在编辑器中输入代码，如图 2-3 所示（具体代码可见图 2-1）。

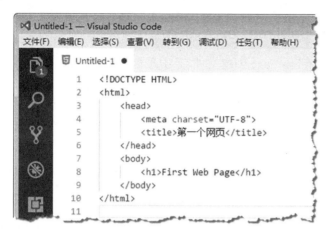

图 2-3 VS Code 编辑 HTML 文档

（3）**保存文档**：此时，编辑器根据 HTML 语法提供了智能支持，但并不能预览设计效果。要预览设计效果，需要先保存为 HTML 文件，快捷键"Ctrl+S"打开"另存为"对话框，然后保存。

（4）**预览效果**：VS Code 直接打开浏览器预览文件，需要安装一个扩展，这里使用"View In Browser"。扩展安装好后，按下快捷键"Ctrl+F1"就能让当前文件在浏览器中打开。运行效果参如图 2-1。

2.4.2 使用 Dreamweaver 编辑器

Dreamweaver 既可以编辑单个档，也可以模拟网站进行网站开发；既支持 HTML、CSS、JavaScript 等基本编辑，也支持 PHP、JSP、ASP.NET 等动态语言代码编辑。

通常情况下，在进行网站开发时，需要先建立"站点"，然后在站点中进行开发。

Dreamweaver 最大的特点是所见即所得。开发者可以在代码视图（窗格）中写 HTML 代码的同时，在实时视图（窗格）中实时预览效果（参见 1.3.2 节介绍）。当然，它也支持快捷键（缺省为 F12）在浏览器中浏览。有兴趣的读者可以参考相关资料进行学习。

2.4.3 使用 Atom 编辑器

使用 Atom 创建文件，点击左上角的 File，然后点击 New File。也可以直接使用快捷键"Ctrl+N"创建文件。然后把图 2-1（或例 2-1）中的代码输入，代码输入之后，操作与 VS Code 一样，这样使用 Atom 创建文件就完成了。Atom 直接打开浏览器预览文件也需要安装插件，可以是"open-

在编辑器中写好的代码怎样查看效果？

在浏览器中预览页面效果可安装扩展：View In Browser

预览快捷键：**Ctrl + F1**

一些网页扩展名也为 *.htm。*.html 和 *.htm 两种文件没有本质上的区别，只在是一些旧的系统上不能识别 4 位文件名。

Dreamweaver 非常适合初学者或非专业开发人员使用。

Dreamweaver 的安装和基本使用

编辑器的使用以及扩展或插件的安装可以参考 1.3 节的介绍。

in-browser"，插件安装完成后编辑器下边就会有浏览器图标，点击图标打开文件即可。

2.4.4　使用 Sublime Text 编辑器

使用 Sublime Text 创建文件，点击左上角的 File，然后点击 New File。也可以直接使用快捷键"Ctrl+N"创建文件。然后把图 2-1（或例 2-1）中的代码输入，代码输入之后，操作与 VS Code 一样，这样使用 Sublime Text 创建文件就完成了。Sublime Text 不需要安装插件来预览网页文件，直接使用鼠标右键单击文档，选择快捷菜单中的"Open in Browser"选项（图 2-4）即可打开浏览器预览，也可以设置专门的快捷键。

💡 3 种编辑器的使用方法相似，不同编辑器安装的插件（扩展）不一样，但并不会影响网页的运行效果。

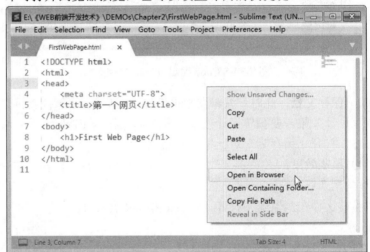

图 2-4 VS Code 编辑 HTML 文档

2.5 HTML 编写规范

HTML 作为超文本标记语言，一直有着广泛的应用。一个团队不仅仅是靠某一个人，所以为提高代码的可读性和可维护性，HTML 的编写就要遵从一定的代码规范。不同的团队遵从的规范也不一定全部一致，此处作为一般规范仅供参考。

（1）**注释**：可使用注释对代码进行解释，这样做有助于在后期对代码进行编辑。当编写了大量代码时尤其有用。HTML 中的注释格式为：`<!--注释内容-->`，注释内容不会显示在网页中。

示例代码如下。

📝 **一定要遵守书中所写的规范吗？**

✏️ HTML 规范不是唯一的，这里的规范可以作为一个参考，但需要遵循 W3C 的标准规范，每个开发团队都可以制定属于各自团队的规范。

```
<ul
    <li>first</li>      <!--这是第一个 li 的内容-->
    <li>second</li>
</ul>
```

（2）**对齐**：每个非自闭合标签中间的内容过长或者有其他的标签内容，应该保持左边有相同的缩进。

示例代码如下：

```
<ul>
    <li>first</li>
    <li>second</li>
</ul>
```

💡 每个非自闭合标签的开始标签和结束标签最好对齐，方便后期维护。

（3）**缩进**：每个标签层级应该统一长度进行缩进，一般是两个或四个字符。

示例代码如下：

```
<!--四个字符缩进-->
<ul>
    <li>first</li>
    <li>second</li>
</ul>

<!--两个字符缩进-->
<ul>
  <li>first</li>
  <li>second</li>
</ul>
```

（4）**换行**：每行一般不超过 120 个字符（约是编辑器的窗口宽度），代码过长不易阅读与维护。

（5）**标签嵌套规则**：如<div>标签不得置于<p>标签中，<tbody>标签必须置于<table>标签中等。

（6）**需要遵循语义化**：语义化代码是什么样的内容使用什么样的标签，便于代码阅读。比如段落使用<p>标签，标题使用<h1>～<h6>标签。

ℹ HTML5 中推出了很多的语义化标签，如：header、footer、nav、main、code 等。后面的章节将会详细介绍。

2.6 本章总结

通过本章的学习，了解了 HTML 文档的基本结构，头部（head）和主体（body）两大部分在网页中的重要作用以及基本使用。通过本章 HTML 标记的作用及基本语法的学习，将能够进行第一个网页的编写，开启了网页编写的大门。

2.7 最佳实践

（1）利用记事本和编辑器分别搭建网页的基本结构，创建自己的第一个网页，进行一个简单的自我介绍，并通过浏览器浏览效果。

（2）了解几款常用的编辑器主要特点，并初步掌握基本使用方法。

第 **3** 章　文本和段落

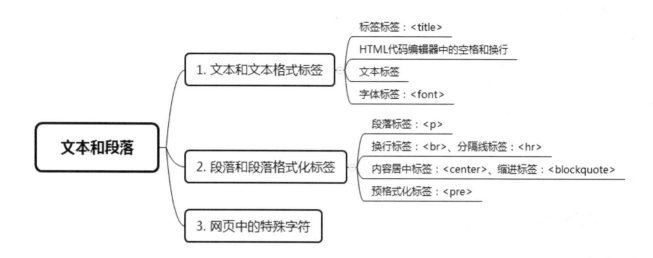

📖 本章介绍

在网页设计过程中，网页的内容及其排版相当重要，可以说任何一个优秀的网页都少不了正文内容，合理优秀的网页内容可以吸引用户的眼球，增加用户访问时间。本章主要介绍网页设计中的文本格式、段落格式以及整个网页内容的排版格式。这三个部分是网页设计的基础，同时也是网页设计中的重点。

文本格式化标签主要分为字体标签和字体格式标签，其中字体标签可以让字体呈现出不同的字体样式，字体格式标签主要是让文本呈现出不同的样式。段落格式标签分为段落标签、换行标签、分割线标签、预格式化标签等。

💡 学习重点

掌握文本常用标签的使用

掌握段落标签的使用

初步掌握 HTML 中的特殊字符

学会对网页内容进行简单排版

文本的标题、段落、空格等

☞ 标题标签是**块级标签**，浏览器默认情况下会独占一行。

☞ 由于每个浏览器中字体的默认大小不太一样，所以 h1～h6 在不同浏览器中显示的字体大小也不一样。可通过 CSS 改变其字体的大小。

一级标题：h1

二级标题：h2

三级标题：h3

四级标题：h4

五级标题：h5

六级标题：h6

图 3-1 标题标签的使用示例

3.1 文本和文本格式标签

文本和文本格式标签主要包括标题标签 h1～h6、字体标签<font>和多种文本标签。

3.1.1 标题标签：<title>

标题标签根据标题的级别可分为 h1～h6 六个级别，其中 h1 标签是一级标题标签，定义级别最大的标题字，h2～h6 定义的标题级别依次递减。

标题标签属于块级标签，浏览器默认情况下这些标签的内容独占一行。

【**例 3-1**】标题标签的使用示例如图 3-1，代码如下。

```
01  <!DOCTYPE html>
02  <html>
03      <head>
04          <meta charset="UTF-8">
05          <title>标题标签的使用</title>
06      </head>
07      <body>
08          <h1>一级标题：h1</h1>
09          <h2>二级标题：h2</h2>
10          <h3>三级标题：h3</h3>
11          <h4>四级标题：h4</h4>
12          <h5>五级标题：h5</h5>
13          <h6>六级标题：h6</h6>
14      </body>
15  </html>
```

3.1.2 HTML 代码编辑中的空格和换行

在编辑器中进行 HTML 代码编辑时，换行、空格、连续的空格等格式在浏览器中呈现时均被忽略，全部被视为一个空格。

【**例 3-2**】HTML 代码编辑中的连续空格和换行示例如图 3-2，代码如下。

```
01  <!DOCTYPE html>
02  <html>
03      <head>
04          <meta charset="UTF-8">
05          <title>HTML 代码编辑中的空格和换行</title>
06      </head>
```

```
07        <body>
08    HTML5            添加了许多新的语法特征,
09
10
11            其中包括 video、audio 和 canvas 元素,
12                同时集成了 SVG 内容……
13        </body>
14    </html>
```

> 浏览器会忽略 HTML 代码中多余的空格、换行符等排版字符,全部视为一个空格显示。

图 3-2 HTML 代码编辑中的空格和换行使用示例

3.1.3 文本标签

在 HTML 中为了让不同的文本内容以不同的样式显示,可以将文本内容放入相应的文本格式标签中,这样浏览器在解析这些文本时就会根据标签显示出不同的样式,从而使文本便于阅读。

> 在 HTML5 中已经不推荐使用这些主要为画面展示的文本格式标签,而是建议把画面展示性功能统一放在 CSS 内。这里作为 HTML 的基础部分,我们只做简单的介绍,不深入讨论。

表 3-1 常用文本标签

标签	说明
<address></address>	表示地址
<b></b>	黑体显示
<big></big>	字号变大显示
<blockquote></blockquote >	被引用文本
<cite></cite>	书名、影视名等
<code></code>	表示代码
<del></del>	显示删除线
<em></em>	表示强调,一般显示斜体
<i></i>	斜体显示
<small></small>	字号变小显示
<strong></strong>	表示强调,一般显示黑体
	下标
	上标
<u></u>	显示下划线

> 虽然这些字体格式标签在 HTML5 中已经不推荐使用了,但是在富文本编辑器中,仍然大量使用这些标签改变文字样式,有兴趣的读者可以去了解一下。

【例 3-3】常用文本标签应用示例如图 3-2，代码如下。

```
01    <!DOCTYPE html>
02    <html>
03        <head>
04            <meta charset="UTF-8">
05            <title>文本标签的应用</title>
06        </head>
07        <body>
08            <u>下划线显示</u><br>
09            <b>黑体显示</b><br>
10            <i>斜体显示</i><br>
11            <em>表示强调，一般显示斜体</em><br>
12            <del>显示删除线</del><br>
13            <small>字号变小显示</small><br>
14            <big>字号变大显示</big><br>
15            X<sup>2</sup>+2X+1=9<sup>2</sup><br>
16            X<sub>1</sub>+X<sub>2</sub>=5<br>
17            <cite>《平凡的世界》</cite><br>
18            <code>alert("这是一段代码");</code><br>
19            <strong>表示强调，一般显示黑体</strong><br>
20            <blockquote>是的，真正的爱情不应该是……</blockquote><br>
21            <address>成都市</address><br>
22        </body>
23    </html>
```

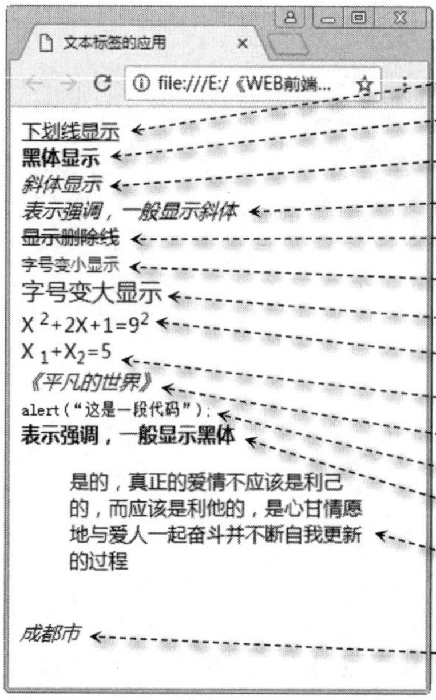

图 3-3 常用文本标签的使用示例

3.1.4 字体标签：<font>

在不设置任何字体样式的情况下，各个浏览器在渲染字体时，会渲染浏览器相应的默认字体，如 IE 浏览器会把字体显示为 3 号、黑体、宋体。

网页设计过程中往往需要设置不同的字体样式，在学习 CSS 之前我们可以使用<font>标签及其属性对字体进行更改。

<font>标签的常用属性有 color、size、face 等，见表 3-2。

表 3-2 font 标签属性及说明

属性	说明
color	设置字体颜色，可使用 rbg、#rrggbb、colorname
size	设置字体大小，值从-7～-1、+1～+7 依次增大
face	设置字体，字体名称可以有多个，用西文逗号分隔从左到右依次选用客户端匹配的字体

🛈 和其他文本格式标签一样，在新的 HTML5 规范中不推荐使用<font>标签，因为在不同的浏览器中<font>标签的兼容性不同，导致同样的代码呈现出的样式也不同，同时使用<font>标签修改起来也极为不便。

【例 3-4】\<font\>标签的使用示例如图 3-4 所示，代码如下。

```
01  <!DOCTYPE html>
02  <html>
03    <head>
04        <meta charset="UTF-8">
05        <title>字体标签的使用</title>
06    </head>
07    <body>
08        <font>这是浏览器默认的文字样式</font><br>
09        <font color="red">这是红颜色的文字</font><br>
10        <font size="5">这是 5 号字体的文字</font><br>
11        <font face="STKaiti">这是华文楷体的文字</font>
12    </body>
13  </html>
```

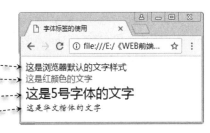

图 3-4 font 标签的使用示例

3.2 段落和段落格式化标签

段落标签\<p\>是网页设计过程中最常用的标签之一，其他段落格式标签在实际开发中也经常需要用到，如\<br\>、\<hr\>标签。

3.2.1 段落标签：\<p\>

段落标签用来表示一段文字，合理地使用段落标签可以使文字内容更加的美观，表达更加清晰。**段落标签\<p\>是一个块级标签**，每个\<p\>标签会单独占一行显示。

段落标签配合属性 align 同时使用（见表 3-3），可以达到简单的美化段落效果，但是一般情况下建议将属性样式和文档结构分开，即完全使用 CSS 进行段落样式设置，这里暂时先使用 align 属性设置段落在水平方向上的对齐方式，在学习了 CSS 之后再做相应的介绍。

文本的格式化

☞ 建议将属性样式和文档结构分开，即完全使用 CSS 进行样式设置。

☞ 本书后面所有章节的实例代码都将采用内容与样式分离。

表 3-3 \<p\>标签 align 属性及说明

属性值	说明
left	段落左对齐
center	段落居中对齐
right	段落右对齐
justify	段落两端对齐

【例 3-5】段落标签应用示例如图 3-5 所示，代码如下。

```
01   <!DOCTYPE html>
```

💡 这里的 align 是指当前对象在父容器中的水平对齐方式。

三个 <p> 标签的父容器是 body，所以，它们的 align 属性设计的是三个段落在 body 中的水平对齐方式。

💡 <p>标记是块级元素，缺省状态下，段前段后各有 16px 的垂直空白（margin）与相邻内容分隔。

☞
：换行符。
<hr>：水平分割线。

☞ 在可视化编辑中的换行（HTML 中产生
标记）和换段落（HTML 中产生<p>）：

💡 强制换行：**Shift + Enter**

💡 换段落：**Enter**

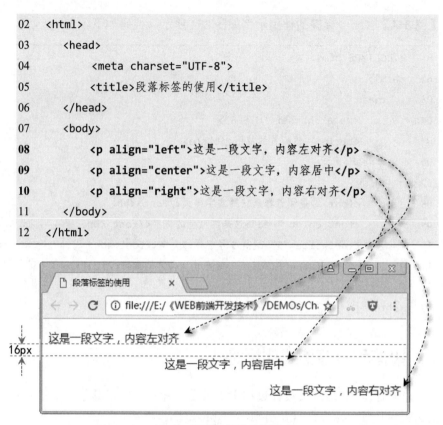

```
02    <html>
03      <head>
04         <meta charset="UTF-8">
05         <title>段落标签的使用</title>
06      </head>
07      <body>
08         <p align="left">这是一段文字，内容左对齐</p>
09         <p align="center">这是一段文字，内容居中</p>
10         <p align="right">这是一段文字，内容右对齐</p>
11      </body>
12    </html>
```

图 3-5 段落标签的使用示例

3.2.2 换行标签：
、分隔线标签：<hr>

在网页设计过程中经常会遇到段落需要换行，以及将不同内容的段落分隔开的情况，这时就需要用到换行标签
和分隔线标签<hr>。这两个标签都是自闭合标签（单标签）。

一般情况下浏览器中的文字内容会自动换行，当需要强制换行时就需要用到换行标签
。

<hr>标签在网页中显示为一条直线，来分隔两个部分，可以设置其对应的属性，呈现不同的样式，具体的使用语法见表 3-4。

表 3-4 hr 标签的属性及说明

属性	说明
width	设置水平线宽度，可按 px 或百分比取值
size	设置水平线高度，按 px 取值
color	设置水平线颜色，可取 rgb、#rrggbb、colorname
align	设置水平线对齐方式，可取 left、right、center

【例 3-6】
、<hr>标签的使用示例如图 3-6 所示，代码如下。

```
01  <!DOCTYPE html>
02  <html>
03    <head>
04        <meta charset="UTF-8">
05        <title><br><hr>标签的使用</title>
06    </head>
07    <body>
08        <hr size="5px" color="red">
09        <p>默认换行：这是一段文字，我们需要在[此处]换行,但是由于段落
    还未占满，浏览器默认不换行。</p>
10        <hr size="1px" color="blue">
11        <p>强制换行：这是一段文字，我们需要在[此处]<br>换行,即使段
    落未占满，依然强制换行。</p>
12        <hr width="50%" color="red">
13    </body>
14  </html>
```

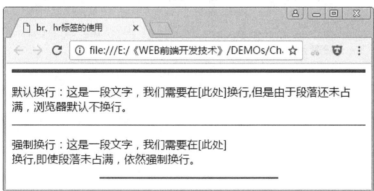

图 3-6 <hr>、
标签的使用示例

3.2.3 内容居中标签：<center>、缩进标签：<blockquote>

<center>标签可以使放入其中的内容居中显示。

<blockquote>标签以特殊的方式显示一个引用块，左右两侧都缩进。

【例 3-7】<center>、<blockquote>标签的使用示例，效果如图 3-7 所示。

```
01  <!DOCTYPE html>
02  <html>
03  <head>
04      <meta charset="UTF-8">
```

```
05        <title>文本居中和缩进</title>
06    </head>
07    <body>
08        <p>这是一段没有设置任何样式的普通段落，在浏览器默认情况下段落左对
        齐，无段落缩进。</p>
09        <blockquote style="background: #EEE">
10            <p>设置了段落缩进，一对 blockquote 标记可以向右缩进 5 个西文字
            符的位置。</p>
11        </blockquote>
12        <center style="background: #EEE">
13            <p>设置了文本居中，文本中的图像<img  src="boy.png">也一起居
            中</p>
14        </center>
15    </body>
16 </html>
```

为了方便演示文本所占据的区域，这里使用 CSS 添加了背景颜色，相关内容将在 CSS 部分介绍。

这里使用<img>标签只是为了展示<center>标签的居中效果，具体使用方法后面章节会详细介绍。

<blockquote>标签以特殊的方式显示一个引用块，左右两侧都缩进。

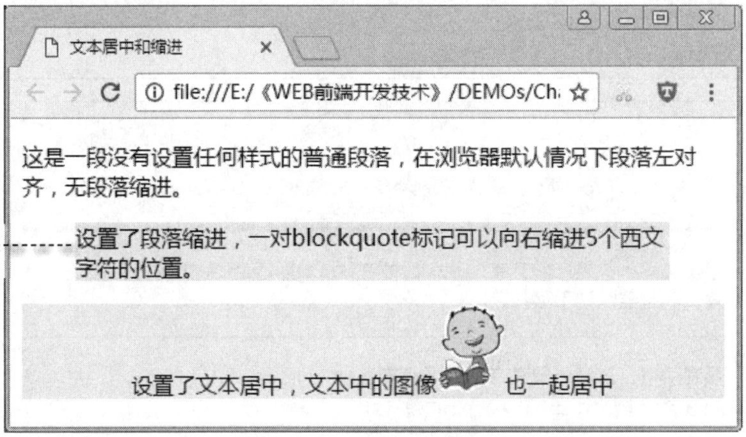

图 3-7 <center>、<blockquote>标签的使用示例

3.2.4 预格式化标签：<pre>

预格式化，就是保留文字在源代码中的格式，使其在页面中的显示效果与源代码中的格式完全一致。<pre></pre>标签是预格式化标签，浏览器在解析<pre>标签中的内容时，会完全按照其真正的文本格式来显示，原封不动地保留文档中的空白，如空格、制表符、换行等。

【例 3-8】预格式化标签使用示例如图 3-8 所示，代码如下。

```
01    <!DOCTYPE html>
02    <html>
03      <head>
```

```
04              <meta charset="UTF-8">
05              <title>预格式化标签</title>
06          </head>
07          <body>
08                  《静夜思》
09              床前明月光，疑是地上霜。
10              举头望明月，低头思故乡。
11              <pre>
12                  《静夜思》
13              床前明月光，疑是地上霜。
14              举头望明月，低头思故乡。
15              </pre>
16          </body>
17      </html>
```

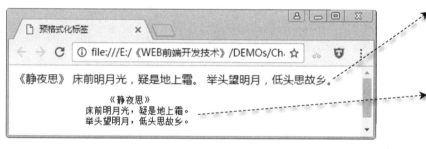

💡 没有使用<pre>标签，浏览器解析时将忽略 HTML 中多余的空格和换行。

💡 使用<pre>标签，浏览器解析时会保留内容中的每一个空格、换行、特殊字符，完全按照原有格式显示。

图 3-8 预格式化标签的使用示例

3.3 网页中的特殊字符

HTML 中 "<"，">"，"&" 等符号有特殊含义（<，>，用于链接签，&用于转义），不能直接使用。这些符号是不显示在最终的网页里的，那如果我们希望在网页中显示这些符号，该怎么办呢？这就要用到 HTML 转义字符串（escape sequence）。

常用特殊字符对应的代码见表 3-5。

💡 浏览器在解析 HTML 文档时，连续的多个空格及换行只会被视为一个空格。

表 3-5 常用特殊字符对应代码

符号	字符码	HTML 码	含义	英文含义
"	&quot;	&#34;	引号	quotation mark
			空格	no-break space
<	&lt;	&#60;	小于	less-than
>	&gt;	&#62;	大于	greater-than
&	&amp;	&#38;	and 符号	ampersand sign

💡 转义字符串分成三部分：
第 1 部分：连接符号 "&"；
第 2 部分：实体名或#实体编号；
第 3 部分：一个分号 ";"。

比如，要显示小于号（<），就可以写 "<" 或者 "<"。

（续表）

符号	字符码	HTML 码	含义	英文含义
·	&middot;	&#183;	（中间）加点	**middle dot**
©	&copy;	&#169;	版权符号	**copyright sign**
®	&reg;	&#174;	注册标志	**registered trade mark**
™	&trade;	&#8482;	商标标志	**trade mark sign**

【例 3-9】 特殊字符的应用示例如图 3-9 所示，代码如下。

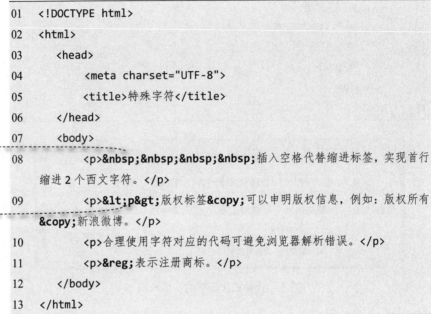

图 3-9 特殊字符的使用示例

```
01    <!DOCTYPE html>
02    <html>
03        <head>
04            <meta charset="UTF-8">
05            <title>特殊字符</title>
06        </head>
07        <body>
08            <p>    插入空格代替缩进标签，实现首行
              缩进 2 个西文字符。</p>
09            <p>&lt;p&gt;版权标签&copy;可以申明版权信息，例如：版权所有
              &copy;新浪微博。</p>
10            <p>合理使用字符对应的代码可避免浏览器解析错误。</p>
11            <p>&reg;表示注册商标。</p>
12        </body>
13    </html>
```

☛ UTF-8 编码环境下，2 个 " " 表示一个西文字符，4 个 " " 表示 1 个汉字字符。

☛ 这里使用<p>而不直接使用<p>就是为了避免浏览器解析错误，如果直接使用<p>浏览器会当做段落标签来解析。

3.4 本章总结

本章主要介绍了文本格式和段落格式的各种标签，其中文本格式包括标题标签和文本样式标签，段落格式包括段落标签和段落格式标签。

<h1>~<h6>是标题标签，用来定义文章的各级标题；<font>标签结合其属性可以让文字呈现不同的样式；段落标签<p>定义一段文字，换行标签
可以使段落强制换行，分隔线标签<hr>可以分隔不同的内容，居中标签<center>使文本内容居中，预格式标签<pre>让文本呈现原有的格式。

3.5 最佳实践

（1）编写一个网页，熟练使用文本及文本格式标签，了解各种标签的区别。

（2）使用段落标签及特殊符号编写一个自我介绍的网页。要求能够用尽量丰富的文字格式对自己做比较全面的介绍。

第 4 章 列表

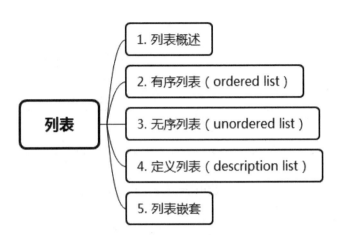

列表
1. 列表概述
2. 有序列表（ordered list）
3. 无序列表（unordered list）
4. 定义列表（description list）
5. 列表嵌套

本章介绍

现在的各种网站中都会使用一种简单清晰的结构来展示内容，一般都是采用列表来实现。列表主要是将一些具有相同特征的事物罗列出来，使得内容更容易展示、用户更容易理解。阿里巴巴、腾讯、百度等大型网站都在采用列表的形式来呈现相关信息。本章主要介绍开发中常用的列表及其属性方法，以及在网页中的实际应用。

学习重点

了解什么是列表

掌握有序、无序、定义列表的使用

掌握列表的嵌套技术

学会使用列表进行页面排版

列表

4.1 列表概述

列表能对网页的相关信息进行合理布局，将一些信息有序或无序罗列出来，对于网页布局有极大的帮助。HTML 中常见的列表是有序列表、无序列表、定义列表，更多的情况是需要将列表进行嵌套使用。

常见列表类型见表 4-1。

表 4-1 常见的列表类型

列表类型	标记符号	英文助记
有序列表	<ol></ol>	ordered list
无序列表	<ul></ul>	unordered list
定义列表	<dl></dl>	description list

4.2 有序列表（ordered list）

有序列表是列表中经常使用的一种列表。顾名思义，有序列表的每一项将会自动添加序号进行标记，每一项都从<li>标签开始，至</li>标签结束。

<ol>标签：ordered list，定义了有序列表的开始和结束，成对出现。

type 属性：定义了有序列表的序号类型，常见的类型有阿拉伯数字、大小写字母、大小写罗马数字，见表 4-2。

```
<ol type="序号类型"  start="序号起始值" >
    <li>列表项 1</li>
    <li>列表项 2</li>
    <li>列表项 3</li>
</ol>
```

<li>标签：list item，定义了有序列表具体的列表项，一个<li>标签表示一个列表项，并且是有序的，可根据需求进行添加。

start 属性：定义了有序列表序号的起始值，设定好这个值后，后面的列表项将根据该值进行依次递增，默认递增值为 1。若 start="2"，如果 type="1"，则表示序列从 2 开始；同理，如果 type="a"，则表示序列从 b 开始。

表 4-2 有序列表的几种序号类型

HTML type	CSS type	序号类型
1	decimal	阿拉伯数字 1,2,3,...
a	lower-alpha	小写英文字母 a,b,c,...
A	upper-alpha	大写英文字母 A,B,C,...
i	lower-roman	小写罗马数字 i,ii,iii,...
I	upper-roman	大写罗马数字 I,II,III,...

除了使用<ol>标签的 type 属性外，还可以在 CSS 中使用 list-style-type 样式表来设置符号类型，而且开发中基本都是采用 CSS 来进行设置（值为第 2 列），相关知识将在 CSS 章节进行详细介绍。

【例 4-1】 在网页中采用有序列表不同的 type 类型输出一些水果列表信息，代码如下。

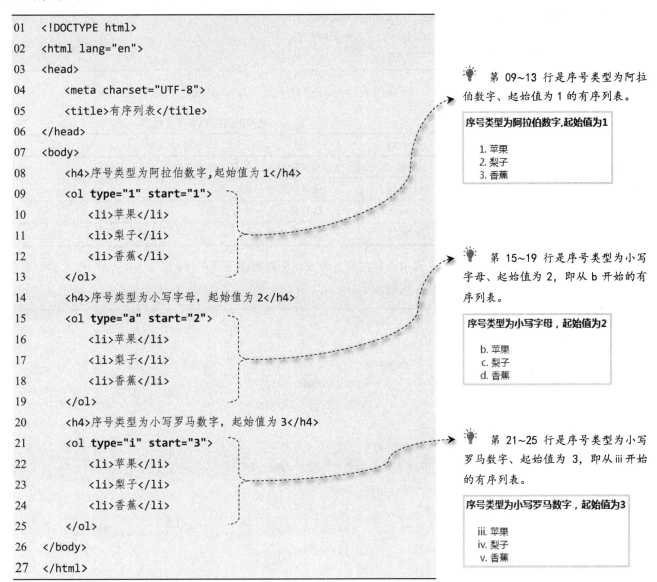

```
01  <!DOCTYPE html>
02  <html lang="en">
03  <head>
04      <meta charset="UTF-8">
05      <title>有序列表</title>
06  </head>
07  <body>
08      <h4>序号类型为阿拉伯数字,起始值为1</h4>
09      <ol type="1" start="1">
10          <li>苹果</li>
11          <li>梨子</li>
12          <li>香蕉</li>
13      </ol>
14      <h4>序号类型为小写字母，起始值为2</h4>
15      <ol type="a" start="2">
16          <li>苹果</li>
17          <li>梨子</li>
18          <li>香蕉</li>
19      </ol>
20      <h4>序号类型为小写罗马数字，起始值为3</h4>
21      <ol type="i" start="3">
22          <li>苹果</li>
23          <li>梨子</li>
24          <li>香蕉</li>
25      </ol>
26  </body>
27  </html>
```

第 09~13 行是序号类型为阿拉伯数字、起始值为 1 的有序列表。

序号类型为阿拉伯数字,起始值为1

1. 苹果
2. 梨子
3. 香蕉

第 15~19 行是序号类型为小写字母、起始值为 2，即从 b 开始的有序列表。

序号类型为小写字母，起始值为2

b. 苹果
c. 梨子
d. 香蕉

第 21~25 行是序号类型为小写罗马数字、起始值为 3，即从 iii 开始的有序列表。

序号类型为小写罗马数字,起始值为3

iii. 苹果
iv. 梨子
v. 香蕉

4.3 无序列表（unordered list）

无序列表是一个没有特定顺序的列表项的集合，也称为项目列表。在项目开发中绝大多数情况下都是采用无序列表。在无序列表中，各个列表之间属于并列关系，没有先后顺序之分，它们之间以一个项目符号来标记。使用无序列表标签<ul>的 type 属性（使用 CSS 的 list-style 来代替，CSS 章节将会讲解），用户可以指定出现在列表项前的项目符号的样式，默认为一个实心小圆点。基本语法为：

开发过程中最常使用的是哪一种列表？

无序列表是使用度最高的一种列表。

type属性:定义了无序列表的序号的类型，常见的类型表4-3所示。

无序列表中 ul 标签里只能放一个或多个列表项（即 li 标签），不能放其他元素。但是，li 标签中可以存放其他任意元素。

浏览器默认为 disc 类型，可省略不写。

```
<ul type="符号类型">
    <li>列表项 1</li>
    <li>列表项 2</li>
    <li>列表项 3</li>
</ul>
```

常见的无序列表符号类型（type 属性值）见表 4-3。

表 4-3 常见的无序列表符号类型

type	符号类型
disc	项目符号为一个实心圆点（默认值就是 disc）
circle	项目符号为一空心圆点
square	项目符号为一实心方块
none	无符号项目

【例 4-2】在网页中采用无序列表不同的 type 类型输出一些水果列表信息，代码如下。

```
01  <!DOCTYPE html>
02  <html lang="en">
03  <head>
04      <meta charset="UTF-8">
05      <title>无序列表</title>
06  </head>
07  <body>
08      <h4>符号类型为 disc</h4>
09      <ul type="disc">
10          <li>苹果</li>
11          <li>梨子</li>
12          <li>香蕉</li>
13      </ul>
14      <h4>符号类型为 circle</h4>
15      <ul type="circle">
16          <li>苹果</li>
17          <li>梨子</li>
18          <li>香蕉</li>
19      </ul>
20      <h4>符号类型为 square</h4>
```

第 09~13 行是符号类型为 disc 的无序列表。

符号类型为disc
- 苹果
- 梨子
- 香蕉

第 15~19 行是符号类型为 circle 的无序列表。

符号类型为circle
○ 苹果
○ 梨子
○ 香蕉

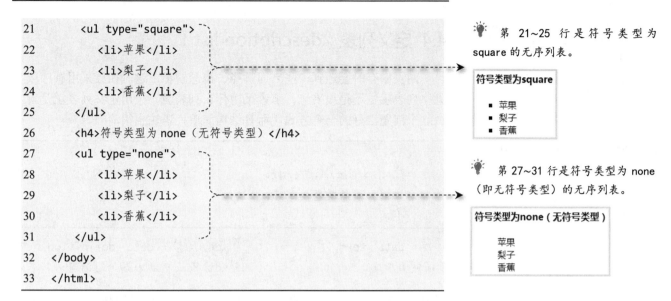

```
21        <ul type="square">
22            <li>苹果</li>
23            <li>梨子</li>
24            <li>香蕉</li>
25        </ul>
26    <h4>符号类型为 none（无符号类型）</h4>
27        <ul type="none">
28            <li>苹果</li>
29            <li>梨子</li>
30            <li>香蕉</li>
31        </ul>
32    </body>
33    </html>
```

第 21~25 行是符号类型为 square 的无序列表。

符号类型为square

- 苹果
- 梨子
- 香蕉

第 27~31 行是符号类型为 none（即无符号类型）的无序列表。

符号类型为none（无符号类型）

苹果
梨子
香蕉

无序列表除简单地列出一些信息之外，还可以利用 CSS 样式表（CSS 章节会介绍）达到如图 4-1 所示的效果。

图 4-1 无序列表扩展示例 1

同样的 HTML 代码，适当修改 CSS，便可以很容易设计出如图 4-2 所示的效果。

无序列表还可以用来制作菜单栏、下拉菜单、二级菜单等，只需添加一定 CSS 样式即可，后面 CSS 章节将会详细讲解。

图 4-2 无序列表扩展示例 2

4.4 定义列表（description list）

网页中有时会遇到一些名词解释、概念解释，这时如果采用有序或无序列表感觉不是很妥当，那该采用什么列表呢？采用定义列表正是解决这个问题很好的一个方式，而且结构简单，语法也很清晰。

\<dl\> 标签：description list，定义了一个定义列表的开始和结束，相当于一个列表的容器。

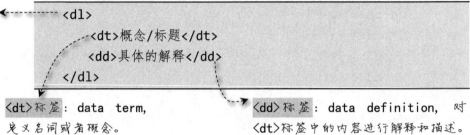

```
<dl>
    <dt>概念/标题</dt>
    <dd>具体的解释</dd>
</dl>
```

\<dt\> 标签：data term，定义名词或者概念。

\<dd\> 标签：data definition，对 \<dt\> 标签中的内容进行解释和描述。

【例 4-3】利用定义列表解释"HTML"和"WWW"含义的示例如图 4-3 所示，代码如下。

```
01  <!DOCTYPE html>
02  <html lang="en">
03  <head>
04      <meta charset="UTF-8">
05      <title>定义列表示例</title>
06  </head>
07  <body>
08      <dl>
09          <dt>HTML</dt>
10          <dd>HyperText Markup Language 的缩写。超文本标记语言，标
            准通用标记语言下的一个应用。</dd>
11          <dt>WWW</dt>
12          <dd>World Wide Web 的缩写</dd>
13      </dl>
14  </body>
15  </html>
```

第 08~13 行利用定义列表展示出了对 HTML 和 WWW 的描述。

图 4-3 定义列表示例

4.5 列表嵌套

列表还可以嵌套吗？当然可以。列表嵌套会不会很复杂？只要保证结构清晰，嵌套是很容易的。任何列表都是可以嵌套在其他列表中的，只需将列表放在另一个列表的\<li\>标签中即可。在网页开发中，也会经常使用列表嵌套。示例代码如下。

```
<ol>
    <li>列表项 1</li>
    <li>列表项 2
        <ul>
            <li>列表项 2-1</li>
            <li>列表项 2-2</li>
            <li>列表项 2-3</li>
        </ul>
    </li>
    <li>列表项 3</li>
</ol>
```

在一级列表的 li 标签中嵌入了一个无序列表

定义了一个一级有序列表

上例中，一级列表是一个有序列表 ol，有 3 个列表项，并在第 2 个列表项中添加了一个二级列表 ul，也有 3 个列表项……可以这样一层一层地嵌套下去，但必须注意的是嵌入的列表必须放在上级列表的 li 标签中。

【例 4-4】综合无序列表设计嵌套列表的示例如图 4-4 所示，代码如下。

```
01  <!DOCTYPE html>
02  <html lang="en">
03  <head>
04      <meta charset="UTF-8">
05      <title>嵌套列表</title>
06  </head>
07  <body>
08      <h4>嵌套列表：</h4>
09      <ul>
10          <li>Coffee</li>
11          <li>Tea
12              <ul>
13                  <li>Black tea</li>
14                  <li>Green tea</li>
15              </ul>
16          </li>
17          <li>Milk</li>
18      </ul>
19  </body>
20  </html>
```

💡 嵌套列表拥有很好的层次结构，对于分级、分层等问题采用嵌套列表最好不过。

☞ 注意：

（1）嵌入的列表一定要放在上级列表的 li 标签中。

（2）列表进行嵌套时一定要按照结构来，一级一级地进行嵌套，否则可能导致页面结构混乱。

图 4-4 嵌套列表的使用

4.6 本章总结

本章主要介绍了有序、无序、定义三种列表以及它们的嵌套使用，并介绍了它们的不同类型与属性，并通过一些简单的实例巩固知识点，加深对知识点的理解。

4.7 最佳实践

综合有序列表、无序列表、定义列表以及列表的嵌套，完成一个综合的实战。运行效果图如图 4-5 所示。

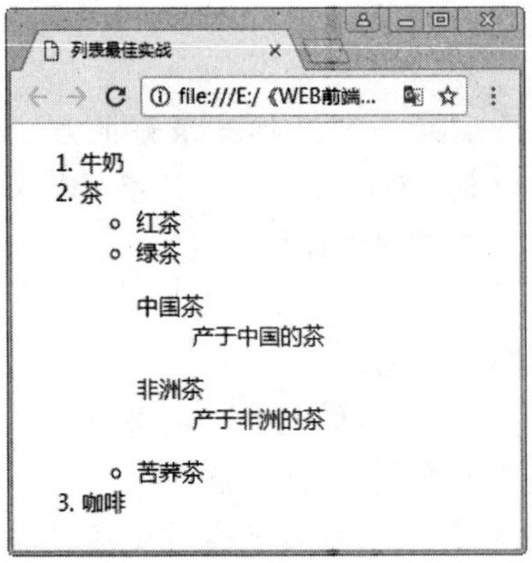

body 部分代码如下（忽略其他 HTML 代码）：

图 4-5 列表最佳实践

```
01   <body>
02       <ol>
03           <li>牛奶</li>
04           <li>茶
05             <ul>
06                 <li>红茶</li>
07                 <li>绿茶
08                   <dl>
09                       <dt>中国茶</dt>
10                       <dd>产于中国的茶</dd>
11                   </dl>
12                   <dl>
13                       <dt>非洲茶</dt>
14                       <dd>产于非洲的茶</dd>
15                   </dl>
16                 </li>
17                 <li>苦荞茶</li>
18             </ul>
19           </li>
20           <li>咖啡</li>
21       </ol>
22   </body>
```

第 5 章 超链接

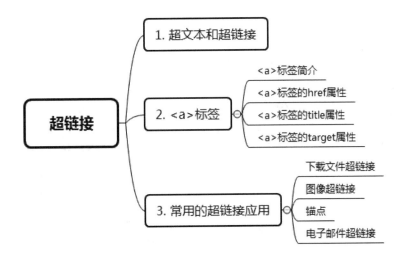

本章介绍

本章主要介绍超链接的基础知识点和标准语法的使用，分析超链接的基本属性及不同属性之间的异同，讲解超链接的使用方法和使用环境。

学习重点

掌握<a>标签及其常用属性

使用相对路径、绝对路径表示资源

掌握常用链接的使用

5.1 超文本和超链接

📹 超链接概述

超文本（hypertext）的基本特征就是可以超链接文档，可以指向其他位置，该位置可以在当前文档中、局域网中的其他文档中，也可以在因特网上任何位置的文档中。这些文档组成了一个杂乱的信息网。目标文档通常与其来源有某些关联，并且丰富了来源，来源中的链接元素则将这种关系传递给浏览者。

超链接（hyperlink）是指从一个网页指向另一个目标的连接关系，同样属于网页的一部分。超链接是一种允许向其他站点或网页进行连接的一种元素，它也可以连接当前网页中的某个位置，还可以连接到图片、文档、表格，甚至是应用程序。

用户操作超链接时，只需点击带有超链接的文本或者图片之类的一个元素，链接的目标将会显示在浏览器上，浏览器会根据链接目标的类型进行打开或者运行。超链接示例如图 5-1 所示。

图 5-1 点击超链接（左图）打开目标页面（右图）

5.2 <a>标签

超链接按照标准叫法称为**锚**（anchor），是使用 <a> 标签标记的，可以用以下两种方式表示。

（1）在文档中创建一个热点，当用户激活或选中（通常是使用鼠标）这个热点时，会使浏览器进行链接。浏览器会自动加载并显示同一文档或其他文档中的某个部分，或触发某些与因特网服务相关的操作，如发送电子邮件或下载特殊文件等。这就是通常说的**超链接**。

（2）在文档中创建一个标记，该标记可以被超链接引用，可以理解为文档中的书签。这就是通常说的**锚点**。

5.2.1 <a>标签简介

在 HTML 中，创建超链接是用<a>标签来实现的。在创建超链接中，是以<a>标签开始、</a>标签结束的。基本语法如下。

5.2.2 <a>标签的 href 属性

超链接引用 href（hyperlink reference）规定链接指向页面的 URL。URL 是对可以从互联网上得到的资源的位置和访问方法的一种简洁表示，是互联网上标准资源的地址。互联网上的每个文件都有一个唯一的 URL，它包含的信息指出文件的位置以及浏览器应该怎么处理它。

> URL：统一资源定位符，Uniform Resource Locator。

URL 由三部分组成，其一般格式为。

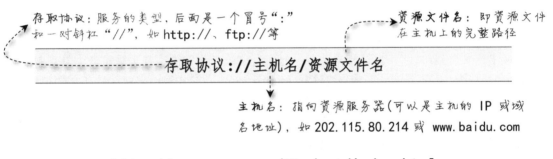

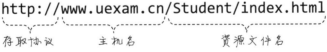

1. 存取协议

存取协议用于定义因特网服务的类型。常见的类型见表 5-1。

> http（Hyper Text Transfer Protocol）协议是 Web 浏览器的默认协议。访问网站时，大部分情况下，URL 的"http://"是可以省略的。

表 5-1 Web 常用的协议

协议	访问	作用
http	超文本传输协议	以"http://"开头的普通网页，不加密
https	安全超文本传输协议	安全网页，加密所有信息交换
ftp	文件传输协议	用于将文件下载或上传至网站
file	文件	计算机上的文件

> FTP（File Transfer Protocol），文件传输协议，FTP 是面向文件的。

2. 主机名

主机名指向资源服务器，可以是主机的 IP 地址（如：202.115.80.214）

或域名地址（如：www.baidu.com）。

有些主机后面限制了特定的访问端口号，如 202.115.80.184 服务器的 80、81 端口分别提供不同的服务，则 http://202.115.80.214:80/和 http://202.115.80.214:81/两个 URL 访问到的可能是相对独立的、完全不同的两个信息。

3. 资源文件名

资源文件在主机上的完整路径，即从主机虚拟根目录开始，到达资源文件的路径及资源文件名本身。

特别地：如果一个 URL 只有主机和路径，而没有具体的资源文件，那么，服务器会寻找该路径下的一个文件发送给用户，这个文件的名称通常是 index 或 default，扩展名可能是.html、.jsp、.aspx、.php 等，最典型的文件是 index.html。这个 URL 中没有指定，由服务器自动发送给用户的页面称为缺省主页（default homepage）。

4. 相对路径和绝对路径

路径（path）是指向文件目录（文件夹）所经过的路程，它告诉浏览器到哪里去找文件。Web 路径名遵循 Unix 习惯，使用正斜线"/"隔开目录和文件名；而磁盘目录结构中的路径分隔符通常是反斜线"\"。

相对路径（relative path）就是指由当前文档所在的位置开始，如何获取链接文档。

绝对路径（absolute path）指带域名的文件的完整路径，包括文件传输的协议 http、ftp 等。

通过图 5-2 中的两个网站及相关文件理解上述概念。

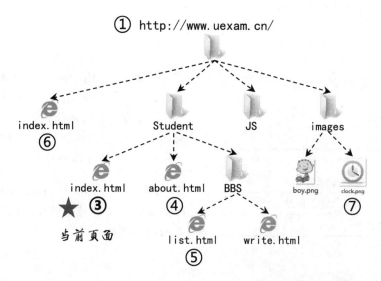
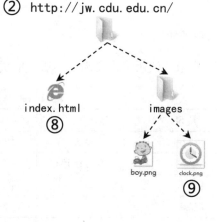

图 5-2 网站中的路径

💡 **http** 协议的默认端口：**80**
💡 **ftp** 协议的默认端口：**21**

💡 网站的缺省主页通常为：
index.html

💡 Web 路径分隔符： /
💡 操作系统路径分隔符：\

💡 在操作系统中，文件都组织到**文件夹**(folder)中；但在 Web 开发中，文件夹通常等价地称为**目录**(directory)。文件夹只是带有可爱图标的目录。

图 5-2 中假设有两个相互独立的网站①、②，域名为 www.uexam.cn 和 jw.cdu.edu.cn。

当前页面为③，URL 为 http://www.uexam.cn/Student/index.html。若要在页面③中写 HTML 代码，去访问其他编号的资源，则需要通过相对路径（表 5-2）或绝对路径（表 5-3）去表示。

☛ 同一站点内部资源间相互访问，通常使用 相对路径

☛ 访问站点的外部资源通常使用 绝对路径

表 5-2 相对路径的 URL 表示示例

编号	文档③访问对应编号资源的 URL	说明
④	about.html 或 ./about.html	"./"表示当前目录
⑤	BBS/list.html 或 ./BBS/list.html	BBS 为当前目录下的子目录
⑥	../index.html	"../"表示当前目录的上级目录
⑦	../images/clock.png	images 为上级目录中的子目录
④	/Student/about.html	
⑤	/Student/BBS/list.html	"/"表示当前站点的根目录
⑥	/index.html	
⑦	/images/clock.png	

相对于当前文档的位置，与当前文档的位置有最直接关系

相对于当前文档所在站点的根目录，与当前文档的位置没有直接关系，但有间接关系

表 5-3 绝对路径的 URL 表示示例

编号	文档③访问对应编号资源的 URL	说明
④	http://www.uexam.cn/Student/about.html	
⑤	http://www.uexam.cn/Student/BBS/list.html	
⑥	http://www.uexam.cn/ http://www.uexam.cn/index.html	同一站点
⑦	http://www.uexam.cn/images/clock.png	
⑧	http://jw.cdu.edu.cn/ http://jw.cdu.edu.cn/index.html	外部资源
⑨	http://jw.cdu.edu.cn/images/clock.png	

绝对路径的 URL 表示，与当前文档的位置没有任何关系

绝对路径还有一种情况是访问本地资源，其协议是"file:///"。例如，磁盘路径 d:\website\public 文件夹中有文件 demo.html，则 HTML 中的 URL 表示为：

💡 访问本地文件也可以不用 "file:///"，直接使用文件地址，效果是一样的。

```
<a href="file:///d:/website/public/demo.html" >示例文档</a>
```

需要注意的是，这种表示仅在开发环境测试或者特写场景（如选择本地文档）时使用，部署到服务器上的 URL 很少用到这种表示方式。

5.2.3 <a>标签的 title 属性

<a>标签的 title 属性规定关于元素的额外信息。这些信息通常会在鼠标移到元素上时显示一段工具提示文本（tooltip text）。例如：

成都大学

成大欢迎您！

```
<a href="http://www.cdu.edu.cn/" title="成大欢迎你！">成都大学</a>
```

<a>标签的 title 属性常与 form 以及 a 元素一同使用，以提供关于输入格式和链接目标的信息。如与 form 的 input 元素一起使用：

用户名：

请输入用户名

```
用户名：<input type="text" title="请输入用户名" id="txtID" />
```

5.2.4 <a>标签的 target 属性

<a>标签的 target 属性规定在何处打开被链接文档，只能在 href 属性存在时使用。如果在一个<a>标签内包含一个 target 属性，浏览器将会载入和显示用这个标签的 href 属性命名的、名称与目标吻合的框架或者窗口中的文档。如果这个指定名称或 id 的框架或者窗口不存在，浏览器将打开一个新的窗口，给这个窗口一个指定的标记，然后将新的文档载入那个窗口。target 属性的值见表 5-4。

📝 **HTML 4.01 与 HTML 5 之间有什么差异？**

✏️ HTML5 不再允许把框架名称设定为目标，因为不再支持 frame 和 frameset。_self,_parent 以及 _top 这三个值一般与 iframe 一起使用。

表 5-4 target 属性的值

值	描述
_self	默认。在相同的框架中打开被链接文档
_blank	在新窗口中打开被链接文档
_parent	在父框架集中打开被链接文档
_top	在整个窗口中打开被链接文档
framename	在名称为 *framename* 的指定框架或窗口中打开被链接文档。如果这个指定名称或 id 的框架或者窗口不存在，浏览器将打开一个新的窗口，给这个窗口一个指定的标记，然后将新的文档载入那个窗口

📹 超链接的 target 属性

超链接示例代码见例 5-1，效果如图 5-3 所示。

【例 5-1】超链接的基本使用方法示例。

```
01  <!DOCTYPE HTML>
02  <html>
03  <head>
04      <meta charset="utf-8">
05      <title>超链接的基本使用</title>
06  </head>
```

```
07   <body>
08       <p>在当前窗口中打开链接：
09           <a href="http://www.baidu.com" title="百度">百度</a>
10       </p>
11       <p>在新窗口中打开链接：
12           <a href="http://www.baidu.com" target="_blank">百度</a>
13       </p>
14       在名称或 ID 为"new"的窗口（或框架）中打开页面：
15       <ul>
16           <li><a href="about.html" target="new">关于我</a></li>
17           <li><a href="favors.html" target="new">我的收藏</a></li>
18           <li><a href="about.html" target="new">关于我</a></li>
19       </ul>
20   </body>
21   </html>
```

在当前窗口中打开链接，替换当前窗口的内容

在新窗口中打开链接，每点击一次，都打开一个新窗口

在名称或 ID 为"new"的窗口（或框架）中打开。如果没有，就打开新窗口；如果有，就替换内容

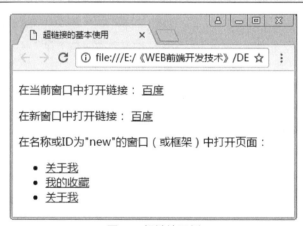

图 5-3 超链接示例

5.3 常用超链接应用

网页中除了一般的文本链接外，还有下载文件超链接、图片超链接、锚点、电子邮件超链接、电话超链接等。

5.3.1 下载文件超链接

下载文件链接是指链接直接指向文件，点击链接后，浏览器就会下载文件。文件类型一般是.docx、.pdf、.exe、.rar、.zip 等，使用方法见例 5-2。

【例 5-2】下载文件超链接示例，代码如下，浏览效果如图 5-4。

<a>标签的样式问题

```
01    <!DOCTYPE HTML>
02    <html>
03    <head>
04        <meta charset="utf-8">
05        <title>文件下载链接</title>
06    </head>
07    <body>
08        <a href="demo.txt">链接到 TXT(直接打开)</a>  
09        <a href="demo.pdf">链接到 PDF(打开或下载)</a>  
10        <a href="demo.rar">链接到 RAR(启动下载)</a>
11    </body>
12    </html>
```

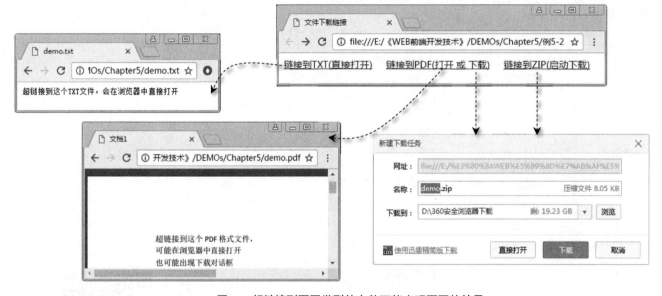

图 5-4 超链接到不同类型的文件可能出现不同的效果

网页设计中，当<a>标签链接的对象是文件时，在浏览器中点击该链接可能出现以下 3 种效果。

（1）直接在浏览器中打开。这种文档一定是浏览器能够直接解析的类型，最典型的就是 HTML 文档、TXT 文档等。

（2）如果文件不是浏览器直接解析的类型，如 PDF 等文件，则可能会出现直接打开或者启动下载两种情况，这取决于浏览器是否安装了相应的插件。

（3）启动下载操作。不同浏览器可能直接下载（如 Chrome 浏览器），也可能出现下载对话框（如 IE、360 浏览器）。

🄘 对于不同类型的超链接文件，不同的浏览器可能有不同的处理方式和效果。最基本的原则是：能打开就打开，不能打开就下载。

有些情况下，用户只想下载文件，并不想直接在浏览器中打开文档（如链接的文件为 HTML、TXT、PDF 等类型的文件），为了避免浏览器太"主动"，可以用鼠标右键点击超链接，然后选择快捷菜单中的"链接另存为…"或"目标另存为…"项目，从而直接启动另存为对话框，实现文件的下载和保存（图 5-5）。

ℹ 同样地，不同浏览器的鼠标右键菜单中关于链接对象另存为的菜单项名称不尽相同，但几乎都有"***另存为…"字样。

图 5-5 快捷菜单中的"另存为…"操作

5.3.2 图像超链接

图像超链接指给一个图像加上链接，使其和超文本一样，通过单击可以跳转到指定的 URL。

例 5-3 显示了如何使用 <img> 和 <a> 元素创建基于图像的超链接，浏览效果如图 5-6 所示。

【例 5-3】 图片超链接示例，代码如下。

💡 <a> 标签的内容不再是文本，而是换成了图片，点击图片就是实现超链接跳转。

```
01  <!DOCTYPE HTML>
02  <html>
03  <head>
04      <meta charset="utf-8">
05      <title>图像超链接</title>
06  </head>
07  <body>
08      <a href="http://www.cdu.edu.cn/" title="成都大学欢迎你！">
09          <img src="images/cdu.png" border="0">
10      </a>
11  </body>
12  </html>
```

💡 当给图像加上超链接时，有的浏览器会在图像的周围加上蓝色的边框。可通过增加属性值 border="0" 消除图像超链接的默认边框。

浏览器中，把光标悬停在的图片上，如果光标此时由光标指针变成手形指针（缺省情况下），则说明图片设置了超链接。通常情况下，链接的 URL 会显示在浏览器的地址栏中。

图 5-6 图片超链接

5.3.3 锚点

锚点（Anchor）是网页制作中超链接的一种，又称命名锚记。命名锚记像一个迅速定位器一样是一种页面内的超链接，运用相当普遍。

使用命名锚记可以在文档中设置标记，这些标记通常放在文档的特定主题处或顶部。然后可以创建到这些命名锚记的链接，这些链接可快速将访问者带到指定位置。

创建到命名锚记的链接的过程分为两步。首先创建命名锚记，然后创建到该命名锚记的链接。

超链接的锚记

给 a 元素的 name 属性设置值，就定义了锚点，即命名锚。

命名锚时，可以用 id 属性来替代 name 属性，效果相同。

锚的名称 AnchorName 可以是任何个人喜欢的名字。

1. 创建命名锚记

语法为：

```
<a name="AnchorName">锚（显示在页面上的文本）</a>
```

2. 链接到锚记（访问锚记）

访问锚记（链接到锚记）有以下两种方式。

（1）利用超链接标签<a>制作锚点链接，主要用于当前页面中的锚。语法为：

```
<a href="#AnchorName">超链接内容（显示在页面上的文本或图像）</a>
```

a 元素 href 属性的值设置"#"加上锚点的名称就成了锚点的链接。

效果是：当前页面将滚动到定义锚点名为 AnchorName 的地方——该定义的位置将滚动到浏览器视窗的最上边（只要页面能够上下滚动）。

（2）直接在页面地址 URL 后面加锚点标记，主要用于不同页面之间的锚点访问。语法为：

```
<a href="URL#AnchorName">超链接内容（显示在页面上的文本或图像）</a>
```

锚点的定义和使用要区分大小写！

效果是：页面跳转到 URL 指定的页面，紧接着在该页面内滚动到锚点 AnchorName 的位置并停留。

例 5-4 演示了如何在同一个页面内命名和使用锚记，从而达到页面内跳转的 FAQ 效果。

锚点的使用类似于 Word 中的操作目录（或书签）。当点击目录（或书签）时，页面将会直接跳转到对应的内容。

【例 5-4】锚点超链接示例，代码如下。

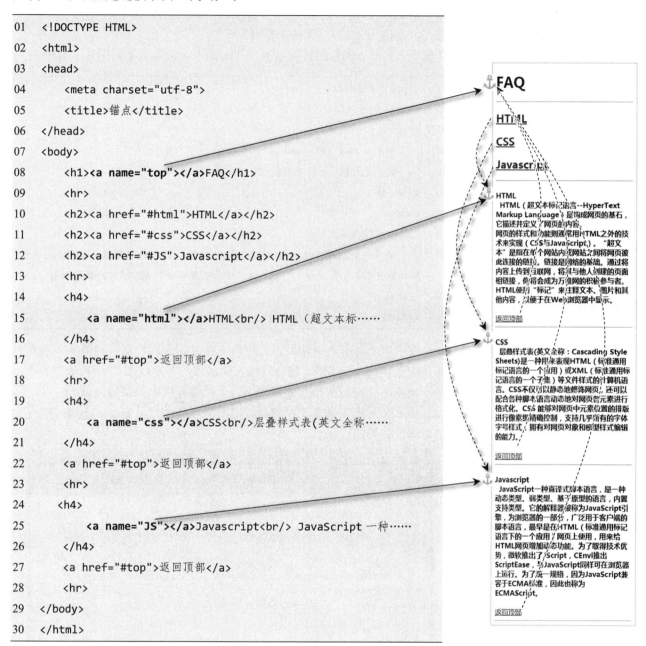

```
01  <!DOCTYPE HTML>
02  <html>
03  <head>
04      <meta charset="utf-8">
05      <title>锚点</title>
06  </head>
07  <body>
08      <h1><a name="top"></a>FAQ</h1>
09      <hr>
10      <h2><a href="#html">HTML</a></h2>
11      <h2><a href="#css">CSS</a></h2>
12      <h2><a href="#JS">Javascript</a></h2>
13      <hr>
14      <h4>
15          <a name="html"></a>HTML<br/> HTML（超文本标……
16      </h4>
17      <a href="#top">返回顶部</a>
18      <hr>
19      <h4>
20          <a name="css"></a>CSS<br/>层叠样式表(英文全称……
21      </h4>
22      <a href="#top">返回顶部</a>
23      <hr>
24      <h4>
25          <a name="JS"></a>Javascript<br/> JavaScript 一种……
26      </h4>
27      <a href="#top">返回顶部</a>
28      <hr>
29  </body>
30  </html>
```

5.3.4 电子邮件超链接

在网页中还可以通过扩展实现更多的超链接功能，如电子邮件链接就会经常在网站中使用到的，对于它的链接只需修改 href 属性值即可。

超链接到电子邮件的语法为：

```
<a href="mailto:E-mail 地址[?subject=邮件主题[&参数=参数值]]">链接</a>
```

💡 多个参数用"&"链接，多个收件人用";"隔开，空格用"%20"代替。

邮件地址必须完全正确，参数有 subject（主题）、cc（抄送）、bcc（暗抄送）、body（内容），多个参数用"&"链接，多个收件人用"；"隔开，空格用"%20"代替。见例 5-5。

【例 5-5】电子邮件超链接示例，代码如下，浏览效果如图 5-7 所示。

图 5-7 电子邮件超链接示例

```
01  <!DOCTYPE HTML>
02  <html>
03  <head>
04      <meta charset="utf-8">
05      <title>电子邮件超链接</title>
06  </head>
07  <body>
08      欢迎给我发邮件：
09      <a href="mailto:983167735@qq.com?subject=请教&body=请问：电子
        邮件链接%20 如何设置？" title="请给我发邮件">983167735@qq.com</a>
10  </body>
11  </html>
```

使用电子邮件超链接时，若用户安装了邮件客户端（类似 Microsoft Outlook、Foxmail 等），将会自动启动缺省的客户端邮件程序的"写邮件"功能，并在对应项目处自动填写上邮件链接中的参数信息。

图 5-8 是点击例 5-5 中的邮件链接后，自动启动 Foxmail 客户端程序写邮件的界面。

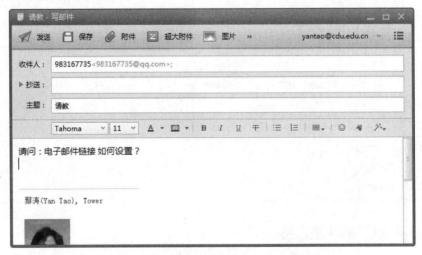

图 5-8 电子邮件链接启动客户端邮件程序

5.4 本章总结

本章分析了超链接的基本属性、不同属性之间的异同，讲解了超链接的使用方法和使用环境。通过本章的学习，能熟练地在网页中合理地使用超链接。

5.5 最佳实践

创建一个微型网站（如图 5-9 所示）。站点根目录下只有一个主页 index.html，另有 3 个网页分别存放于子目录 About 和 FAQ 中。具体要求如下。

（1）4 个网页之间都可以通过超链接直接访问。

（2）在 index.html 中加入自己的邮件链接。

（3）在 favorites.html 中至少提供 3 个收藏的网站链接，并提供一个下载功能，下载 Download 目录中的文件 demo.zip（压缩文件中的内容无特定要求）。

（4）resume.html 的内容是关于自己的介绍，请综合应用前面章节关于文本和段落的相关技术。

（5）FAQ.html 中主要应用锚点技术，请参考例 5-4。

（6）超链接的 target 设置：本站内部为_self，站外链接为_blank。

超链接实践操作演示

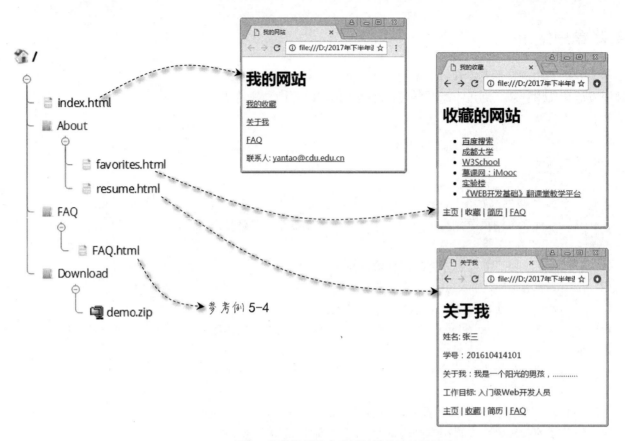

图 5-9 超链接最佳实践网站结构及效果示意

第 6 章　图像

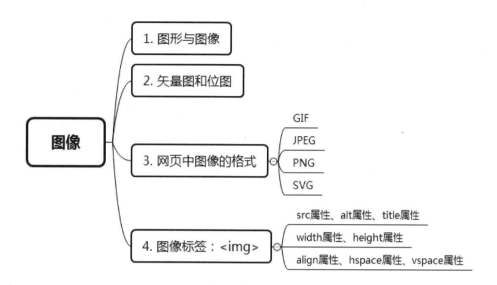

本章介绍

　　本章简单介绍计算机中的图形与图像，矢量图和位图的本质及其差别。介绍 Web 中主要的几种图像格式。熟悉<img>标签的使用以及它的 src、alt 等属性，学会设置图片的宽、高和边框。掌握设置图片的外边距和对齐方式。

学习重点

了解图形与图像

了解位图与矢量图

了解 Web 图像的主要格式

掌握<img>标签及常用属性

图形 ≠ 图像
Graph   Image

💡 图形是人们根据客观事物制作生成的，它不是客观存在的；图像可以直接通过照相、扫描、摄像得到，也可以通过绘制得到。

6.1 图形与图像

图形（Graph）和图像（Image）都是多媒体系统中的可视元素，虽然它们很难区分，但确实不是一回事。

图形是矢量图（Vector Drawn），它是根据几何特性来绘制的。图形的元素是一些点、直线、弧线等。矢量图常用于框架结构的图形处理，应用非常广泛，如计算机辅助设计（CAD）系统中常用矢量图来描述十分复杂的几何图形，适用于直线以及其他可以用角度、坐标和距离来表示的图。图形任意放大或者缩小后，清晰依旧。

图像是位图（Bitmap），它所包含的信息是用像素来度量的。就像细胞是组成人体的最小单元一样，像素是组成一幅图像的最小单元。对图像的描述与分辨率和色彩的颜色种数有关，分辨率与色彩位数越高，占用存储空间就越大、图像就越清晰。

6.2 矢量图和位图

通过如图 6-1 所示的效果直观了解一下矢量图和位图的差别。

💡 两张图印刷出来的差别可能不是很明显，需要仔细查看。

图 6-1 矢量图(左)和位图(右)的缩放效果示例

通过图 6-1 可以看出矢量图有着放大不失真的特性，位图放大后就能看到圆是由一个个小方块组成的，这些小方块称为像素点。两种类型的图都有着有自己的优势。矢量图无论怎么放大、缩小都不会失真，但不能描绘特别复杂的内容。位图的每一个像素点都可以有自己的颜色和透明度，所以相比矢量图位图可以描绘更加复杂的图像。位图的缺点是在对图像过分地放大或缩小后会使图像失真。两种图像各有优势，在网页中按不同需求选择。

6.3 网页中图像的格式

网页中有几种常用的图像格式，位图有 JPEG（JPG）、BMP 和 PNG，矢量图 SVG 和动态图 GIF。

📹 Web 中的图像简介

6.3.1 GIF

GIF（Graphics Interchange Format，图像互换格式）是 CompuServe 公司在 1987 年开发的图像文件格式。GIF 文件的数据，是一种基于 LZW 算法的连续色调的无损压缩格式。其压缩率一般在 50%左右，它不属于任何应用程序。

GIF 分为静态 GIF 和动画 GIF 两种，扩展名为".gif"，是一种压缩位图格式，支持透明背景图像，适用于多种操作系统，"体型"很小。

GIF 格式可以存多幅彩色图像，如果把存于一个文件中的多幅图像数据逐幅读出并显示在屏幕上，就可构成一种最简单的动画。最常见的就是通过一帧一帧的动画串联起来的搞笑 GIF 图，所以归根到底 GIF 仍然是位图文件格式。

GIF 图像的特点如下。

（1）最适合用于包含纯色和简单几何形状的图片。

（2）最大颜色数为 256 色。

（3）可以支持动画。

（4）可以透明（仅能透过纯色，不支持 Alpha 透明度）。

（5）采用无损压缩。

（6）可以支持"交错显示"效果。

💡 GIF 可以显示动画（逐帧动画）。

💡 GIF 仅支持 256 色。

6.3.2 JPEG

JPEG 即 Joint Photographic Experts Group（联合摄影专家小组），是第一个国际图像压缩标准。JPEG 图像压缩算法能够在提供良好压缩性能的同时，具有比较好的重建质量，被广泛应用于图像、视频处理领域。人们日常碰到的".jpeg"、".jpg"等指代的是图像数据经压缩编码后在媒体上的封存形式，不能与 JPEG 压缩标准混为一谈。

JPEG 也是一种位图格式，它支持 24 位颜色信息存储，专门用于实际照片压缩和传送的文件压缩格式。使用 JPEG 的好处是能够进行高水平的压缩，因此图像文件不会过大。但对于颜色单一的图像来说，增加图像容量的同时降低了显示效果。因此，JPEG 并不适用于单一颜色的图片。

JPEG 图像的特点如下。

（1）最适合显示照片。

（2）支持 24 位真彩色。

（3）使用有损压缩的方式保存。

（4）不支持动画。

（5）不能设置透明。

（7）支持交错，渐进式 JPEG(Progressive JPEG)。

💡 JPEG 是目前最好的摄影图像压缩技术，可以在保证一定分辨率的前提下实现最高压缩率。

💡 JPEG 最适合用于显示照片。

6.3.3 PNG

PNG（Portable Network Graphics，便携式网络图像）是一种无损压缩的位图格式。其设计目的是试图替代 GIF 和 TIFF（Tagged Image File Format，标签图像文件格式），同时增加一些 GIF 文件所不具备的特性。

PNG 图像的特点如下。

（1）支持 24 位真彩色。

（2）支持各种透明级别（Alpha 通道）。

（3）支持交错显示。

（4）采用无损压缩技术。

PNG 综合了 GIF 和 JPG 的优点。

PNG 支持 Alpha 通道（透明度）。

6.3.4 SVG

SVG（Scalable Vector Graphics，可缩放标记图形）是基于可扩展标记语言，用于描述二维矢量图形的一种图形格式。它由万维网联盟制定，是一个开放标准。

SVG 是网页中常用的一种矢量图格式，通常用作网页中的图标。如用 CSS（后面会介绍）绘制不出的一些复杂图形时会用 SVG 图像代替。SVG 图像通常是在第三方的图标库中，也可自行通过软件绘制 SVG 图像。

SVG 的特点如下。

（1）SVG 可被非常多的工具读取和修改（如记事本）。

（2）SVG 与 JPEG 和 GIF 图像相比，尺寸更小，且可压缩性更强。

（3）SVG 是可伸缩的。

（4）SVG 图像可在任何的分辨率下被高质量地打印。

（5）SVG 可在图像质量不下降的情况下被放大。

（6）SVG 图像中的文本是可选的，也是可搜索的（适合制作地图）。

（7）SVG 可以与 Java 技术一起运行。

（8）SVG 是开放的标准。

（9）SVG 文件是纯粹的 XML。

SVG 是网页中常用的一种矢量图格式，通常用作网页中的图标。

6.4 图像标签<img>

在 HTML 中，图像（image）由<img>标签定义。

<img>是空标签，即它只包含属性，并且没有闭合标签。

要在页面上显示图像，需要使用源属性 src。src 指 "source"。源属性的值是图像的 URL 地址。

从技术上讲，<img>标签并不会在网页中插入图像，而是从网页上链接图像。<img>标签创建的是被引用图像的占位空间。

<img>标签有两个必需的属性：src 属性和 alt 属性（表 6-1）。

<img>标签及属性

定义图像的语法如下。

```
<img src="URL" alt="some_text">
```

src 和 alt 是 <img> 标签的两个必要属性，见表 6-1。

表 6-1 <img> 标签必需的属性

协议	访问	描述
src	URL	规定图像的 URL，可以是相对路径或绝对路径。
alt	text	规定图像的替代文本。

<img> 标签还有一些可选的属性，如表 6-2。

表 6-2 <img> 标签可选的属性

协议	访问	描述
align	top bottom middle left right	不推荐使用。规定如何根据周围的文本来排列图像
border	pixels	不推荐使用。定义图像周围的边框。"0" 表示无边框
title	text	鼠标移到图像上方时，显示的提示信息
height	pixels %	定义图像的高度，绝对值或百分比
hspace	pixels	不推荐使用。定义图像左侧和右侧的空白
ismap	URL	将图像定义为服务器端图像映射
longdesc	URL	指向包含长的图像描述文档的 URL
usemap	URL	将图像定义为客户器端图像映射
vspace	pixels	不推荐使用。定义图像顶部和底部的空白
width	pixels %	定义图像的宽度，绝对值或百分比

💡 URL 表示资源的相对路径或绝对路径，表示方法请参见 5.2.2 节的相关介绍。

ℹ️ align、border、hspace、vspace 这些属性在现在的网页制作中已很少使用。在后面学习的 CSS 中会有更好的方法实现这些效果。

浏览器将图像显示在文档中图像标签出现的地方。如果将图像标签置于两个段落之间，那么浏览器会首先显示第一段，然后显示图片，最后显示第二段。

6.4.1 src 属性、alt 属性、title 属性

src 属性是每一个 <img> 标签必不可少的属性，因为它指定 <img> 标签的图片源，其值为图像的 URL。

alt 属性用于为图像定义一串预备的可替换的文本，替换文本属性的值是用户定义的。当因为错误、用户设置等原因导致图像不能正常载入时，alt 属性的文本内容就会显示在图像的位置，以作为图像的替代，告诉读

💡 有些浏览器中，当鼠标移到图像上时，会显示 alt 属性的提示信息，即与 title 属性效果相同，但它们并不具有通用性。

者它们失去的信息。此时，浏览器将显示这个替代性文本而不是图像。为页面上的图像都加上替换文本属性是个好习惯，这样有助于更好地显示信息，并且对于那些使用纯文本浏览器的人来说是非常有用的。

title 属性的作用是鼠标在图片上停留时，显示一个悬浮框描述该图片，其中显示的文字是 title 中的文字。当然，不是每张图片都要有 title 属性，如 logo 或图标则不需要 title 属性。一般是用户浏览的图片才需要 title 属性，当鼠标移动到图片上时能通过提示信息让用户知道浏览的是什么图片。

【例 6-1】图像的 src、alt、title 属性示例如图 6-2 所示，代码如下。

图 6-2 图像的 src 等属性示例

```
01  <!DOCTYPE HTML>
02  <html>
03  <head>
04      <meta charset="utf-8">
05      <title>img 的 src 和 alt 属性</title>
06  </head>
07  <body>
08    相对路径,有 title: <img src="images/boy.png" title="小朋友学习">
09    绝对路径: <img src="http://202.115.80.214/images/profile.png" alt="用户"><br/>
10    图像 URL 错误显示 alt: <img src="boy.png" alt="小朋友学习">
11  </body>
12  </html>
```

6.4.2 width 和 height 属性

〈img〉标签的 height 和 width 属性用于设置图像的尺寸。为图像指定 height 和 width 属性是一个好习惯。如果设置了这些属性，就可以在页面加载时为图像预留空间。如果没有这些属性，浏览器就无法了解图像的尺寸，也就无法为图像保留合适的空间，因此当图像加载时，页面的布局就会发生变化。

下面这行代码设置了图片的宽为 100px、高为 200px。

```
<img src="images/clock.png" width="100px" height="200px"/>
```

需要注意的是，如果不知道图片的原始宽高比例而随意设置图片的长和宽，将导致图片强行以设置的大小显示而变形。所以，如果要等比例放大或缩小图片，则宽和高的比例要按照原始图片的宽高比例设置，示例代码见例 6-2。

💡 px 是 pixel（像素）的简写，是图像显示的基本单位，1px 就是位图一个像素点的边长。

💡 pixel 是 picture element（图像元素）的合成词，简称像素。

【例 6-2】图像的宽度和高度设置示例，代码如下。

```html
01  <html>
02  <head>
03      <meta charset="utf-8">
04      <title>img 的 width 和 height 属性</title>
05  </head>
06  <body>
07      <img src="images/boy.png" border="2" />   ①
08      <img src="images/boy.png" width="42px" height="54px" />   ③
09      <img src="images/boy.png" width="30%" />   ②
10      <img src="images/boy.png" width="250px" height="80px" />   ④
11  </body>
12  </html>
```

① 显示缺省尺寸：140px*180px

② 按比例缩小到：42px*54px

③ 按父容器宽度百分比缩放：30%

④ 不按比例缩放：250px*80px

上述代码运行效果如图 6-3 所示。

② ① ③ ④

图 6-3 图片的 width 和 height 属性

<img>标签的 height 和 width 属性有一种隐藏的特性，就是人们无须指定图像的尺寸，图像就会按照实际大小显示。当然，前提是父容器空间足够大，否则，图像会根据父容器进行缩小，但不会放大，如①。

设定 width 和 height 属性值，可以改变图像的显示尺寸。浏览器会自动调整图像，使其适应这个预留空间的大小。使用这种方法就可以很容易地为大图像创建缩略图，以及放大很小的图像。但需要注意的是：浏览器还是必须下载整个文件，不管它最终显示的尺寸到底是多大，如②、③。如果没有保持其原来的宽度和高度比例，图像会发生扭曲，如④。

💡 多数情况下，按百分比设置图像尺寸时，会根据宽度优先的方式进行呈现，即如果设置了宽度比例，则可能会忽略高度比例，而按图像的正常宽高比计算和显示高度。如果此时要设置高度，可以设置绝对高度（px）。

💡 请不要通过 height 和 width 属性来缩放图像。如果通过 height 和 width 属性来缩放图像，那么用户就必须下载大容量的图像（即使图像在页面上看上去很小）。正确的做法是，在网页上使用图像之前，应该通过软件把图像处理为合适的尺寸。

6.4.3 align 属性、hspace 属性、vspace 属性

　　<img>标签的 align 属性定义了图像相对于周围元素的水平和垂直对齐方式。HTML 标准没有定义图像相对于其他文字和与其处于同一行中的其他图像的对齐关系。HTML 图像在行中出现时通常只伴有一行文字，但印刷媒体，如杂志，则把文字环绕在图像的周围，这样就会有很多行文字与图像相邻，而不只是一行。

　　幸运的是，文档设计者可以通过<img>标签的 align 属性来控制带有文字包围的图像的对齐方式。HTML 和 XHTML 标准指定了 5 种图像对齐属性值：left、right、top、middle 和 bottom。left 和 right 值会把图像周围与其相连的文本转移到相应的边界中；其余的三个值将图像与其相邻的文字在垂直方向上对齐（表 6-3）。

💡 图像缺省的对齐方式：底部对齐。

💡 HTML 标准的底部 bottom 在很多浏览器中的实际效果是基线 baseline，所以说用"基线"去理解更为准确。

表 6-3　图像的 align 属性值

值	描述
left	把图像对齐到左边，文字将环绕图片
right	把图像对齐到右边，文字将环绕图片
middle	把图像中央与文本基线对齐
top	把图像顶部与文本顶部对齐
bottom	把图像底部与文本基线对齐

💡 特别注意：不同浏览器以及同一浏览器的不同版本对 align 属性某些值的处理方式是不同的。

　　Netscape 又增加了 4 种垂直对齐属性：texttop、absmiddle、baseline 和 absbottom；Internet Explorer 则增加了 center 属性。

【例 6-3】图像的 align 属性示例。

💡 为了方便演示，这里使用 CSS 添加了背景颜色和参考线条，但代码中省略了相关内容。

```
01    <!DOCTYPE HTML>
02    <html>
03    <head>
04        <meta charset="utf-8">
05        <title>img 的 align 属性</title>
06    </head>
07    <body>
08        <h2>默认底部 bottom<img src="home.png">align</h2>
09        <h2>居中 middle<img src="home.png" align="middle">align</h2>
10        <h2>顶部 top<img src="home.png" align="top">align</h2>
11        <p><img src="home.png" align="left" hspace="25px" vspace=
    "15px">注意：……<img src="home.png" align="right">注意：……</p>
12    </body>
13    </html>
```

在浏览器中的效果如图 6-4 所示。

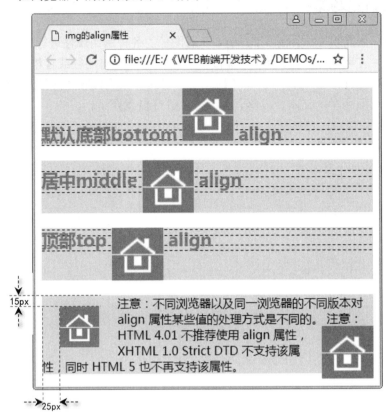

图 6-4 图像的 align 属性示例

注意：HTML 4.01 不推荐使用 align 属性，XHTML 1.0 Strict DTD 不支持该属性，HTML 5 也不再支持该属性。

ⓘ 虽然不赞成使用 align 属性，但是几乎所有浏览器都支持该属性。

6.5 本章总结

本章学习了利用<img>标签在网页中引入图片：src 属性定义图片文件的地址，alt 属性定义当图片无法加载时显示的文字，title 属性能设置当鼠标放在图片上时显示的文字。然后学习了设置图片样式的属性：width 和 height 属性可以设置图片的长和宽，border 属性可以设置图片的边框，vspace 和 hspace 属性可以设置图片的外边距，align 属性能设置图片在文本中的对齐方式。

通过使用<img>标签及相关属性的设置，能够在网页中引入图片，实现简单的图文混合排版。

☀ 通过<img>标签的相关属性控制图片样式能够实现一些简单效果，但并不灵活，而且 align 等属性在新的技术中已经不再推荐使用，在学习了 CSS 以后，就能够灵活自如地对图像进行控制了。

6.6 最佳实践

(1) 参考例 6-1、例 6-2、例 6-3 对图像的各种常用属性进行应用。

(2) 在网页中引用几张不同格式的图片，采用绝对路径或者相对路径。

(3) 设计一个"关于我"的网页，至少引入一张头像照和一张生活照，并综合前面所学的文本、段落、列表技术进行自我介绍。

第 7 章 表格

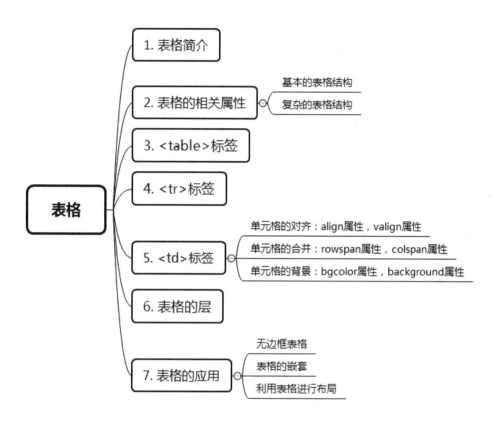

本章介绍

在日常工作和生活中，当有大量的相关数据或同类数据需要统计分析时，经常需要用到表格；CSS+table 常常用于网页布局。那么在网页上如何将大量的相关数据或同类数据呈现给用户，又是如何实现排版布局的呢？

本章将重点介绍网页设计中表格的相关用法。

学习重点

了解表格及其组成结构

掌握<table>标签的基本使用

掌握<tr>、<td>等标签的使用

初步掌握表格布局等基本应用

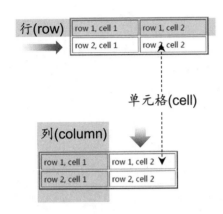

表格、表格的结构

表格中最基本、最重要的标签

语义化标签，并非必须，优点：
1. 使得代码结构清晰，便于阅读
2. 对搜索引擎友好，容易被抓取

大多数浏览器只支持 width、background 等有限属性

💡 表格标签最基本的结构包括 <table>、<th>、<tr>、<td>。

7.1 表格的简介

表格是网页设计中非常重要的容器，常用于二维数据的呈现、页面元素的排版布局等。表格有如下特点。

（1）**表格**由 **<table>** 标签定义。

（2）每个表格均有若干**行**(row，由 **<tr>** 标签定义)。

（3）每行被分割为若干**单元格**(由 **<td>** 标签定义)。

　① td 指表格数据(table data)，即数据单元格的内容。

　② 数据单元格可以包含文本、图片、列表、段落、表单、水平线、表格等任意元素。

（4）表格纵向为"**列**"(column)，但不用定义。

表格标签是网页制作中最常用到的标签之一，熟练地使用表格标签是网页制作最基本的技能。

7.2 表格相关的标签

HTML 中使用成对的<table></table>标签来定义表格，设计一个完整的表格需要用到的标签见表 7-1。

表 7-1 常用表格标签及说明

标签	描述
<table>	定义表格
<tr>	table row，定义表格的行
<td>	table data，定义单元格，是表格中存放数据的具体位置
<th>	table head，定义表头单元格，等效于<td>加粗、居中显示
<caption>	定义表格的标题，自动显示在表格外侧、上方并居中
<thead>	table head，语义化标签，定义表格的页眉
<tbody>	table body，语义化标签，定义表格的主体
<tfoot>	table foot，语义化标签，定义表格的页脚
<col>	column，定义表格列的属性
<colgroup>	column group，定义表格列组的属性

7.2.1 基本的表格结构

简单的 HTML 表格由 table 元素以及一个或多个 tr、th 或 td 元素组成。其中，tr 元素定义表格行，th 元素定义表头单元格，td 元素定义表格单元。

【**例 7-1**】商品信息表。

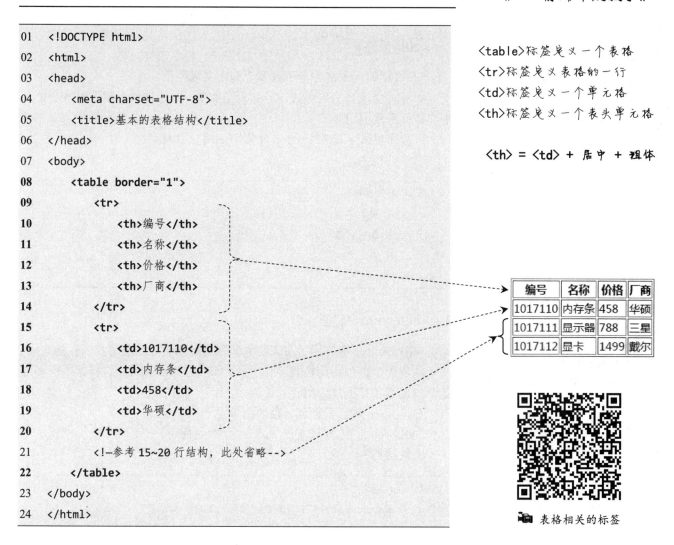

```
01    <!DOCTYPE html>
02    <html>
03    <head>
04        <meta charset="UTF-8">
05        <title>基本的表格结构</title>
06    </head>
07    <body>
08        <table border="1">
09            <tr>
10                <th>编号</th>
11                <th>名称</th>
12                <th>价格</th>
13                <th>厂商</th>
14            </tr>
15            <tr>
16                <td>1017110</td>
17                <td>内存条</td>
18                <td>458</td>
19                <td>华硕</td>
20            </tr>
21            <!—参考 15~20 行结构，此处省略-->
22        </table>
23    </body>
24    </html>
```

<table>标签定义一个表格
<tr>标签定义表格的一行
<td>标签定义一个单元格
<th>标签定义一个表头单元格

<th> = <td> + 居中 + 粗体

编号	名称	价格	厂商
1017110	内存条	458	华硕
1017111	显示器	788	三星
1017112	显卡	1499	戴尔

表格相关的标签

7.2.2 复杂的表格结构

复杂的 HTML 表格也可能包括 caption、col、colgroup、thead、tfoot 以及 tbody 元素。

1. <caption>标签

<caption>标签定义表格标题，它必须紧随在<table>标签之后，并且只能对每个表格定义一个标题。通常这个标题会被水平居中于表格之上，可以通过设置 algin 属性改变对齐方式。语法结构为：

```
<table 相关属性>
    <caption>表格标题</caption>
    ……
</table>
```

注：这里的"复杂"是指所用到的标签比较丰富，而不是指表格的结构复杂。

<caption> 标签必须紧随 <table> 标签之后。

只能对每个表格定义一个标题。

align 属性的值有:left、right、top、bottom。

💡 <col>标签设置列的属性。

💡 <col>的顺序与列的顺序对应。

💡 col 是自闭合标签。

💡 很多浏览器只支持<col>标签的 bgcolor 和 width 属性。

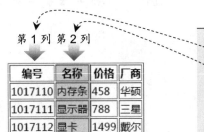

第 1 列 第 2 列

2. <col>标签

<col>标签为表格中一个或多个列定义属性值。

如需对全部列应用样式，<col>标签很有用，这样就不需要对各个单元格和各行重复应用样式了。

只能在 table 或 colgroup 元素中使用<col>标签。

语法结构为：

```
<table 相关属性>
    <col 属性="值" />
    <col 属性="值" />
    ……
</table>
```

3. <colgroup>标签

<colgroup> 标签用于对表格中的列进行组合，以便对其进行格式化。

如需对全部列应用样式，<colgroup> 标签很有用，这样就不需要对各个单元和各行重复应用样式了。

通过 span 属性设置组合列的数量。

<colgroup> 标签只能在 table 元素中使用。

语法结构为：

💡 span 属性设置组合列的数量。

💡 <colgroup>需要对应有闭合标签。

💡 很多浏览器只支持<colgroup>标签的 bgcolor 和 width 属性。

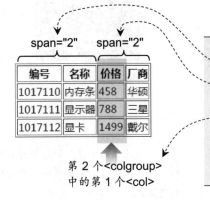

span="2"　span="2"

第 2 个<colgroup>
中的第 1 个<col>

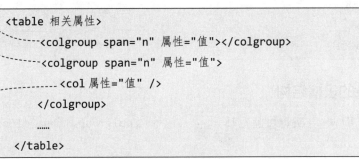

```
<table 相关属性>
    <colgroup span="n" 属性="值"></colgroup>
    <colgroup span="n" 属性="值">
        <col 属性="值" />
    </colgroup>
    ……
</table>
```

4. <thead>、<tbody>、<tfoot>标签

<thead>、<tbody>、<tfood>是语义化标签，使设计者有能力对表格中的行进行分组，通常用于定义表格的标题、数据内容、统计信息三个部分。

它们对于表格的设计并非必须，尤其是当表格作为排版布局使用时，很少使用它们。但是在某些数据呈现的特定场合，它们却很有意义。主要优点如下。

（1）使得代码结构清晰，便于阅读。

（2）对搜索引擎友好，容易被抓取。

☞ <col>、<colgroup>标签对表格的列进行分组。

☞ <thead>、<tbody>、<tfoot>标签对表格的行进行分组。

（3）能够对三个模块分别进行设置和操作。

例如，当用户创建某个表格时，也许希望拥有一个标题行、一些带有数据的行以及位于底部的一个总计行。这种划分使浏览器有能力支持独立于表格标题和页脚的表格正文滚动。当长的表格被打印时，表格的表头和页脚可被打印在包含表格数据的每张页面上。

【例 7-2】 复杂的表格结构（注：这里只关注表格，而省略其他代码）。

💡 HTML 文档中，<body>标签只能有一个，而在表格中<tbody>标签可以有多个。

💡 <tfoot>标签通常用于显示统计信息。

```
01  <table border="1">
02      <caption>图书信息表</caption>
03      <colgroup span="2"></colgroup>
04      <col width="150">
05      <thead class="myhead">
06          <tr>
07              <th>书名</th>
08              <th>ISBN</th>
09              <th>价格</th>
10          </tr>
11          <tr>
12              <td>（完整书名）</td>
13              <td>（13 位数字）</td>
14              <td>（人民币）</td>
15          </tr>
16      </thead>
17      <tbody class="mybody">
18          <tr>
19              <td>C 语言综合项目实战</td>
20              <td>9787030435507</td>
21              <td>35</td>
22          </tr>
23          <tr>……</tr>
24      </tbody>
25      <tfoot class="myfoot">
26          <tr>
27              <td>已售:35</td>
28              <td>库存:86</td>
29              <td>折扣:8.5</td>
30          </tr>
31      </tfoot>
32  </table>
```

02 ----→ 在表格上方居中显示一个标题

03 ----→ 组合表格前 2 列，并设置属性

04 ----→ 设置第 3 列的宽度为 150px

06~10：
定义表格的第 1 行，所有单元格都设置为 th（粗体、居中）

11~15：
定义表格的第 2 行

05~16：定义 thead
将前两行组合在一起，定义为表头（或者理解为页眉区）
注：对应 CSS 设置为

```
.myhead {
    color: blue;
    background: #d9ebfd;
    font-family: 微软雅黑;
}
```

18~22：
定义表格的第 3 行，用于显示数据

这里省略表格第 4 行数据相关代码的显示

17~24：定义 tbody
将相关行组合在一起，定义为表格的主体（或者理解为内容区）
注：对应的 CSS 设置为

```
.mybody {
    font-family: 楷体;
    font-size: 18px;
}
```

25~31：定义 tfoot
将最后一行定义为表格的页脚
注：对应的 CSS 设置为

```
.myfoot {
    text-align: center;
    background: #eeeeee;
    font-size: 14px;
}
```

上例的运行效果如图 7-1 所示。

图 7-1 复杂的表格结构

7.3 <table>标签

表格是网页设计中不可或缺的元素，但是在浏览器的默认样式下，表格样式显得十分粗糙。因此，在设计网页时经常需要对表格进行美化，可以通过设置表格标签的属性来实现美化表格的目的。<table>标签的常用属性见表 7-2。

在表格设计过程中，虽然可以用表格的基本属性来改变表格的样式，但是为了将样式和文档结构分开，通常情况下用 CSS 样式表来改变表格样式。CSS 样式表将在后续章节详细介绍。

表 7-2 <table>标签的常用属性

属性	描述
align	规定表格相对周围元素的对齐方式：left、center、right
bgcolor	规定表格的背景颜色
border	规定表格边框的宽度
cellpadding	规定单元边沿与其内容之间的空白（间距）
cellspacing	规定单元格之间的空白（间距）
frame	规定外侧边框的哪个部分是可见的：void、above、below、hsides、lhs、rhs、vsides、box、border
rules	规定内侧边框的哪个部分是可见的：none、groups、rows、cols、all
summary	规定表格的摘要
width	规定表格的宽度，绝对值（pixels）或百分比（相对于父容器）

<table>标签的常用属性

出于代码规范性方面的考虑，不建议在 HTML 代码中嵌套大量的属性样式，因此这里不进行深入讨论，在后面学习 CSS 的过程中，可以通过 CSS 来改变表格样式，且美化表格的效果更佳。

<table>标签也有 height 属性，可以设置高度，但是实际使用中，高度都是根据内容自动适应的。

【例 7-3】<table>标签的常用属性示例：对例 7-1 的表格进行设计。

（注：这里只突出 table 相关代码，忽略其他 HTML 代码）

实际上在最新的 HTML5 规范中，上述很多属性都不再支持。

```
01  <!DOCTYPE html>
02  <html>
03  <head>
04      <meta charset="UTF-8">
05      <title>table 的常用属性设置 1</title>
06  </head>
07  <body>
08      <table width="400" border="5"
09      cellspacing="10" cellpadding="6"
10      bordercolorlight="#FF0000"
11      bordercolordark="blue"
12      bgcolor="#f6f6f6">
13          <caption>电脑零件信息表</caption>
14          <tr>
15              <th>编号</th>
16              <th>名称</th>
17              <th>价格</th>
18              <th>厂商</th>
19          </tr>
20          <!--参考 14~19 行结构，此处省略-->
21      </table>
22  </body>
23  </html>
```

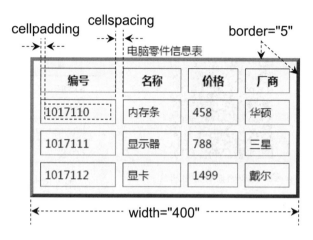

说明：这里设置了亮边框为红色（第 10 行），暗边框为蓝色（第 11 行），但是现在的浏览器基本不再支持这个属性，只有低版本（IE8 及以下）的浏览器或某些浏览器的兼容模式下可以看到这个效果。

【例 7-4】\<table\>标签的常用属性示例 2：制作三线表格。

对例 7-3 的\<table\>标签稍作修改，增加 2 个属性，即可快速制作出常见的三线表格。

```
<table ……  frame="hsides"  rules="rows">
```

frame="hsides" 规定水平外侧边框可见（即表格的上、下两条边框）。

rules="rows" 规定内侧边框的行边框可见（即中间的横线）。

说明：当设置了 frame 和 rules 属性后，表格边框的粗细将失效，直接显示为 1px 边框。在兼容模式下能够显示粗框，但不显示颜色。

浏览效果如图 7-2 所示。

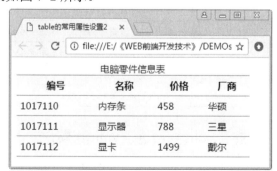

图 7-2 \<table\>标签的常用属性设置：制作三线表格

7.4 \<tr>标签

〈tr〉标签定义 HTML 表格中的行。tr 元素包含一个或多个 th 或 td 元素。常用属性见表 7-3。

表 7-3 \<tr>标签的常用属性

属性	描述
align	行内容的对齐方式：left、center、right、justify、char
bgcolor	规定行的背景颜色
background	设定元素的背景图像
height	设定行的高度

📷 \<tr>标签的常用属性

由于对表格的整行属性进行设置并不常用，更重要的是，新的规范建议通过 CSS 进行设置，对\<tr>标签的属性不再支持，所以此处不做过多介绍。

7.5 \<td>标签

〈td〉标签定义 HTML 表格中的标准单元格。

HTML 表格有以下两类单元格。

（1）表头单元格：包含头部信息（由 th 元素创建）。

（2）标准单元格：包含数据（由 td 元素创建）。

td 元素中的文本一般显示为正常字体且左对齐。

〈td〉标签的常用属性见表 7-4。

\<th> = \<td> + 居中 + 粗体

💡 由于对某个单元格的宽度和高度设置会影响到相应列、行的宽度和高度，所以一般不对单个单元格设置宽度和高度。

表 7-4 \<td>标签的常用属性

属性	描述
align	规定单元格内容在水平方向上的对齐方式：left、center、right、justify、char
bgcolor	规定行的背景颜色
colspan	规定单元格可横跨的列数（即横向合并单元格）
nowrap	规定单元格中的内容是否自动换行，取值：nowrap
rowspan	规定单元格可横跨的行数（即纵向合并单元格）
valign	规定单元格内容在垂直方向上的对齐方式：top、middle、bottom、baseline

📷 \<td>标签的常用属性

7.5.1 单元格的对齐：align 属性、valign 属性

通过\<tr>标签中 align 和 valign 属性的设置和组合，可以设置单元格内容的对齐方式。

【例 7-5】单元格中内容的对齐方式示例，代码如下。

```
01  <table width="500" height="240" border="1" cellspacing="10" cellpadding="6">
02      <caption>单元格中内容的对齐方式</caption>
03      <tr>
04          <td align="left" valign="top"> align="left"<br>valign="top"</td>
05          <td align="center" valign="top"> align="center"<br>valign="top"</td>
06          <td align="right" valign="top"> align="right"<br>valign="top"</td>
07      </tr>
08      <tr>
09          <td align="left" valign="middle"> align="left"<br>valign="middle"</td>
10          <td align="center" valign="middle"> align="center"<br>valign="middle"</td>
11          <td align="right" valign="middle"> align="right"<br>valign="middle"</td>
12      </tr>
13      <tr>
14          <td align="left" valign="bottom"> align="left"<br>valign="bottom"</td>
15          <td align="center" valign="bottom"> align="center"<br>valign="bottom"</td>
16          <td align="right" valign="bottom"> align="right"<br>valign="bottom"</td>
17      </tr>
18  </table>
```

浏览效果如图 7-3 所示。

图 7-3 单元格中内容的对齐方式

7.5.2 单元格的合并：rowspan 属性和 colspan 属性

　　表格的应用中，并不都是行列整齐，稍微复杂一点的结构还会涉及到单元格的合并，〈td〉标签的 rowspan 和 colspan 两个属性可以实现。

　　rowspan：单元格跨行合并，即合并同一列中不同行的单元格。

colspan：单元格跨列合并，即合并同一行中不同列的单元格。

为了设计不同样式的表格，单元格<td>的 rowspan 和 colspan 属性可以设置单元格的跨行合并显示和跨列合并显示。

例如，要实现左侧表格所示的结构，代码如下：

需要设计的表格

占 2 行 rowspan="2"	占 2 列 colspan="2"	
	1	1

```
01  <table border="1">
02      <tr>
03          <td rowspan="2">占 2 行<br> rowspan="2"</td>
04          <td colspan="2">占 2 列<br> colspan="2"</td>
05      </tr>
06      <tr>
07          <td>1</td>
08          <td>1</td>
09      </tr>
10  </table>
```

对于初学者而言，理解单元格的合并可能有些困难。我们这里提供一种方法帮助理解"**拆分还原法**"。即，将要设计的含合并结果的表格中所有合并的单元格拆分，还原成标准的行列整齐的表格，此时，目标单元格需要如何合并、合并几个单元格便一目了然了。

通过"拆分还原法"理解合并

a A d	b B	c
	1	1

如左图，通过添加虚线还原出完全的表格，此时，可以看出目标结果 A 单元格是由最初的同一列的 a、d 单元格合并而来，也就是说：A 单元格横跨了两行，所以是 rowspan="2"；同理，B 单元格横跨了 b、c 两列单元格，所以是 colspan="2"。

最后一个问题：单元格合并后，rowspan 和 colspan 属性该写到哪个<td>标签上呢？答案是：写在合并区域最左上角的那个单元格上。本例，A 区域中最左上角的是 a，可以看作 d 被"合并"掉，所以 rowsapn 属性应该写到 a 单元格的<td>标签中。同时，还应该明白：a 是属于第一行<tr>的，而不属于第 2 行；同理，B 区域的 colspan 属性应该写在 b 单元格的<td>标签中。

【例 7-6】单元格的合并。

```
01  <table width="500" border="1" cellpadding="6">
02      <tr>
03          <td colspan="3">单元格 1.1 colspan="3"</td>
04      </tr>
05      <tr bgcolor="red" background="images/bg_water.png">
06          <td rowspan="2">单元格 2.1 rowspan="2"</td>
07          <td>单元格 2.2</td>
08          <td>单元格 2.3</td>
```

```
09        </tr>
10        <tr bgcolor="#CCF">
11            <td>单元格 3.1</td>
12            <td>单元格 3.2</td>
13        </tr>
14        <tr>
15            <td>单元格 4.1</td>
16            <td>单元格 4.2</td>
17            <td>单元格 4.3</td>
18        </tr>
19    </table>
```

上述代码在浏览器中的效果如图 7-4 所示。

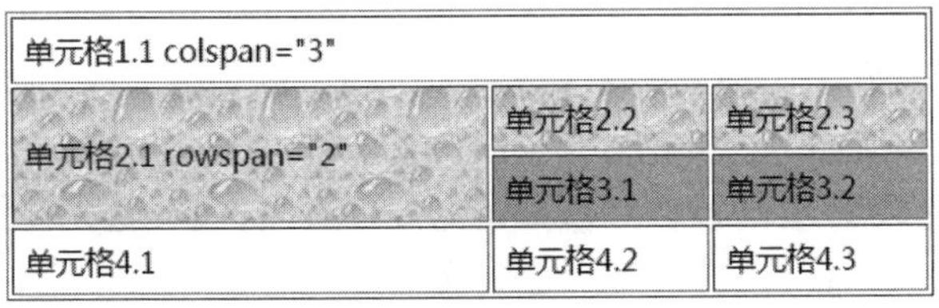

图 7-4 单元格的合并

7.5.3 单元格的背景：bgcolor 属性和 background 属性

通过前面的介绍可知，不同的元素（table、tr、td 等）都可以设置不同的背景颜色（bgcolor 属性）和背景图像（background 属性）。尽管目前新的规范已不再推荐使用这些属性（现在推荐使用 CSS 技术），但很多浏览器仍然兼容。

例 7-6 代码的第 05 和 10 行都使用了背景，其中第 05 行同时使用了 bgcolor 和 background，其结果是：背景图像覆盖掉了背景颜色。

既然背景颜色会被背景图像覆盖，那么，是不是有了背景图像，背景颜色的设置就没有意义了呢？答案是否定的！因为图像有可能无法显示（或者被禁止显示），当图像无法显示时，设置与图像颜色相接近的背景颜色将是有力的补充！

☞ 对同一元素同时设置背景颜色和背景图像，背景图像将覆盖背景颜色！

☞ 可以将背景颜色理解为背景图像的"替补"。

7.6 表格的层

既然不同的元素都可以设置背景，那么同时对 td、tr、table 等元素设置背景会是什么效果呢？要理解这个问题，需要了解表格的层。

CSS 定义了 6 个不同的层，对应表格各个方面的样式都在其各自的层上绘制，如图 7-5 所示。

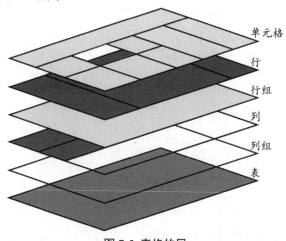

图 7-5 表格的层

☞ 上层背景会覆盖下层背景。

默认地，所有元素背景都是透明的，如果单元格、行、列等没有设置自己的背景，则 table 元素的背景将透明。

显然，上层背景设置会覆盖掉下面层的背景，利用这个特性，我们可以设计出不同背景，以区分不同的对象。

7.7 表格的应用

7.7.1 无边框表格

设置表格的属性 border="0" 即可。

7.7.2 1px 边框的表格

📷 无边框表格、1px 边框表格制作

【例 7-7】"偷梁换柱"法：利用背景颜色、单元格间距实现 1px 边框的表格设计。效果如图 7-6 所示。

具体步骤如下。

① 设置表格边框 border="0"。

② 设置表格间距 cellspacing="1"。

③ 设置表格背景 bgcolor="欲设的表格边框色"。

④ 设置全部单元格的背景为：欲设的表格背景色。

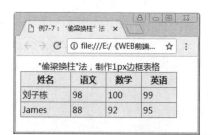

图 7-6 制作 1px 边框表格

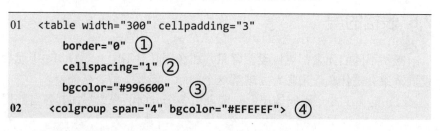

```
01    <table width="300" cellpadding="3"
         border="0"  ①
         cellspacing="1"  ②
         bgcolor="#996600" >  ③
02    <colgroup span="4" bgcolor="#EFEFEF">  ④
```

```
03      <tr>
04        <th>姓名</th>
05        <th>语文</th>
06        <th>数学</th>
07        <th>英语</th>
08      </tr>
09      ……
10    </table>
```

这种方法有较大的弊端，即：所有线条都是相同粗细、相同颜色，而且设置了整个表格的背景颜色和所有单元格的背景颜色，实现起来不方便，也不灵活。等到学习了 CSS 后，制作 1px 像素边框的表格以及更复杂的表格，将是非常容易的事情！

💡 使用 CSS 技术很容易实现 1px 边框以及更复杂样式的表格制作，请参见第 18 章的介绍。

7.7.3 表格的嵌套

在表格的单元格中插入另一个表格，操作嵌套表格与单独表格一样，需注意层次结构。

```
01    <table width="400" border="1" cellspacing="5" cellpadding="3">
02      <tr>
03        <td colspan="2" align="center">
04            横向合并两个单元格，在此嵌套一个表格
05            <table width="80%" border="1" cellspacing="5"
                          cellpadding="3" bgcolor="#FFFF00">
06              <tr>  <td>嵌套 1.1</td> <td>嵌套 1.2</td>  </tr>
07              <tr>  <td>嵌套 2.1</td> <td>嵌套 2.2</td>  </tr>
08            </table>
09        </td>
10      </tr>
11      <tr>
12        <td>外层表格 2.1</td>
13        <td>外层表格 2.2</td>
14      </tr>
15    </table>
16      </tr>
17      ……
18    </table>
```

嵌套表格示例

横向合并两个单元格, 在此嵌套一个表格	
嵌套1.1	嵌套1.2
嵌套2.1	嵌套2.2
外层表格2.1	外层表格2.2

7.7.4 利用表格进行布局

在学习使用 DIV 和 CSS 进行页面布局前，使用表格布局是最基本的方式。

【例 7-8】利用表格进行页面布局（仅突出 table 相关代码）。

```
01  <table border="0" width="1000" height="100" bgcolor="#EEEEEE"
    align="center">
02    <tr>
03      <td>
04        <h1>LOGO 栏</h1>
05      </td>
06    </tr>
07  </table>
08  <table border="0" width="1000" height="100" bgcolor="#CCCCCC"
    align="center">
09    <tr>
10      <td>
11        这是内容区（通过嵌套表格等方式对内容进行填充并排版）
12      </td>
13    </tr>
14  </table>
```

💡 table 布局的属性设置：
border="0" 表示无边框。
width="1000" 设置容器绝对宽度。
height="100" 设置容器的高度。
bgcolor="#EEEEEE" 设置背景颜色。
align="center" 容器在页面内居中。

body 的四周默认会有 8px 的空白 (margin)，使得内容无法直接紧贴页面边框。可以通过设置 body 的 margin 为 0 消除，这将在 CSS 部分介绍

页面布局效果如图 7-7 所示。

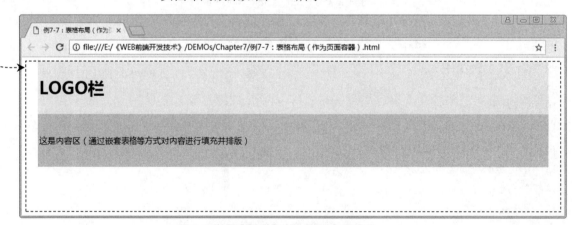

图 7-7 利用表格进行基本页面布局效果

布局好页面后，接下来就应该填充内容了。为了对容器中的内容进行规划，同样会用到嵌套表格及其他技术，这需要通过很多的练习和实践积累经验，最后达到熟练的程度。

使用表格进行排版布局的优点主要是：结构位置更简单；容易上手；数据化的存放更合理，尤其适合存放二维数据。

使用表格进行排版布局的缺点主要是：标签结构多、复杂，嵌套越多越复杂；不灵活，修改内容很麻烦，往往牵一发而动全身；不利于搜索引擎抓取信息，直接影响到网站的排名。

💡 即使是使用 CSS+DIV 布局，当需要展示二维数据时，表格仍是不二的首选。

7.8 本章总结

本章主要介绍了网页设计中的表格标签及其属性的使用。

在设计表格时，首先应考虑表格中需要填充的内容，尽量让内容能够优雅、直观地展现在用户眼前。其次考虑如何使用表格标签的各种属性对表格进行美化，当然也不仅限于使用这些属性，学习了 CSS 样式之后，结合 CSS 样式可以达到更好的美化效果。

7.9 最佳实践

使用表格进行页面布局，如求如下。

① 必须按 1024px 屏幕宽度设计，且在该分辨率下浏览网页不能出现水平滚动条（两侧空白不能过大）。

② 页面必须居中。

③ 必须使用到无边框表格、1px 边框表格技术。

④ 在页面内容中尽量使用到表格的各种属性。

⑤ 参考布局如下图（也可自己找参考页面作参考）。

利用表格进行布局操作演示

表格布局参考如下：

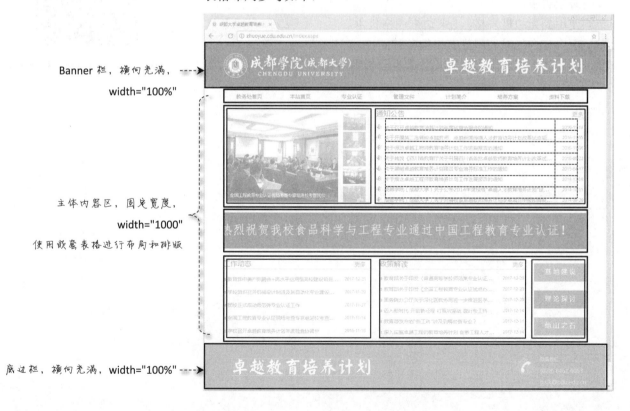

Banner 栏，横向充满，width="100%"

主体内容区，固定宽度，width="1000"
使用嵌套表格进行布局和排版

底边栏，横向充满，width="100%"

第 8 章 表单

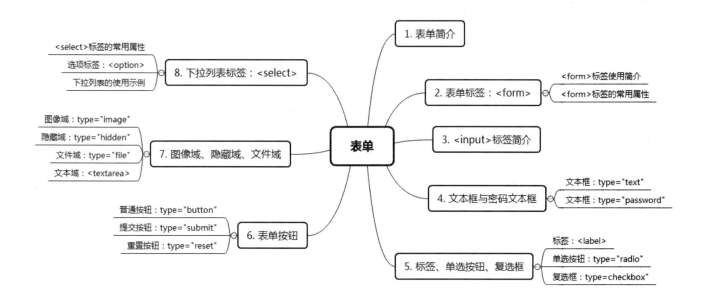

本章介绍

　　Web 页面是一种文档，HTML 就是用来编写这些文档的一种标记语言，文档的结构和格式的定义是由 HTML 元素完成的，HTML 元素是由单一或一对标签定义的包含范围。表单在 HTML 文档和用户之间，提供了一种交互的方式。利用表单，可以提交信息到 Web 服务器。利用表单填写好信息后，点击"提交"按钮，信息就会被浏览器发送到服务器端。当服务器端收到信息后，对这些信息进行处理，然后返回信息到浏览器，最终呈现给用户。

学习重点

理解表单的作用

了解<form>标签常用的属性

掌握常用表单控件的使用

8.1　表单简介

💡　表单本身在页面中并不可见，但它是一个收集客户端信息或者展示信息的容器。

HTML 表单是一个包含表单元素的区域，用于收集用户输入的内容并提交，使用<form>标签来设置，比如：文本域(textarea)、下拉列表、单选框(radio)、复选框(checkbox)等，常用标签见表 8-1。

表 8-1　常用表单标签

描述	标签符号
表单	<form></form>
输入域	<input>
文本域	<textarea></textarea>
输入标题	<label></label>
下拉列表	<select></select>
下拉列表中的选项	<option></option>
点击按钮	<button></button>

💡　表单中承载信息的标签通常称为"控件"，它们都需要放在<form></form>标签中，才能与后台程序进行信息交流。

8.2　表单标签：<form>

8.2.1　<form>标签使用简介

表单使用表单标签<form>来设置。在定义一个表单时，以<form>标签开始，</form>标签结束。而<form>标签中往往包含了<input>、<button>等控件标签。

表单标签的使用方法如下。

```
<form action="action_page.php" method="get">
    <label>姓名: </label><input type="text" name="firstname"><br>
    <input type="submit" value="submit">
</form>
```

8.2.2　<form>标签的常用属性

1.　action 属性

💡　action 属性定义了表单提交地址，通常是提交到服务器上的网页。

action 属性定义在提交表单时执行的动作。向服务器提交表单的通常做法是使用提交按钮。通常，表单会被提交到 Web 服务器。在下面的例子中，指定了某个服务器脚本来处理被提交表单：

```
<form action="action_page.php"></form>
```

如果省略 action 属性，则 action 会被设置为当前页面。

2. method 属性

method 属性规定在提交表单时所用的 HTTP 方法（GET 或 POST）：

```
<form action="action_page.php" method="GET"></form>
```

或：

```
<form action="action_page.php" method="POST"></form>
```

何时使用 GET？GET 是浏览器默认方法，如果表单提交是被动的（如搜索引擎查询），并且没有敏感信息时就可以使用 GET。当使用 GET 时，表单数据在页面地址栏中是可见的。当发送数据时，GET 方法向 URL 添加数据，URL 的长度是受限制的，最大长度为 2048 个字节。

何时使用 POST？如果表单正在更新数据，或者包含敏感信息（如用户名、密码等），使用 POST 的安全性更好，因为在页面地址栏中被提交的数据是不可见的。当发送数据时，理论上传输大小是无限制的，但也取决于服务器的设置和内存大小。

3. name 属性

name 属性在 HTML 文档以及 JavaScript 中的直接作用不是那么明显，但是它在用于表单中却是必不可少的属性。name 属性主要是用于获取提交表单的某表单域（如 input、select、textarea）信息，作为可与服务器交互数据的 HTML 元素的服务器端的标识；或框架元素（如 iframe、frame、window）的名字，用于在其他 frame 或 window 指定 target。浏览器会根据 name 来设定发送到服务器的 request，在表单的接收页面只接收有 name 的元素，所以赋 id 的元素通过表单是接收不到值的。form 元素的常用属性见表 8-2。

💡 method 的默认值为 GET，即没有填写 method 属性时，以 GET 方式进行提交数据。

☛ 表单提交数据到后台用控件的 name 属性而不是 id 属性。

💡 标签的 id 属性会在第 10 章中具体讲解。

表 8-2 form 元素的常用属性

属性	说明
accept-charset	规定在被提交表单中使用的字符集（默认：页面字符）
action	规定向何处提交表单的地址（URL）（提交页面）
autocomplete	规定浏览器应该自动完成表单（默认：开启）
enctype	规定被提交数据的编码（默认：url-encoded）
method	规定在提交表单时所用的 HTTP 方法（默认：GET）
name	规定识别表单的名称
novalidate	规定浏览器不验证表单
target	规定 action 属性中地址的目标（默认：_self）

8.3 <input>标签简介

<input>标签规定了用户可以在其中输入字段。input 元素在 form 元素中使用，用来声明允许用户输入数据的 input 控件。输入字段可通过多种方式改变，可以是文本字段、复选框、单选按钮等，取决于 type 属性，常用属性值见表 8-3。

💡 除此之外，HTML5 中推出了更多的 input 标签属性，使得对表单的处理更加简单，后面章节将会详细介绍。

表 8-3 <input>标签常用的 type 属性

type 属性值	input 控件
text	单行文本框
password	密码文本框
submit	提交按钮
reset	重置按钮
radio	单选按钮
checkbox	复选框
button	普通按钮

<input>标签的示例见例 8-1，运行结果如图 8-1 所示。

【例 8-1】input 标签的基本语法，主要代码如下。

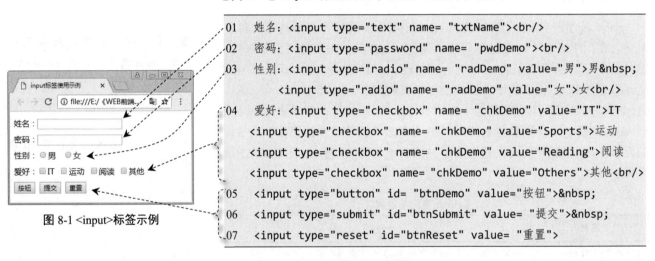

图 8-1 <input>标签示例

```
01    姓名: <input type="text" name= "txtName"><br/>
02    密码: <input type="password" name= "pwdDemo"><br/>
03    性别: <input type="radio" name= "radDemo" value="男">男 
              <input type="radio" name= "radDemo" value="女">女<br/>
04    爱好: <input type="checkbox" name= "chkDemo" value="IT">IT
      <input type="checkbox" name= "chkDemo" value="Sports">运动
      <input type="checkbox" name= "chkDemo" value="Reading">阅读
      <input type="checkbox" name= "chkDemo" value="Others">其他<br/>
05    <input type="button" id= "btnDemo" value="按钮"> 
06    <input type="submit" id="btnSubmit" value= "提交"> 
07    <input type="reset" id="btnReset" value= "重置">
```

8.4 文本框与密码文本框

8.4.1 文本框：type="text"

当用户要在表单中键入字母、数字等内容时，就会用到文本输入框。文本输入框是服务器交流最常用的表单，使用方法如下。

```
<form>
```

```
        姓名：<input type="text" name="txtName">
    </form>
```

文本框的常用属性见表 8-4。

表 8-4 文本框常用属性

属性	说明
name	设置文本框对象名称
width	设置对象的宽度
value	定义文本框的默认值，也就是文本框内的文字
size	定义文本框显示文本的长度，以字符为单位（缺省值为 20）
maxlength	设置文本框中最多可以输入的字符数
alignment	设置 text 文本对齐方式
appearance	设置是否要用立体效果显示文本
borderStyle	设置边界模式
dataSource	设置此对象链接到数据源的名称

💡 文本框的属性有很多，表 8-4 只列举了几个常用的属性，更多属性请参考 W3C 用户手册。

💡 size 属性和 maxlength 的区别在于，maxlength 属性规定了文本框的最大输入长度，也就是超出这个长度之后的字符属于无效字符。而 size 属性则是让文本框只显示设置的字符长度，多余的字符有效但不可见。

8.4.2 密码文本框：type="password"

密码文本框可以说是一种特殊的文本框，它和普通文本框的属性都相同，不同之处是，普通文本框输入的字符可见而密码文本框输入的字符不可见，这个设置主要是为了防止密码泄露。密码文本框的语法跟普通文本框的一样，只是把 type 的值设置为 password 即可。

```
    <form>
        密码：<input  type="password" name="txtPWD" >
    </form>
```

密码文本框跟普通文本框的属性类型一样，常用的属性见表 8-4。

【例 8-2】密码文本框的使用方法示例，运行效果如图 8-2 所示。

```
01   <form name="form1" method="post" action="">
02     账号:<input type="text" name="txtID" /><br/>
03     密码:<input type="password" size="10" maxlength="10" name="txtPWD"
     />
04   </form>
```

ℹ️ 在 HTML 文档的标签中，对于属性的设置没有先后顺序，可根据自己的习惯进行设置。

图 8-2 密码文本框示例

浏览器中，普通文本框输入的文本会显示正常的文本形式，而在密码文本框中输入的文本会被"•"代替，避免密码在输入时被他人看见。

需要强调的是：密码文本框 password 仅能使周围的人看不见输入的文本，并不能真正使数据安全。为了数据安全，通常采用的方法是前后台进行数据加密传输。

8.5 标签、单选按钮、复选框

8.5.1 标签：<label>

<label>标签为 input 元素定义标注（标记）。

label 元素不会向用户呈现任何特殊效果，但它为使用鼠标的用户改进了可用性。如果在 label 元素内点击文本，就会触发此控件。就是说，当用户选择该标签时，浏览器就会自动将焦点转到与标签相关的表单控件上。

for 属性可把 label 绑定到另外一个元素，用法是把 for 属性的值设置为绑定元素的 id 属性值。

【例 8-3】 <label>标签与 checkbox 控件的使用示例，代码如下。

```
01  <input type="checkbox" name= "chkDemo" value="IT">IT 
02  <input type="checkbox" name= "chkDemo" value="Sports">运动
     
03  <input type="checkbox" name= "chkDemo" value="Reading" id="fr">
04  <label for="fr">阅读</label> 
05  <label>
06      <input type="checkbox" name= "chkDemo" value="Others">其他
07  </label><br/>
```

<label>标签有两种常用写法，第一种是<label>与其绑定的控件分离，通过 for 属性设置其与控件的关联，如例 8-3 中第 03 和 04 行代码；第二种是使用标签包裹（嵌套）的方式，将要绑定的控件嵌入<label>与</label>之间，这种方式下可以不用 id 属性进行关联，如上例中第 05~07 行代码。

8.5.2 单选按钮：type="radio"

在网页中可能会遇到需要选择的时候，如做选择题、性别选择之类的网页交互事件。在 HTML 表单中 <input type="radio"> 每出现一次，一个 radio 对象就会被创建。单选按钮是表示一组互斥选项按钮中的一个。当一个按钮被选中，之前选中的按钮就变为非选中的，前提是几个按钮之间的 name 属性的值要一样。

使用方法是把<input>标签的 type 属性设置为 radio：

```
性别：<input type="radio" name= "radDemo" value="男">男 
     <input type="radio" name= "radDemo" value="女">女
```

"运动"两个字和前面<input>标签显示在一起，但是它们并没有相关性，当鼠标移到文字上方时，指针为"I"形，此时单击鼠标复选框没有任何响应，因为它们是独立的两个对象。

图 8-3 <label>与 checkbox 示例

<label>标签的"阅读"两个字和文字前面复选框"绑定"在一起，成为一个整体，鼠标移到文字上方时指针的形状，单击文字时的效果与单击其绑定的 id 为"fr"的复选框效果一样。

💡 设计一组相互排斥的单选按钮时，它们的 name 属性值必须相同。

性别：◉男 ○女

8.5.3 复选框：type="checkbox"

复选框表单控件在网页中也很常见。一组复选框可以选择多个选项。checkbox 对象代表一个 HTML 表单中的一个选择框。在 HTML 文档中每出现一次 <input type="checkbox">，checkbox 对象就会被创建。使用方法为把<input>标签的 type 属性值设置为 checkbox。

```
<input type="checkbox" name="…" value="…" checked="checked">
```

多选按钮一般是以一组的形式出现，很少单个出现，每一组的 name 属性必须保持一致。

单选按钮和复选框都有 checked 属性，当属性值为"checked"（即 checked="checked"）时，该单选按钮或复选框被设置为选中状态。

复选框的使用示例见例 8-3。

8.6 表单按钮

在表单中为了提交数据或清除已经填写好的数据，常常会用到表单按钮。按钮一般分为两类，一类是本身具有特定的功能，称为特别按钮。如 submit（提交按钮）用于传输用户所填写的信息至服务器，reset（重置按钮）清除所填写的信息可重新填写。另一类是本身不具有特别功能，称为普通按钮。特别按钮只能用于表单(form)中才能发挥特别的功能。而普通按钮除可在表单中应用外，在网页的其他地方使用也非常方便灵活。

8.6.1 普通按钮：type="button"

普通按钮有两种写法。

第一种是用<input>标签把 type 属性设置为 button，然后把 value 属性设置为按钮上要显示的文字。使用方法为：

```
<input type="button" value="按钮">
```

☛ value 的值为按钮上要显示的文字。

第二种是直接写<button></button>标签，<button>标签是非自闭合标签，所以要写完整。使用方法为：

```
<button>按钮</button>
```

8.6.2 提交按钮：type="submit"

提交按钮只能用于表单中，在点击该按钮时把表单中的内容直接提交给服务器端，不需要任何的 JavaScript 操作。它跟普通按钮的区别是，普通按钮不添加 JavaScript 事件，点击后不会有任何效果。提交按钮只需

☛ submit 用于提交表单中的数据，直接将数据提交到服务端。

把<input>标签的 type 属性值设置为 submit 即可，使用方法如下。

```
<input type="submit" value="提交">
```

8.6.3 重置按钮：type="reset"

重置按钮同样只能用于表单中，用于取消对表单所做的修改，恢复表单的初始状态。如用户输入"用户名"后，发现书写有误，可以使用重置按钮使表单元素恢复到初始状态。使用方法为把<input>标签的 type 属性的值设置为 reset：

☛ reset 用于清空用户填写在表单中的数据。

☛ 点击"重置"时，此按钮所在的<form>标签里所有的表单域（控件）都重置。

```
<input type="reset" value="重置">
```

几种按钮的示例见例 8-4，运行效果如图 8-4 所示。

【例 8-4】按钮使用示例，代码如下。

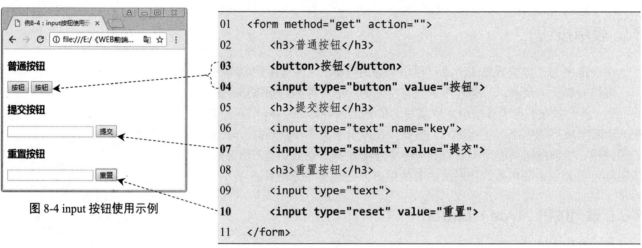

图 8-4 input 按钮使用示例

```
01    <form method="get" action="">
02        <h3>普通按钮</h3>
03        <button>按钮</button>
04        <input type="button" value="按钮">
05        <h3>提交按钮</h3>
06        <input type="text" name="key">
07        <input type="submit" value="提交">
08        <h3>重置按钮</h3>
09        <input type="text">
10        <input type="reset" value="重置">
11    </form>
```

8.7 图像域、隐藏域、文件域、文本域

8.7.1 图像域：type="image"

图像域是指用在提交按钮位置的图像，使得这幅图像具有按钮的功能。一般来说，使用默认的按钮形式往往会让人觉得单调，若网页使用了较为丰富的色彩，或者稍微复杂的设计，再使用表单默认的按钮形式可能会破坏整体美感。这时，可以使用图像域，创建和网页整体效果一致的图像提交按钮。使用方法为把<input>标签的 type 属性设置为 image，然后再把 src 的属性设置为图片的路径，格式如下。

💡 使用图像域可以丰富按钮外观，使网页变得更加富有美感。

```
<input name="图像域的名称" type="image" src="图像域的地址"/>
```

下面是一个图像域的使用例子：

```
<input type="image" name="subImage" src="images/submit.gif"/>
```

标记将图像域的名称设置为 subImage（不会影响图片的显示），地址设置为"images/submit.jpg"，在浏览器中浏览效果如右图所示。

8.7.2 隐藏域：type="hidden"

隐藏域在页面中对于用户是不可见的，在表单中插入隐藏域的目的在于收集或发送信息，以利于被处理表单的程序所使用。浏览者单击发送按钮发送表单时，隐藏域的信息也被一起发送到服务器。使用方法为把<input>标签的 type 属性设置为 hidden，格式如下。

```
<input type="hidden" name="field__name" value="value">
```

隐藏域通常用于前后台的数据交换，并且不会影响页面内容时。如在处理一个订单号向后台获取数据时，订单号不能直接显示在页面上，但是这个参数又是必不可少的，此时利用隐藏域就是很好的选择。

8.7.3 文件域：type="file"

在网页中经常会用到文件上传功能，在 HTML 文档中只需要把<input>标签的 type 属性值设置为 file 即可创建一个文件域。与其他表单元素使用方法不同的是，在使用文件域时，<form>标签的 enctype 属性值必须设置为"multipart/form-data"。文件域可以实现文档、表格、压缩包、图片等文件的上传。文件域使用方法见例 8-5，运行效果如图 8-5 所示。

【例 8-5】文件域的使用方法。

```
01  <form method="post" action="" enctype="multipart/form-data">
02      <input type="text" name="txtDesc">
03      <input type="file" name="upfile">
04  </form>
```

图 8-5 文件域示例

当点击选择文件按钮时就会打开选择文件对话框，用户需要从本地文件中选择一个文件上传。当然这里是不能真正上传的，文件的上传功能需

💡 最早的 HTTP POST 方法是不支持文件上传的。在 1995 年 ietf 出台了 rfc1867 以支持文件上传。所以 content-type 的类型扩充了 multipart/form-data 用以支持向服务器发送二进制数据。其实 form 表单在不写 enctype 时同样存在默认值：application/x-www-form-urlencoded。

💡 文件域前面增加一个文本框一般用来展示上传文件或是缓存文件的基本信息。

要用到后台服务器的接收及保存。

8.7.4 文本域：<textarea>

在网页中通常会出现很多的文本内容交互，如邮件内容、留言等，这就不是文本框能够完成的功能。<textarea>标签定义多行的文本输入控件。文本域中可以容纳无限的文本字符，并且可以用 cols 和 rows 属性规定文本域的尺寸（最好使用 CSS 来写样式），甚至还可以直接在右下角拖动改变大小。使用方法是使用<textarea></textarea>标签创建文本域，见例 8-6，运行效果如图 8-6 所录。

【例 8-6】文本域使用方法。

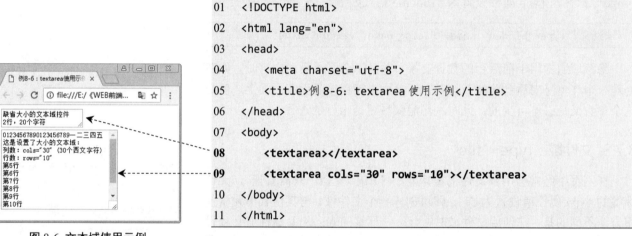

```
01   <!DOCTYPE html>
02   <html lang="en">
03   <head>
04       <meta charset="utf-8">
05       <title>例 8-6：textarea 使用示例</title>
06   </head>
07   <body>
08       <textarea></textarea>
09       <textarea cols="30" rows="10"></textarea>
10   </body>
11   </html>
```

图 8-6 文本域使用示例

textarea 通过 cols 和 rows 属性规定文本域的列数和行数，其中列数是以 ACSII 码字符所占的宽度计算的。

8.8 下拉列表标签：<select>

下拉列表在网页中是很常见的表单控件。

<select>标签用来创建单选（下拉列表）或多选菜单（列表框），<select>标签中嵌套的<option>标签用于定义列表中的可用选项。当提交表单时，浏览器会提交选定的项目，或者收集用逗号分隔的多个选项，将其合成一个单独的参数列表，并且在将<select>表单数据提交给服务器时包括 name 属性。

<select>标签的基本使用方法示例如下。

```
<form>
    <select name="selDegree">
        <option value="doctor">博士</option>
```

文本域的大小可根据需求进行设置，很灵活。

option 类似于列表中的<li>标签，一个 option 就表示一个选项。

```
            <option value="master">硕士</option>
            <option value="bachelor">学士</option>
            <option value="others">其他</option>
        </select>
    </form>
```

8.8.1 <select>标签的常用属性

select 对象代表 HTML 表单中的一个下拉列表或列表框。在 HTML 表单中，<select>标签每出现一次，一个 select 对象就会被创建。

<select>标签的常用属性见表 8-5。

表 8-5 <select>标签的常用属性

属性	说明
disabled	设置或返回是否应禁用下拉列表
form	返回对包含下拉列表的表单的引用
id	设置或返回下拉列表的 id
length	返回下拉列表中的选项数目
multiple	设置或返回是否选择多个项目
name	设置或返回下拉列表的名称
selectedIndex	设置或返回下拉列表中被选项目的索引号
size	设置或返回下拉列表中的可见行数
tabIndex	设置或返回下拉列表的 tab 键控制次序
type	返回下拉列表的表单类型

8.8.2 选项标签：<option>

option 元素定义下拉列表中的一个选项（一个条目）。浏览器将<option>标签中的内容作为<select>标签的菜单或是滚动列表中的一个元素显示。option 元素位于 select 元素内部。

<option>标签的常用属性见表 8-6。

表 8-6 <option>标签的常用属性

属性	说明
disabled	规定此选项应在首次加载时被禁用
label	定义当使用 <optgroup> 时所使用的标注
selected	规定选项（在首次显示在列表中时）表现为选中状态
value	定义发送到服务器的选项值（如果缺省该属性，则值缺省为选项文本）

8.8.3 下拉列表使用示例

本实例介绍普通的下拉列表和具有<optgroup>标签的组合选项下拉列表。optgroup 元素用于组合选项。当使用一个长的选项列表时，对相关的选项进行组合会使处理更加容易，具体使用方法见例 8-7，运行效果如图 8-7 所示。

【**例 8-7**】下拉列表使用方法示例如下。

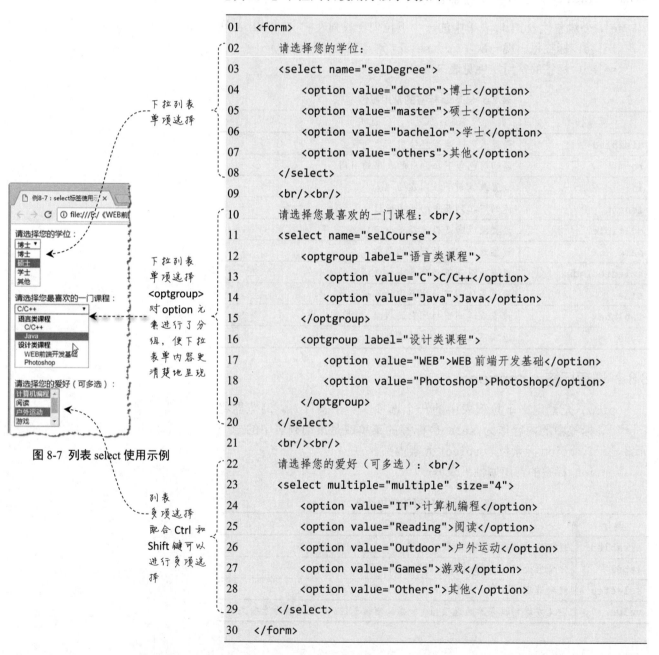

```
01  <form>
02          请选择您的学位：
03      <select name="selDegree">
04          <option value="doctor">博士</option>
05          <option value="master">硕士</option>
06          <option value="bachelor">学士</option>
07          <option value="others">其他</option>
08      </select>
09      <br/><br/>
10          请选择您最喜欢的一门课程：<br/>
11      <select name="selCourse">
12          <optgroup label="语言类课程">
13              <option value="C">C/C++</option>
14              <option value="Java">Java</option>
15          </optgroup>
16          <optgroup label="设计类课程">
17              <option value="WEB">WEB 前端开发基础</option>
18              <option value="Photoshop">Photoshop</option>
19          </optgroup>
20      </select>
21      <br/><br/>
22          请选择您的爱好（可多选）：<br/>
23      <select multiple="multiple" size="4">
24          <option value="IT">计算机编程</option>
25          <option value="Reading">阅读</option>
26          <option value="Outdoor">户外运动</option>
27          <option value="Games">游戏</option>
28          <option value="Others">其他</option>
29      </select>
30  </form>
```

图 8-7 列表 select 使用示例

下拉列表单项选择

下拉列表单项选择<optgroup>对 option 元素进行了分组，使下拉表单内容更清楚地呈现

列表多项选择配合 Ctrl 和 Shift 键可以进行多项选择

8.9 本章总结

本章学习了 form 表单的创建以及常见表单的各种元素，如 input、button、select 等。表单是用于与用户交互的重要部分，接收用户信息离不开表单的使用。表单的属性非常多，但初学者只需要记住常用的几个即可。<input>标签在使用时一定要注意书写它的 type 属性，不同 type 属性值的功能不一样，如 text、password。通过本章的学习，可以建立一个简单的获取用户信息的表单。

8.10 最佳实践

（1）使用 input 标签制作一个简单的登录页面，参考图 8-8。

图 8-8 用户登录界面

（2）利用表单中的标签制作一个注册页面,页面内容包括账号、密码、性别、爱好、个性签名、上传头像、提交按钮等，参考图 8-9。

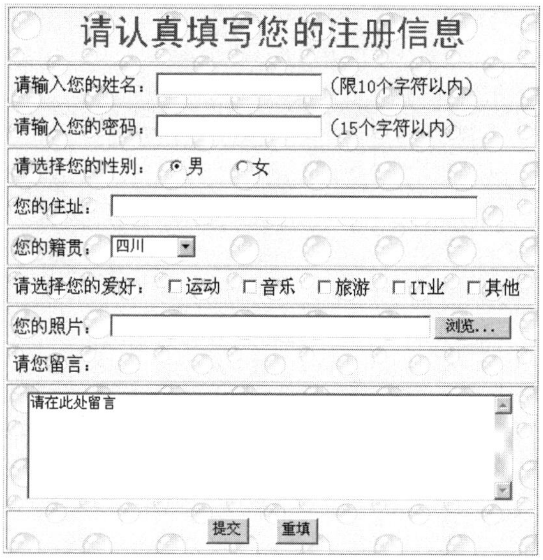

图 8-9 用户注册界面

注：只要求完成界面设计，符合操作习惯（如单选按钮组必须互斥等），
不要求实现提交功能。

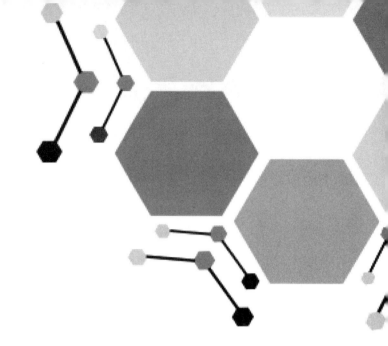

第二部分

CSS

第 9 章 CSS 基础

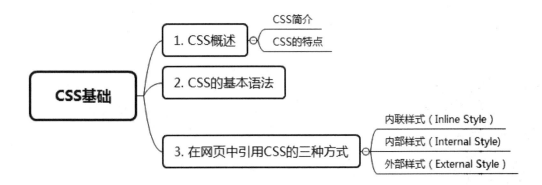

本章介绍

　　学习完 HTML 部分，已对整个网页的结构搭建有了初步了解，那么怎样才能使网页更加富有美感呢？从本章开始，将学习如何使用 CSS 层叠样式表来给 HTML 元素添加样式，丰富网页，以及如何在网页中书写 CSS 和引用 CSS。

学习重点

理解 CSS 的意义及特点

掌握 CSS 的语法规则

掌握网页中引用 CSS 的方式

☛ **Cascading Style Sheet**
 层叠样式表

☛ CSS 解决了一个普遍问题：
 内容与表现分离

📹 CSS 简介

💡 CSS 为网页的表现层，负责对网页元素的样式或者位置进行"装饰"。

9.1 CSS 概念

CSS（Cascading Style Sheets）指**层叠样式表**，通过 CSS 能控制网页中的所有元素，定义如何显示元素样式。CSS 样式表包括文字样式、字体样式、背景样式、表格样式等。

9.1.1 CSS 简介

CSS 能够对网页中元素位置的排版进行精确控制，支持几乎所有字体字号样式，拥有编辑网页对象和模型样式的能力。它不仅可以控制一个元素、一个样式，还可以同时控制多个元素乃至整个网页。样式存放在样式表中，而样式表可以存放在 HTML 中，也可以存放在外部。

样式表允许以多种方式规定样式信息。样式可以规定在单个 HTML 元素中、在 HTML 页面的头元素中，或在一个外部的 CSS 文件中，甚至可以在同一个 HTML 文档内部引用多个外部样式表。

CSS 的样式表分为三种：**内联样式表、内部样式表和外部样式表**。

内联样式表和内部样式表都是将 CSS 存放在 HTML 文档中，外部样式表将 CSS 存放在 .CSS 文件中。**使用外部样式表充分解决了内容与表现的分离问题**，外部样式表也极大地提高了工作效率。所有主流浏览器均支持层叠样式表。

9.1.2 CSS 的特点

(1) **丰富的样式**。CSS 提供了丰富的样式外观，包括字体、颜色、列表、表格等等样式，以及 CSS3 中圆角、转换、动画等样式。

(2) **多页面应用**。CSS 样式表可以单独存放在一个 CSS 文件中，这样就可以在多个页面中使用同一个 CSS 样式表，实现多个页面风格的统一。

(3) **便于修改**。CSS 将内容与样式分离，对于多页面，只需要修改样式表中的一个样式，便能修改多个页面的样式，修改极其方便。

(4) **继承与层叠**。CSS 中的子元素会继承父元素的所有样式风格，并可以在父元素样式的基础上加以修改，产生新的样式，而子元素的样式完全不会影响父元素。因为 HTML 中元素可能有多个样式来源，所以层叠就是浏览器对多个样式来源进行叠加，最终确定结果的过程。

(5) **内容与样式分离**。使用外部样式表将 HTML 内容与样式分开，便于操作，也便于修改。需要修改样式时，只需要修改，CSS 文件中的样式即可。

(6) **控制页面布局**。CSS+DIV 结合使用进行网页布局，结构清晰，布局简单，容易控制。

9.2 CSS 的基本语法

CSS 的语法很简单，其规则主要由两个的部分构成：**选择器**（selector）和一条或多条**声明**（declaration）。语法如下。

```
选择器 {
    声明1;
    声明2;
    ...;
    声明 N
}
```

每条声明由一个**属性**（property）和一个**值**（value）组成。

属性是希望设置的样式属性（style attribute）。每个属性有一个值。属性和值被冒号分开。

```
选择器 {
    属性1: 值1;
    属性2: 值2;
    ...;
    属性 N: 值 N;
}
```

下面这行代码的作用是将 h1 元素内的文字颜色定义为红色，同时将字体大小设置为 14px。

在这个例子中，h1 是选择器，color 和 font-size 是属性，red 和 14px 是值。

选择器分为很多种（后面的章节将会详细介绍），这里使用的是元素选择器。选择器的样式是由一个一个的声明组成的，每个声明由属性及属性所对应的值组成。这样的声明就被称作样式，后面的章节将会详细介绍 CSS 中的样式。

CSS 中的注释与 C、Java 等语言中的块注释相同，即：

👉 CSS 的组成：
　　选择器{声明}

👉 声明的组成：
　　属性: 值;

💡 每一个声明后面可以加 ";"，也可以不加 ";"，但是最好都加上，有利于后期维护。

💡 CSS 对大小写不敏感。
💡 CSS 应用时，class 和 id 名称对大小写是敏感的。

/* CSS 注解注释内容 */

CSS 代码书写的规范及注意事项如图 9-1 所示。

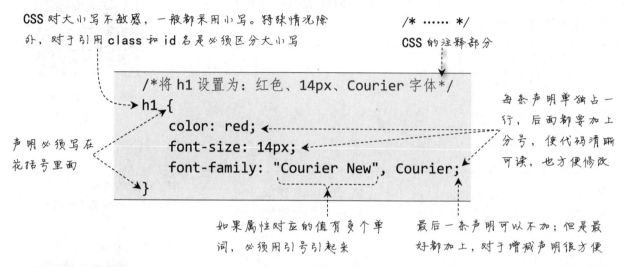

CSS 对大小写不敏感，一般都采用小写。特殊情况除外，对于引用 class 和 id 名是必须区分大小写

/* …… */
CSS 的注释部分

/*将 h1 设置为：红色、14px、Courier 字体*/

声明必须写在花括号里面

h1{
    color: red;
    font-size: 14px;
    font-family: "Courier New", Courier;
}

每条声明单独占一行，后面都要加上分号，使代码清晰可读，也方便修改

如果属性对应的值有多个单词，必须用引号引起来

最后一条声明可以不加；但是最好都加上，对于增减声明很方便

图 9-1 CSS 代码的规范示例

在 HTML 中使用 CSS

9.3 在网页中引用 CSS 的三种方式

学会了 CSS 的语法，那写好后的 CSS 样式该放在哪里呢？不用担心，在网页中对 CSS 的引用有三种方式：内联样式、内部样式和外部样式。本节将对这三种样式表进行详细介绍。

☛ 引用 CSS 的三种方式：
(1) 内联样式
(2) 内部样式
(3) 外部样式

9.3.1 内联样式（Inline Style）

内联样式又称行内样式、嵌入式样式，指将 style 属性直接加在单个的 HTML 元素标签上，控制 HTML 标签的表现样式。

下面例子展示了如何改变当前段落文字的大小、字体和颜色。

style：声明此处为 CSS 内联样式，所有的 CSS 代码都需写在 style 里面

CSS 中的声明，即"属性:值;"。行内样式所有声明都写在一行上，无法分行

`<p style="font-size:30px; font-family:微软雅黑; color:black;">内联样式示例</p>`

设置字号为 30px　　设置字体为"微软雅黑"　　设置文字为黑色

💡 内联样式由于要将表现和内容混杂在一起，因此会损失掉样式表的许多优势。

这种引入 CSS 的方式非常方便、灵活，但缺乏整体性和规划性，不利于后期的修改和维护，当需要修改网站的样式时，一个相同的修改可能涉及多个地方，维护成本高。

使用内联样式效果最强、优先级最高，会覆盖其他方式引入的相同样式效果。

需要注意的是：内联样式仅应用在当前元素上，而且只应用一次，无法重复应用。

💡 内联样式的优先级最高，会覆盖其他方式引入的样式。

9.3.2 内部样式（Internal Style）

内部样式指将样式编写在 HTML 中的头部里面，并用<style>标签包围起来，也就是说，所有的 CSS 代码都要放在<style>标签中。<style>标签可以位于<HTML>标签中的任何位置，也可以多次出现，通常写在<head>标签中。

这种引入 CSS 方式的特点是每个页面的 CSS 代码可能具有统一性和规划性，一个页面内部便于复用和维护；但多个页面之间的 CSS 代码复用仍然不够，CSS 代码的利用率不高。

【例 9-1】使用内部样式编写 CSS 样式，代码如下。

💡 内联式样仅在当前一个元素上应用一次，无法重用。

💡 内部样式可以在当前页面中重用，但无法在多个页面中共享。

```
01   <!DOCTYPE html>
02   <html>
03   <head>
04       <meta charset="utf-8">
05       <title>内部样式</title>
06       <style type="text/css">
07           p {
08               font-size: 30px;
09               font-family: 微软雅黑;
10               color: black;
11           }
12       </style>
13   </head>
14   <body>
15       <p>内部样式，所有的&lt;p&gt;标签自动应用。</p>
16   </body>
17   </html>
```

<style type="text/css">
可以简写为：<style>

内部 CSS 应位于<head>标签中，由<style>标签包围起来

内部 CSS 中的样式会根据选择器类型的不同，在当前页中重用

内部 CSS 中的样式会根据选择器类型的不同，在当前页中重用。

本例中，定义了 p 元素的样式，那么，本文档中所有的 p 元素将自动应用这种样式，而不只是应用于某个元素。

9.3.3 外部样式（External Style）

外部样式是指将 CSS 代码从 HTML 中分离出来，写在单独的文件(.CSS)

中，用<link>标签直接引入该文件到 HTML 页面的<head>标签中。

每个 HTML 文档可以同时链接引用多个 CSS 外部样式；每个 CSS 外部样式文件可以被多个 HTML 文档共用，如图 9-2 所示。

每个 HTML 文档可以同时链接引用多个 CSS 外部样式

demo.html

每个 CSS 外部样式文件可以被多个 HTML 文档共用

demo.css

图 9-2 外部链接 CSS 样式使用示意

<link>标签引入多个不同的外部 CSS 文件，但是这些 CSS 代码相互影响，通常是后引入的 CSS 文件会覆盖前面引入的 CSS 文件的相同效果。这种引入 CSS 的方式是目前最为普遍的，可以在整个网站范围内进行 CSS 代码的规划，将内容与样式分离，将代码高度集中，方便复用和维护，提高开发效率。

假设在 demo.html 文档中引用外部样式表 demo.css（位于当前目录的 CSS 子目录下），则在 demo.html 的<head>部分使用如下语句。

💡 在 HTML 文档的<head>部分使用<link>标签引用外部 CSS 样式文件。

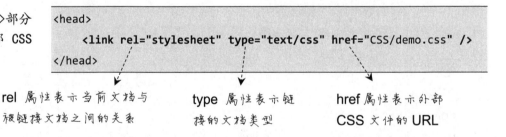

```
<head>
    <link rel="stylesheet" type="text/css" href="CSS/demo.css" />
</head>
```

rel 属性表示当前文档与被链接文档之间的关系

type 属性表示链接的文档类型

href 属性表示外部 CSS 文件的 URL

【例 9-2】将例 9-1 的 CSS 分离成单独的 CSS 文件，并在 HTML 中使用。

```
01  <!DOCTYPE html>
02  <html>
03  <head>
04      <meta charset="UTF-8">
05      <title>外部样式</title>
06      <link rel="stylesheet" type="text/css" href="CSS/demo.css"/>
07  </head>
08  <body>
```

```
09        <p>这里使用外部样式</p>
10    </body>
11    </html>
```

例 9-2 中对应的 CSS 文件及内容如图 9-3 所示。

图 9-3 外部链接的 CSS 文件及内容

外部样式除了通过<link>标签引入外，还可以使用@import 的方式进行导入，语法如下：

在开发过程中，一般都使用<link>标签来引用 CSS 文件。

@import 表示导入，后面加一个空格接 url，url 为 CSS 文件的路径

注意：通过@import 导入时仍需要放在<head>部分的<style>标签里。

以上两种引用方式的区别如下：

（1）类型不同：<link>是 HTML 标签，而@import 是 CSS 提供的一种方式。

（2）加载顺序：当一个页面被加载时，<link>引用的 CSS 会在同一时间被加载，而@import 引用的 CSS 将等到页面全部下载完成后再加载，所以加载时易造成无样式和图片等。

（3）兼容性：@import 是 CSS2.1 提出的，只有在 IE5 以上版本的浏览器中才能被识别，而<link>标签无此问题。

（4）DOM：<link>支持使用 JavaScript 控制 DOM 去改变样式；而@import 不支持。

9.4 本章总结

通过本章的学习，了解了 CSS 的概念和基本语法，以及怎样通过 CSS 来编写样式，及其在网页中的三种引用方式。在网站开发过程中，肯定会

使用 CSS，推荐使用外部样式表来引用 CSS，这是目前使用最为普遍的一种方式；在链接 CSS 文件时，推荐使用<link>进行链接。

9.5 最佳实践

练习并熟练综合使用内联样式、内部样式、外部样式三种 CSS 的引用方式。

第 **10** 章 CSS 的选择器

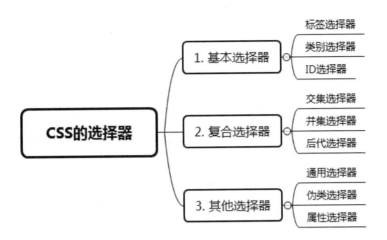

📖 **本章介绍**

　　要使用 CSS 对页面进行美化，就必须要让编写的 CSS 样式作用于 HTML 元素，因此在编写 CSS 样式时就需要合理地使用 CSS 选择器，CSS 选择器的作用就是让 CSS 样式正确地作用于 HTML 元素上。

　　CSS 选择器包括基本选择器和复合选择器。基本选择器包括标签选择器、类选择器、ID 选择器、伪类选择器、属性选择器、通用选择器；复合选择器则是在基本选择器的基础上使用多个基本选择器组合而成的选择器，包括交集选择器、并集选择器、后代选择器。

💡 **学习重点**

掌握 CSS 基本选择器及使用

掌握 CSS 复合选择器及使用

了解 CSS 其他选择器及使用

CSS 的基本选择器

☞ 标签选择器定义的样式作用于 HTML 文档中所有与此选择器同名的标签元素。

☞ CSS 中定义标签选择器：

标签名 { 属性名:属性值; }

💡 标签选择器将**自动匹配** HTML 中相应的标签元素，HTML 中无需设置。

10.1 基本选择器

CSS 基本选择器是在网页设计过程中最常用到的选择器，主要包括三种：

(1) 标签选择器。

(2) 类选择器（class 选择器）。

(3) ID 选择器。

10.1.1 标签选择器

标签选择器又称元素选择器。顾名思义，就是**使用标签的名称作为选择器，标签选择器定义的样式作用于 HTML 文档中所有与此选择器同名的标签元素。**

如果设置 HTML 的样式，选择器通常将是某个 HTML 元素，如 p、h1、em、a，甚至可以是 HTML 本身。例如：

```
h1 {
    font-size: 24px;
    color: red;
}
p {
    background-color: #333;
    color: #fff;
}
```

修改标签选择器，可以很容易地将某个样式从一个元素切换到另一个元素。

假设要将 HTML 中表格的文本（而不是 h1 元素）设置为灰色，则只需要把上面 CSS 代码中的标签选择器 h1 改为 table，并且将 color 声明的值设置为 gray 即可，代码如下。

```
table {
    font-size: 24px;
    color: gray;
}
p {
    background-color: #333;
    color: #fff;
}
```

10.1.2 类别选择器（class 选择器）

类选择器允许以一种独立于文档元素的方式来指定样式。

类选择器又称 class 选择器、类别选择器。**类选择器是和 HTML 文档中标签的 class 属性配合使用的，即对想要增加样式的标签设置 class 属性，在 CSS 中就可以使用类选择器为所有具有相同 class 属性的元素增加样式。**

💡 类选择器会自动匹配 HTML 文档中所有具有该 class 属性值的标签元素。

为了将类选择器的样式与元素关联，必须将 class 指定为一个适当的值。

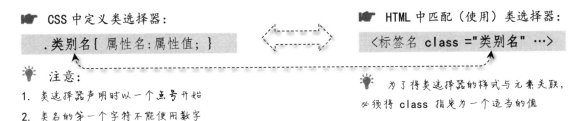

☛ CSS 中定义类选择器：

.类别名{ 属性名:属性值; }

☛ HTML 中匹配（使用）类选择器：

<标签名 class ="类别名" …>

💡 注意：

1. 类选择器声明时以一个点号开始

2. 类名的第一个字符不能使用数字

💡 为了将类选择器的样式与元素关联，必须将 class 指定为一个适当的值

在 HTML 中，一个 class 值中可能包含一个词列表，各个词之间用空格分隔。例如，如果对一个 p 元素同时应用 title 和 special 两个类别的样式，就可以写作：

```
<p class="title special">...</p>   /*同时应用两个类选择器的样式*/
```

这两个词的顺序无关紧要，写成"special title"也可以，除非有冲突。

例如，CSS 中有类选择器声明如下例右侧，则 HTML 代码中，类别样式的应用如箭头所示。

```
01   <h1 class="title">匹配名称为 title 的类选择器</h1>
02   <h1 id="title">匹配名称为 title 的 ID 选择器</h1>
03   <p class="text">匹配名称为 text 的类选择器</p>
04   <p class="text title">匹配名称为 text 的类选择器</p>
05   <p class="text">匹配名称为 text 的类选择器</p>
06   <p class="title special">匹配名称为 title 的类选择器</p>
```

```
.title {
    font-size: 24px;
    color: blue;
}
.special {
    Font-family: 微软雅黑;
}
```

10.1.3 ID 选择器

ID 选择器和类选择器的用法类似，对 HTML 中需要增加样式的标签设置一个 ID 属性，然后在 CSS 中使用 ID 选择器对具有此 ID 属性的元素增加样式。与 class 属性不同的是，**ID 属性在 HTML 文档中必须是唯一的**，即一个元素设置了 ID 属性后，其他的元素就不能设置相同的 ID 属性。

💡 ID 选择器仅会匹配 HTML 文档中具有 ID 属性值的标签元素。

💡 一个 HTML 文档中只能有一个 ID 名，即 ID 属性是唯一的，不能重复。

☞ CSS 中定义 ID 选择器：

　　#ID 名{ 属性名:属性值; }

💡 注意：

1. ID 选择器声明时以一个 # 开始

2. ID 名的第一个字符不能使用数字

☞ HTML 中匹配（使用）ID 选择器：

　　<标签名 id ="ID 名" …>

💡 为了将类选择器的样式与元素关联，必须将 class 指定为一个适当的值

例如，CSS 中有分别定义了名称为"title"的类别选择器（.title）和 ID 选择器（#title）各一个，如下例左侧代码，则对应 HTML 文档中样式的应用如箭头所示。

```
.title { color: red; }
#title { color: blue; }
```

```
01  <h1 class="title">匹配名称为 title 的类选择器</h1>
02  <h1 id="title">匹配名称为 title 的 ID 选择器</h1>
03  <p class="text">匹配名称为 text 的类选择器</p>
04  <p class="title">匹配名称为 title 的类选择器</p>
```

类选择器与 ID 选择器的区别见表 10-1。

表 10-1 类选择器与 ID 选择器的区别

比较项目	类选择器	ID 选择器
CSS 中的声明	以 . 开始	以 # 开始
在 HTML 的标签中的引用	class="类名"	id="ID 名"
在 HTML 使用的次数	无限制	仅使用一次
是否可以使用以空格分隔的词列表	可以	不可以

💡 标签选择器不区分大小写。

💡 类别选择器和 ID 选择器区分大小写，所以类和 ID 值的大小写必须与文档中的相应值匹配。

【例 10-1】三种基本选择器的应用。

```css
body {
    background-color: #eee;
}
#title {
    color: green;
}
.text {
    color: darkgreen;
    font-family: 楷体;
    font-size:20px;
}
```

```html
01  <!DOCTYPE HTML>
02  <html>
03  <head>
04      <meta charset="UTF-8">
05      <title>三种基本选择器的应用</title>
06      <link type="text/css" rel="stylesheet" href="demo10-1.css">
07  </head>
08  <body>
09      <h1 id="title">《春》</h1>
10      <p class="text"> 盼望着，盼望着，东风来了，春天的脚步近了。</p>
11      <p class="text"> 一切都像刚睡醒的样子，欣欣然张开了眼。山朗润起来了，水涨起来了，太阳的脸红起来了。</p>
12  </body>
13  </html>
```

10.2 复合选择器

复合选择器是在基本选择器的基础上，**由两个或多个基础选择器组合而成的选择器**，分为**交集选择器、并集选择器和后代选择器**。

10.2.1 交集选择器

交集选择器由两个选择器直接连接构成；其中第一个必须是标签选择器，第二个必须是类别选择器或者 ID 选择器，两个选择器之间不能有空格。

使用交集选择器的目的是使元素的选择更加细化，在匹配 HTML 元素时起到进一步的筛选、过滤作用。

例如，标签选择器 input 会匹配所有的 input 元素，类选择器.userID 会匹配所有具有 class="userID" 属性的元素，如果要从上述元素中筛选出具有 class="userID" 属性的 input 元素，那么就需要用到交集选择器 input.userID。

例如，有 **CSS** 交集选择器如下：

```
input.userID {
    background-color: #cccccc;
}
div#main{
    width: 1000px;
}
```

在 HTML 代码中匹配情况如箭头所示。

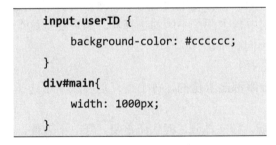

```
01  <input class="userID" ...></input>
02  <input class="mystyle" ...></input>
03  <div class="userID" ...></div>
04  <div id="main" ...></div>
05  <h1 id="main">...</h1>
```

CSS 的复合选择器

💡 交集选择器通常的格式：

标签名.类名 { 属性名:值; }

标签名#ID 名 { 属性名:值; }

💡 使用交集选择器的目的是使元素的选择更加细化，在匹配 HTML 元素时起到进一步的筛选、过滤作用。

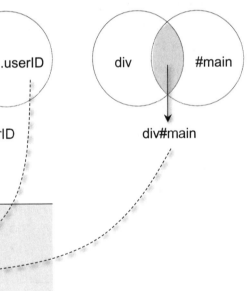

从设计规范上看，ID 选择器在同一个页面中的应用应该是唯一的，所以上述示例中选择器 "div#main" 完全可以简化为 "#main"。但是实际设计中并非这样简单。对 ID 选择器使用交集选择器，有以下三个目的。

（1）**使选择更加明确，代码更加清晰，便于阅读和理解。** 从<div>标签中去找 id="main" 的元素，显然要比从全部代码中找要容易得多。

（2）**避免误用。** 有这种情况：设计时明确页面中一定有一个<div>标签会使用 "#main" 选择器的样式，但为了避免有意或者无意地在其他标签中使用 id="main" 属性，导致误用该样式，就可以使用复合选择器 "div#main" 将该 ID 的使用限定在<div>标签中。

（3） **区分不同标签的相同 ID。**从规范上讲，在一个文档中 ID 属性值是唯一的，但实际上对于不同的标签使用相同名称的 ID 也是可以的，如上述代码中的 04、05 两行。此时，ID 选择器 "#main" 显然已经无法区分它们，于是使用交集显示器 "div#main" 匹配 04 行的元素，"h1#main" 匹配 05 行的元素。

10.2.2 群组选择器

群组选择器又称**并集选择器、选择器分组**，是**将多个选择器通过逗号连接而成的，可以匹配逗号连接的所有元素。**

假设希望 h1、h2 元素和段落都有灰色。为达到这个目的，最容易的做法是使用以下声明：

```
h1, h2, p { color: gray; }
```

将 h1、h2 和 p 选择器放在规则左边，然后用逗号分隔，就定义了一个规则。其右边的样式（color:gray;）将应用到这两个选择器所引用的元素。逗号"告诉"浏览器，规则中包含两个不同的选择器。如果没有这个逗号，那么规则的含义将完全不同。

分组提供了一些有意思的选择。

例如，下例中的所有规则分组都是等价的，每个组只是展示了对选择器和声明分组的不同方法。

（1）基本写法：简单、直观，独立性强，但代码重复，修改不方便。

```
h1 { color:silver; background:white; }
h2 { color:silver; background:gray; }
h3 { color:white; background:gray; }
h4 { color:silver; background:white; }
b { color:gray; background:white; }
```

（2）根据单个声明分组：缺乏独立性，但代码重复少，统一修改时方便，但是单独修改困难。

```
h1, h2, h4 { color:silver; }
h2, h3 { background:gray; }
h1, h4, b { background:white; }
h3 { color:white; }
b { color:gray; }
```

群组选择器是用**逗号**连接多个选择器，共同设置相同的样式。

注："并集选择器"中的"并集"并不是集合运算中两个集合"合并"的意思，而是多个选择器"并列、组合"在一起，共享一些样式声明。

可以将若干个选择器**分组**在一起。

通过分组，创作者可以将某些类型的样式"压缩"在一起，这样就可以得到更简洁的样式表。

（3）声明组合：同时兼顾选择器和声明的优化组合方式。

```
h1, h4 { color:silver; background:white; }
h2 { color:silver; }
h3 { color:white; }
h2, h3 { background:gray; }
b { color:gray; background:white; }
```

🖐 声明分组的数学思维：

提取公因式、合并同类项

10.2.3 后代选择器

后代选择器可以选中某个元素的所有指定子元素，分为以下两种。

（1）**所有后代**：父元素与后代元素之间使用**空格**连接。

（2）**直接后代**：父元素与直接子元素之间使用**大于号**（>）连接。

例如，有 HTML 代码如下，对应的 DOM 树结构如右图。

```
01  <ul class="parent">
02      <li>ul 的直接 li 子元素</li>
03      <li>ul 的直接 li 子元素</li>
04      <li>ul 的直接 li 子元素，嵌套了列表
05        <ul>
06            <li>外层 ul 的后代 li 子元素，非直接子元素</li>
07            <li>外层 ul 的后代 li 子元素，非直接子元素</li>
08        </ul>
09      </li>
10  </ul>
```

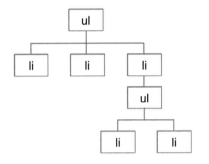

选择器 ul.parent li 会匹配上述 02～09 行全部的 li 元素，因为它们都是 ul.parent 选择器匹配元素（01 行）的后代。

而选择器 ul.parent>li 则只会匹配 02～04 行的 li 元素，因为它们是 ul.parent 选择器匹配元素（01 行）的直接后代。

【例 10-2 】复合选择器的应用，HTML 代码如下。

```
01  <!DOCTYPE html>
02  <html>
03  <head>
04      <title>复合选择器的应用</title>
05      <meta charset="UTF-8">
06      <link type="text/css" rel="stylesheet" href="demo10-2.css">
07  </head>
08  <body>
09      <h1>复合选择器的应用</h1>
```

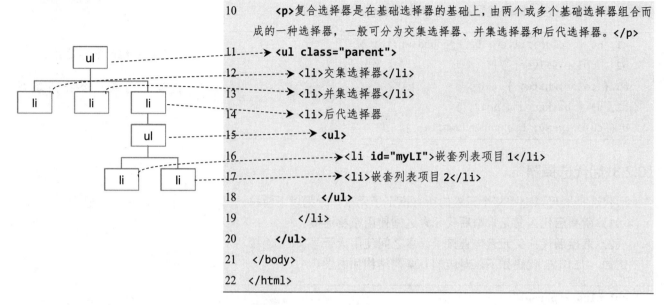

```
10          <p>复合选择器是在基础选择器的基础上，由两个或多个基础选择器组合而
        成的一种选择器，一般可分为交集选择器、并集选择器和后代选择器。</p>
11          <ul class="parent">
12              <li>交集选择器</li>
13              <li>并集选择器</li>
14              <li>后代选择器
15                  <ul>
16                      <li id="myLI">嵌套列表项目 1</li>
17                      <li>嵌套列表项目 2</li>
18                  </ul>
19              </li>
20          </ul>
21      </body>
22  </html>
```

相应的 CSS 文档如下。

并集选择器
匹配 HTML 中的全部 h1 元素（第 09 行）和 p 元素（第 10 行）

交集选择器
匹配具有 class="parent" 的<ul>标签，即 HTML 中的 11~20 行

交集选择器+直接后代选择器
匹配具有 class="parent" 的<ul>标签下的直接 li 元素（HTML 中 12~14 行，不包含嵌套的 li 元素（16、17 行）

交集选择器+后代选择器
匹配具有 class="parent" 的<ul>标签下的所有 li 元素（含嵌套 li 元素，HTML 中 12、13、14、16、17 行）

ID 选择器
匹配具有 id="myLI" 属性的唯一元素，即 HTML 的第 16 行

```
01  h1, p {
02      color: #333333;
03      font-family: "微软雅黑";
04  }
05  ul.parent {
06      border: 2px #888 solid;
07  }
08  ul.parent>li {
09      border-bottom: 1px #888 dashed;
10  }
11  ul.parent li {
12      padding: 5px 15px;
13      background: #eee;
14  }
15  #myLI {
16      font-family: 楷体;
17      font-style: italic;
18      background: #fff;
19  }
```

本示例在浏览器中的运行效果如图 10-1。

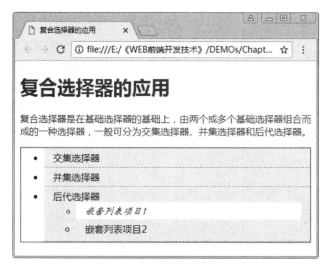

图 10-1 复合选择器的应用

10.3 其他选择器

10.3.1 通用选择器

* 选择器选取所有元素，也能选取另一个元素中的所有元素。

```
* { font-family: 微软雅黑; }        /*匹配所有元素*/
div * { background: gray; }       /*匹配 div 标签的所有后代元素*/
```

CSS 的其他选择器

通用类选择器：*，匹配文档中所有元素

10.3.2 伪类选择器

CSS 伪类选择器常用于**给指定元素添加特殊的效果**，其中最常用的伪类选择器有:link、:visited、:hover、:active、:focus 等，见表 10-2。

表 10-2 常见的伪类选择器

选择器	描述
:link	锚伪类，未访问的超链接样式
:visited	锚伪类，已访问的超链接样式
:hover	锚伪类，鼠标悬停在元素上的样式(任意元素)
:active	锚伪类，选定时超链接的样式(鼠标按下且未松开时)
:focus	获得光标（键盘输入焦点）时的样式
:first-child	向元素的第一个子元素添加样式

focus 常用作表单验证，后面的章节将会介绍。

其中:link、:visited 只能用在超链接标签上,:focus 只能用在 input、textarea 等输入框中，:hover 可用在任意的 HTML 元素上，:active 可以用在超链接和 button 上。

伪类的语法:

```
selector : pseudo-class { property: value; }
```

CSS 的类也可以与伪类搭配使用:

```
selector.class : pseudo-class { property: value; }
```

💡 伪类选择器的语法:

选择器:伪类名{ 属性名:值; }

1. 锚伪类

在支持 CSS 的浏览器中, 链接的不同状态都可以以不同的方式显示, 这些状态包括: 活动状态、已被访问状态、未被访问状态和鼠标悬停状态。例如:

```
a:link {color: #FF0000}       /* 未访问的链接 */
a:visited {color: #00FF00}    /* 已访问的链接 */
a:hover {color: #FF00FF}      /* 鼠标移动到链接上 */
a:active {color: #0000FF}     /* 选定的链接 */
```

在 CSS 定义中, a:hover 必须置于 a:link 和 a:visited 之后, a:active 必须置于 a:hover 之后, 才是有效的。

💡 属性选择器常用于 `<a>` 标签、表单元素等。

2. :first-child 伪类

可以使用 :first-child 伪类来选择元素的第一个子元素。这个特定伪类很容易遭到误解, 所以有必要举例说明。

考虑以下标记:

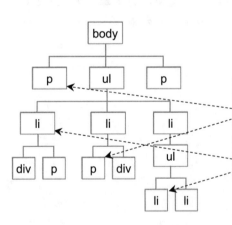

```
/*将作为某元素第一个子元素的所有 p 元素设置为粗体*/
p:first-child {font-weight: bold;}

/*将作为某个元素第一个子元素的所有 li 元素变成大写*/
li:first-child {text-transform:uppercase;}
```

最常见的错误是认为 p:first-child 之类的选择器会选择 p 元素的第一个子元素。

10.3.3 属性选择器

使用属性选择器可以给拥有指定属性的 HTML 元素设置样式, 而不仅限于 class 和 ID 属性。

属性选择器使用方法参见表 10-3。

表 10-3 属性选择器的使用方法

选择器	描述
[attribute]	用于选取带有指定属性的元素
[attribute=value]	用于选取带有指定属性和值的元素
[attribute~=value]	用于选取属性值中包含指定词汇的元素
[attribute|=value]	用于选取带有以指定值开头的属性值的元素,该值必须是整个单词
[attribute^=value]	匹配属性值以指定值开头的每个元素
[attribute$=value]	匹配属性值以指定值结尾的每个元素
[attribute*=value]	匹配属性值中包含指定值的每个元素

【例 10-3】 属性选择器的应用示例:HTML 代码。

```
01  <!DOCTYPE html>
02  <html>
03      <head>
04          <title>属性选择器示例</title>
05          <meta charset="UTF-8">
06      </head>
07      <body>
08          <a href="http://www.baidu.com">百度</a>
09          <a href="http://www.google.com" target="_blank">谷歌</a>
10          <a href="https://www.sogou.com/" title="搜狗">搜狗</a>
11      </body>
12  </html>
```

```
[href="www.baidu.com"] {
    color: red;
}
[target$="_blank"] {
    color: green;
}
[href*="so"] {
    color: black;
}
```

10.4 本章总结

本章主要学习了 CSS 的各种选择器,其中开发中最常用的是类选择器、ID 选择器以及由它们组合而成的复合选择器,同学们一定要多实践,多自己动手编程才能更好地掌握本章的知识点。

更多的选择器请参见附录列表。

10.5 最佳实践

撰写如图 10-2 所示网页,右侧图为相应 DOM 树结构,尝试对使用不同的选择器设置字体、背景、颜色等样式,验证和理解 CSS 的选择器。

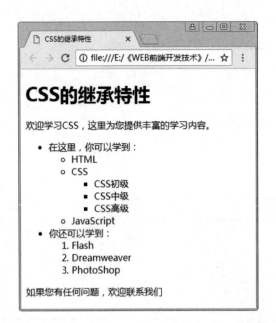 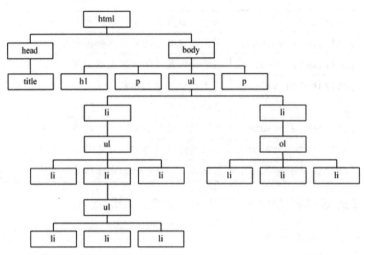

图 10-2 选择器应用练习及 DOM 结构示例图

第 11 章 CSS 的继承和层叠特性

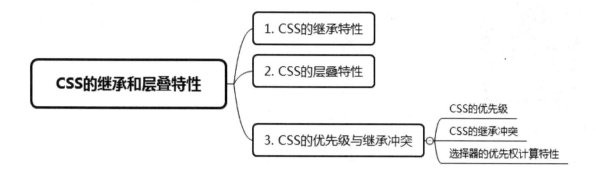

CSS的继承和层叠特性
- 1. CSS的继承特性
- 2. CSS的层叠特性
- 3. CSS的优先级与继承冲突
  - CSS的优先级
  - CSS的继承冲突
  - 选择器的优先权计算特性

📖 本章介绍

本章主要介绍 CSS 的继承特性与层叠特性。在网页布局中很多元素的样式属性会遵从浏览器的默认样式与父元素的样式，这就是 CSS 的继承特性。一个元素的样式也许会被多个对象修饰，如何确定哪个样式为主要的修饰内容，这个章节会有具体描述。

💡 学习重点

理解 CSS 的继承特性

理解 CSS 的层叠特性

理解 CSS 的优先级

理解 CSS 的冲突解决规则

☛ CSS 三大特性：

继承性、层叠性、优先级

注：不是所有的属性都可以继承。

🎥 CSS 的 DOM 简介、继承特性

```
/* demo11-1.css 样式表文件
   设计 div 标签的文字样式*/
div {
    color: blue;
}
```

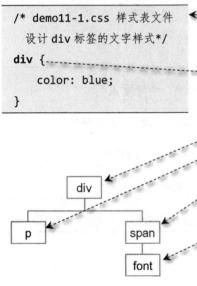

💡 子元素（后代元素）会继承父元素（祖先元素）的样式。

💡 由于 p、span、font 元素没有设计样式，所以会自动继承祖先元素 div 的样式。

11.1 CSS 的继承特性

CSS 有三大特性，分别是继承性、层叠性、优先级。本节讲解继承性。继承性是指被包在内部的标签将拥有外部标签的样式性，即子元素可以继承父元素的属性。CSS 的继承性具体示例见例 11-1，运行效果见图 11-1。

【例 11-1】CSS 继承特性示例。HTML 代码如下，页面效果如图 11-1 所示。

```
01  <!DOCTYPE html>
02  <html>
03  <head lang="en">
04      <meta charset="UTF-8">
05      <title>CSS 的继承特性 </title>
06      <link rel="stylesheet" type="text/css" href= "demo11-1.css">
07  </head>
08  <body>
09  <div>
10      div 中的文字，应该是应用 div 样式"蓝色"
11      <p class="example" id="example">div 中的子元素 p</p>
12      <span>子元素 span <font>及嵌套 font</font>，会怎样？ </span>
13  </div>
14  </body>
15  </html>
```

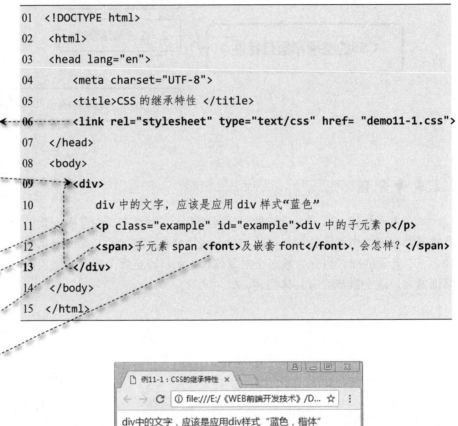

图 11-1 CSS 的继承特性

不难看出，例 11-1 中只对父元素（祖先元素）div 设置了样式，它的内容（第 10 行代码）应该应用这些样式；子元素（后代元素）p、span 以及嵌套 font 由于没有进行样式设置，它们都自动**继承**了祖先元素 div 的样式。

在 CSS 中也不是所有的属性都存在可继承性，表 11-1 列出了一些属性的可继承性。

表 11-1 CSS 可继承性

可继承性	属性
不可继承	display、margin、border、padding、background、height、min-height、max-height、width、min-width、max-width、overflow、position、left、right、top、 bottom、z-index、float、clear、table-layout、vertical-align、page-break-after、 page-bread-before 和 unicode-bidi
所有元素可继承	visibility 和 cursor
内联元素可继承	letter-spacing、word-spacing、white-space、line-height、color、font、 font-family、font-size、font-style、font-variant、font-weight、text-decoration、text-transform、direction
块状元素可继承	text-indent 和 text-align
列表元素可继承	list-style、list-style-type、list-style-position、list-style-image
表格元素可继承	border-collapse

11.2 CSS 的层叠特性

CSS 的意思是"层叠样式表",所以"层叠"是 CSS 非常重要的一个特性。层叠是指对同一个元素,可能设置或应用多个样式(直接的、间接的、继承的),这些样式会叠加在一起应用到元素上,共同作用。

下面通过一个例子来说明问题,见例 11-2。

【例 11-2】CSS 层叠特性示例。HTML 代码如下:

CSS 的层叠特性

💡 此时的外部样式放在了内部样式的后面,相同的 CSS 属性则以外部样式优先。

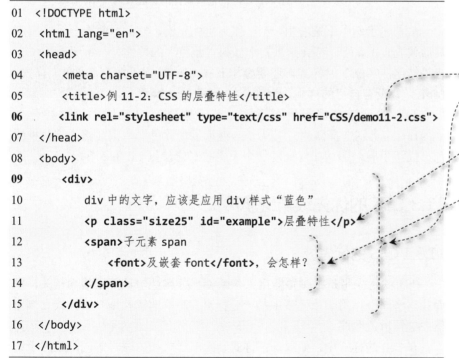

```html
01  <!DOCTYPE html>
02  <html lang="en">
03  <head>
04      <meta charset="UTF-8">
05      <title>例 11-2: CSS 的层叠特性</title>
06      <link rel="stylesheet" type="text/css" href="CSS/demo11-2.css">
07  </head>
08  <body>
09      <div>
10          div 中的文字,应该是应用 div 样式"蓝色"
11          <p class="size25" id="example">层叠特性</p>
12          <span>子元素 span
13              <font>及嵌套 font</font>,会怎样?
14          </span>
15      </div>
16  </body>
17  </html>
```

```css
/* demo11-2.css 样式表文件*/
div {
    color: blue;
}
p {
    font-family: "微软雅黑";
}
span {
    font-family: 楷体;
    font-size: 20px;
}
.size25 {
    color: red;
    font-size: 25px;
}
#example {
    font-weight: bold;
}
```

上述代码 body 部分的 DOM 结构及 CSS 层叠情况如图 11-2 所示（注："斜体+下划线"表示从祖先元素继承而来的样式）。

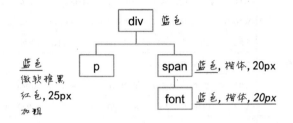

图 11-2 例 11-2 中 body 部分的 DOM 树及 CSS 层叠情况

在浏览器中的效果如图 11-3 所示。

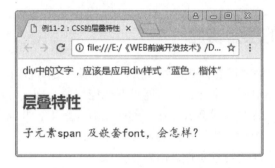

图 11-3 例 11-2 中 CSS 的层叠特性的页面效果

从上述示例中不难看出，div 作为祖先元素，它的样式会自动应用到其后代元素上，所以都会继承它字体为"蓝色"的特性；span 元素除了自己"楷体，20px"的样式，还要叠加上从 div 继承而来的"蓝色"样式；font 元素没有自己的样式，全部从父元素 span 继承。

细心的读者可能已经留意到，p 元素既有自己的颜色"红色"（.size25 类别选择器），又从 div 继承了"蓝色"，很显然，这两种颜色形成了矛盾，那么如何处理这个矛盾呢？请参见 11.3.2 节。

11.3 CSS 的优先级与继承冲突

11.3.1 CSS 的优先级

CSS 的优先级是指浏览器用来判断哪一些属性与该元素最为相关，从而让这些属性作用于该元素上的一个标准。简单地说就是 CSS 样式在浏览器中被解析的顺序。

在 CSS 的样式中，如果外部样式、内部样式和内联样式同时应用于同一个元素，就是使用多重样式的情况。CSS 优先级必然是针对多重样式的

🛈 浏览器根据优先级，优先解析优先级高的属性。

情况，不然就没有意义。在多重样式中，选择器权重相同时，一般优先级如下：

内联样式的优先级最高

| External style < Internal style < Inline style |
| 外部样式　　　<　　　　内部样式　　　<　　　内联样式 |

同样存在一个特殊情况，如果外部样式放在内部样式的后面，则内部样式将被外部样式覆盖，如下所示。

```
01   <head>
02     <!-- 内部样式 -->
03     <style type="text/css">
04         body { background-color: red; }
05     </style>
06     <!-- 外部样式 style.css -->
07     <link rel="stylesheet" type="text/css" href="style.css"/>
08   </head>
09   <body>
10     <h3>测试！</h3>
11   </body>
```

```
body {
    background-color: blue;
}
```

同一个 HTML 文件中，引用方式上后加载的样式会覆盖前面加载的样式。所以上例中的 body 最终应用的背景颜色是"blue"，而不是"red"。

同一个 CSS 文件中，如果出现相同的选择器设置了不同的样式，也是是后面的样式覆盖前面的样式，示例如下：

CSS 中同一元素后面加载的属性将会覆盖前面的同一属性。

```
01   <head>
02     <style type="text/css">
03         p { color: red; }
04         p { color: blue; }
05     </style>
06   </head>
07   <body>
08       <p>后面的 p 样式会覆盖前面的 p 样式，所以段落文字颜色显示
   "blue" </p>
09     </body>
```

11.3.2 CSS 的继承冲突

在 11.1 节介绍了 CSS 的继承特性，但是一个元素有时不仅仅只有一个祖先元素。因此 CSS 的继承遵循如下两个原则。

（1）继承发生样式冲突时，遵循最近祖先的继承样式。

（2）继承样式和直接指定样式发生冲突时，遵循直接指定样式。

层叠特性就是浏览器处理冲突的一个特性，如果一个元素被多个选择器设置，就很可能产生冲突，这时相同的属性就会只让权重高的选择器起作用，而其他的选择器都将被覆盖，不同属性将会融合在一起。

CSS 的继承冲突处理规则如下。

（1）找到应用于每个元素和属性的全部声明：层叠（融合）.

（2）按次序和重要性排序：

内联样式 > 内部样式 > 用户样式 > 浏览器样式

注：!important 规则强制定义重要性，会凌驾于与之对立的其他相同权重的样式。例如 p { color:red !important; }强调 p 标签中文字的颜色为红色。但由于有违设计原则，且存在浏览器兼容性问题，所以并不推荐使用。

（3）按照针对性排序：**针对性强者优先**。例如：p.largetext{} 针对性强于 p{}。

（4）按顺序排序：**层叠顺序中最后加载的优先**（覆盖前面的）。

11.3.3 选择器的优先权计算特性

在浏览器解析 CSS 样式时，主要是根据选择器的优先权进行判断。不同选择器的权值不同，最后作用于样式的属性权重也就不同。各种选择器的具体权值见表 11-2。

表 11-2 选择器的权值

选择器	内联样式	ID 选择器	Class 类选择器	标签选择器
权值	1000	100	10	1

浏览器会首先解析权重较高的属性值，一个属性的**权重是把选择符中的 ID、Class 和标签名的个数的权值相加**，最后排出选择器的优先权。

当两个规则的权重相同时，取后面的那个。权重计算示例如表 11-3。

表 11-3 选择器的权值示例

CSS 样式示例	ID 选择器	Class 选择器	标签选择器	权重
#id1 { }	1	0	0	**100**
#example .num ul li {}	1	1	2	**112**
#student #classNum .name {}	2	1	0	**210**
ul ul li.red { }	0	1	3	**013**
li.red { }	0	1	1	**011**
li { }	0	0	1	**001**

选择器的权值是不能进位的。

　　一个选择器的权值等于组成它的各种选择器权值之和，但存在一个特殊情况。如一个由 11 个类选择器组成的选择器和一个由 1 个 ID 选择器组成的选择器指向同一个标签，按理说 110 ＞ 100，应该应用前者的样式，然而事实是应用后者的样式。错误的原因是：选择器的权值不能进位。本例中，11 个类选择器组成的选择器的总权值为 110，但因为它们均为类选择器，所以其总权值最多不能超过 100， 可以理解为 99.99，所以最终应用后者样式。

11.4 本章总结

　　CSS 的继承和层叠是客观的存在的，可以通过添加控制局部元素的代码实现继承、层叠样式的改变。层叠和继承都有很大的优点，但是有时也会给开发造成麻烦，只有深入领悟其真谛，使用继承和层叠是才能有的放矢。

11.5 最佳实践

　　撰写如图 11-4 所示网页，相应 DOM 树结构如图 11-5，尝试对各元素设置不同的 CSS 样式，从而验证和理解 CSS 选择器的继承、层叠特性及冲突处理等。

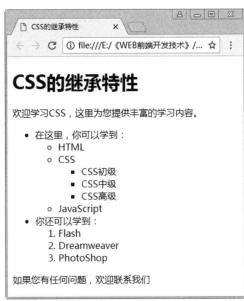

图 11-4 选择器应用练习（页面效果图）

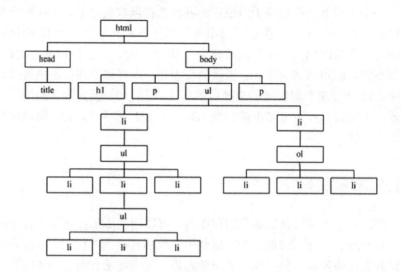

图 11-5 选择器应用练习（DOM 结构示例图）

第 12 章　CSS 的基本样式

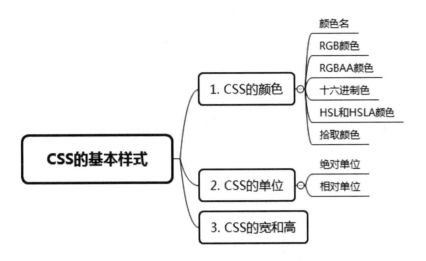

📖 **本章介绍**

前面介绍了 CSS 的基本语法以及一些特性，在开发过程中，将会用到很多 CSS 的样式来丰富网页。本章将介绍 CSS 中的一些基本的、很多元素共有的样式，如颜色、单位、宽度和高度等。

💡 **学习重点**

掌握 CSS 中颜色的表示与使用

掌握 CSS 中的常用单位及使用

掌握 CSS 中宽和高的设计使用

12.1 CSS 的颜色

在 20 多年前的 Web 网页中，所有网页都是采用灰色的背景、黑色的字体，现在看来这样的网页枯燥无味，没有美感。现在的 CSS 中引进了颜色属性，用于控制字体的颜色和背景，使网页更富有色彩。

在网页中该怎样使用颜色属性呢？表示颜色的方式很简单，语法为：

color：表示颜色的属性 ◀----------- color：颜色值； -----------▶ 颜色值：能够表示合法的颜色名称，常见的表示见表 12-1

可以用以下方法规定 CSS 中的颜色。

(1) 颜色名（预定义/跨浏览器）。

(2) RGB 颜色。

(3) RGBA 颜色。

(4) 十六进制色。

(5) HSL 颜色。

(6) HSLA 颜色。

💡 本节将详细介绍前四种表示颜色的方法，后两种使用较少，不做详细介绍，只需了解即可。

12.1.1 颜色名

最直观的颜色表示方法就是"直呼其名"，但是并不能给颜色取任意名字，只有规定了的颜色名才会起作用。HTML 和 CSS 颜色规范预定义的颜色名称共 147 种，其中包括 17 种标准色和 130 种其他颜色。表 12-1 列出了 17 种标准色及其对应的十六进制色（下一节将会详细介绍）。利用颜色名来表示颜色，直接在 color 属性后面加上颜色名即可。

表 12-1 17 种标准色

颜色名	十六进制值	表示的颜色
aqua	#00FFFF	浅绿色
black	#000000	黑色
blue	#0000FF	蓝色
fuchsia	#FF00FF	紫红色
gray	#808080	灰色
green	#008000	绿色
lime	#00FF00	绿黄色
maroon	#800000	褐红色
navy	#000080	藏青色
olive	#808000	黄褐色
orange	#FFA500	橙色
purple	#800080	紫色

（续表）

颜色名	十六进制值	表示的颜色
red	#FF0000	红色
silver	#C0C0C0	银色
teal	#008080	蓝绿色
white	#FFFFFF	白色
yellow	#FFFF00	黄色

在 CSS 中使用颜色名来表示灰色、白色、红色，代码如下。

```
01  p{ color: gray; }          /*灰色*/
02  div{ color: white; }       /*白色*/
03  span.title{ color: red; } /*红色*/
```

12.1.2 RGB 颜色

虽然利用颜色名来表示颜色很简单，但是规定的颜色名是有限的。使用 RGB 颜色是最科学，它提供了 1670 多万种颜色。这与我们平常所听说的增强色、真彩色、16 位颜色、24 位颜色有什么关系呢？图 12-1 可以帮助我们了解。

☞ **RGB**: Red, Green, Blue

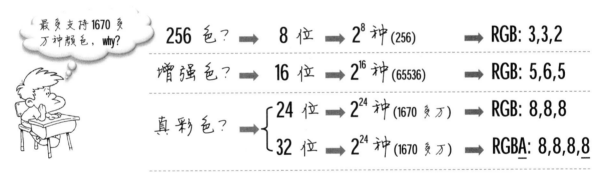

图 12-1 常见颜色分类及位数

RGB 颜色值的规定：rgb(red, green, blue)，这里的 3 个值分别表示对应的颜色的强度，可以是 0~255（最高值），也可以是 0~100%（最高值），所有颜色的 RGB 颜色值都可在网上进行查看。

在 CSS 中使用 RGB 来表示红、绿、蓝、黑、白等颜色，代码如下。

💡 RGB 中每种颜色从 0~255，有 256 个取值，所以一共能表示 256×256×256=16777216 种颜色。

```
01  .red { color: rgb(255,0,0); }          /*红, rgb(100%,0,0)*/
02  .green { color: rgb(0,255,0); }        /*绿, rgb(0,100%,0)*/
03  .blue { color: rgb(0,0,255); }         /*蓝, rgb(0,0,100%)*/
04  .black { color:rgb(0,0,0); }           /*黑, rgb(0,0,0)*/
05  .white { color:rgb(255,255,255); } /*白, rgb(100%,100%,100%)*/
```

12.1.3 RGBA 颜色

RGBA 颜色值是 RGB 颜色值的扩展,多了一个 alpha 值,它规定了该对象的不透明度。

RGBA 颜色值的规定: rgba(red, green, blue, alpha),前 3 个值和 RGB 中表示的方法一样, alpha 的值为 0~1.0,1 表示透明的最高值(不透明),值越大越不透明。语法为:

```
color: RGBA 颜色;
```

除了 rgba 中的 alpha 作为颜色的一部分表示透明度外,还可以单独使用 opacity 属性表示透明度,其值为 0~1.0,与 alpha 的用法一样。

```
color: 颜色值;
opacity: 透明值;
```

用 RGBA 颜色表示带有透明度的蓝色、红色、白色,代码如下。

```
01  p{
02      color:rgba(0, 0, 255, 0.5);
03      color:rgba(0%, 0%, 100%, 0.5);      /*表示半透明的蓝色*/
04  }
05  p{
06      color:rgba(255, 0, 0, 0.3);
07      color:rgba(100%, 0%, 0%, 0.3);      /*表示透明度为 0.3 的红色*/
08  }
09  p{
10      color:rgba(255, 255, 255, 1);
11      color:rgba(100%, 100%, 100%, 1);    /*表示不透明的白色*/
12  }
```

12.1.4 十六进制色

顾名思义,十六进制色是指用十六进制来表示颜色的值。所有浏览器都支持十六进制颜色值。

十六进制颜色是这样规定的: #RRGGBB,其中的 RR(红色)、GG(绿色)、BB(蓝色)十六进制整数规定了颜色的成分。所有值必须介于 00 和 FF 之间,从 00~FF 表示颜色的强度, FF 表示最高的颜色值(十进制值为 255),值越大表示颜色的强度越大。

用十六进制色分别表示颜色,示例如下。

```
01   p{ color: #FF0000; }      /*红色*/
02   p{ color: #00FF00; }      /*绿色*/
03   p{ color: #0000FF; }      /*蓝色*/
04   p{ color: #000000; }      /*黑色*/
05   p{ color: #FFFFFF; }      /*白色*/
06   p{ color: #90000a; }      /*一种棕红的颜色*/
```

💡 对于这么多颜色，记不住怎么办？只需要记住几个常用的颜色的表示就行，需要使用其他颜色时直接到网上查询即可，或者使用后面介绍的拾色器进行拾色。

12.1.5 HSL 和 HSLA 颜色

HSL 指的是 Hue（色调）、Saturation（饱和度）、Lightness（亮度）。

HSL 颜色值的规定：HSL(hue, saturation, lightness)，hue 的值为 0~360，0 或 360 表示红色，120 表示绿色，240 表示蓝色；saturation 的值为 0~100%，0 表示灰色，100%表示全彩；lightness 的值为 0~100%，0 是黑色，100%是白色。

HSLA 颜色值的规定：HSLA(Hue, Saturation, Lightness, Alpha)，详细的使用方法同 HSL 颜色一样。

☛ **HSL**：
Hue（色调）
Saturation（饱和度）
Lightness（亮度）

💡 HSL 和 HSLA 在开发过程中很少使用，只需了解即可。

12.1.6 拾取颜色

除了直接使用颜色外，拾取颜色和查找颜色也是一种很好的方式。一般的图像处理工具都具有拾取颜色的功能，如：Adobe Photoshop、Adobe Fireworks 以及 VS Code 中的 Color Picker 插件等。

图 12-2 为 VS Color 中的 Color Picker 插件。

💡 通过颜色拾取器能拾取到我们想要的颜色的 RGB 值等。

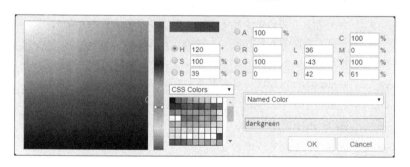

图 12-2 VS code 中的插件 Color Picker 拾色

当通过拾取器拾取颜色时，可从光谱中选择各种颜色，它会将 R、G、B 三个值列出来，这样便可获得颜色的 RGB 值。

💡 除此之外，还有其他的颜色拾取器，如 VS Color Picker 等，读者可自行下载进行使用。

💡 若没有图像处理工具，可以使用在线工具拾取（如在线工具网址 colorpicker.com）。

12.2 CSS 的单位

CSS 中的度量单位主要分为两大类：**绝对单位和相对单位**。

📷 CSS 常用的绝对单位、相对单位

12.2.1 绝对单位

绝对长度单位是一个固定的值，它表示的是一个真实的物理尺寸。绝对长度单位视输出介质而定，不依赖于环境（显示器、分辨率、操作系统等）。常见的绝对单位见表 12-2。

💡 绝对单位的特点：

(1) 将文本设置为指定的大小。

(2) 不允许用户在所有浏览器中改变文本大小（不利于可用性）。

(3) 绝对大小在确定了输出的物理尺寸时很有用。

表 12-2 常见的绝对单位

单位	描述
cm	厘米
mm	毫米
in	英寸
px	像素（等价于 1 英寸的 1/96）
pt	磅（等价于 1 英寸的 1/72）
pc	picas（1pc 等价于 12pt）

12.2.2 相对单位

相对长度单位指定了一个长度相对于另一个长度的属性，它的值不是固定的。对于不同的设备相对长度更适用，对于后期的响应式开发也是很有好处的。常见的相对单位见表 12-3。

💡 相对单位的特点：

(1) 相对于周围的元素来设置大小。

(2) 允许用户在浏览器中改变文本大小。

表 12-3 常见的相对单位

单位	描述
em	它是描述相对于应用在当前元素的字体尺寸。 1em 等于当前的字体尺寸。2em 等于当前字体尺寸的两倍。 一般浏览器字体大小默认为 16px，则 1em = 16px
rem	根元素（html）的 font-size，1rem 等价于 html 的 font-size
vw	viewpoint width，视窗宽度，1vw=视窗宽度的 1%
vh	viewpoint height，视窗高度，1vh=视窗高度的 1%
vmin	vw 和 vh 中较小的那个
vmax	vw 和 vh 中较大的那个
%	百分比
ex	依赖于小写字母 x 的高度
ch	等价于数字 0 的宽度
px	像素

☛ px（像素）在相对单位和绝对单位中都出现了，是不是搞错了？不是！因为 W3C 还没有完全确定下来。px 在 CSS2.1 中也称作相关像素，它会随着显示器分辨率的不同而变化。

虽然 CSS 中的单位不少，但在实际开发过程中常用的并不多，掌握 px、em、rem、%等常用单位就能满足一般的开发需求。

下面重点介绍 em 和 rem。

1. em

em 是一个相对的计量单位，它的值不是固定的，它是会随着基字体的改变而改变，能够实现弹性布局。

一个 em 等于任何字体中字母所需要的垂直空间，而和它所占据的水平空间没有任何关系。

em 单位的参照物是父元素的 font-size（垂直空间），具有继承的特点。

如果字体大小是 16px（浏览器的默认值），那么 1em = 16px。

原始数字值指定了一个缩放因子，后代元素会继承这个缩放因子而不是计算值。

💡 注意：不要把 em 单位与 HTML 中的 em 元素混淆，两者没有任何关系。

💡 em 单位的参照物是父元素的 font-size（垂直空间），具有继承的特点。

【例 12-1】使用 em 表示字体大小。浏览效果如图 12-3 所示。

```
01  <!DOCTYPE html>
02  <html lang="en">
03  <head>
04      <meta charset="UTF-8">
05      <title>例 12-1: 使用 em 表示字体大小</title>
06      <link rel="stylesheet" type="text/css" href="demo12-1.css">
07  </head>
08  <body>                    body 的字体继承 html，font-size:
09      这是 body 的文字，大小为 12px
10      <div>                          这个 div 的父元素是
11          第一个 div，大小为 2em      body，2em 即为 24px
12          <div>              此 div 的父元素是第 10 行的 div，
13              第二个 div，大小为 2em   2em 即为 24px 的 2 倍，即为 48px
14              <div>          此 div 的父元素是第 12
15                  第三个 div，大小为 2em   行的 div，2em 即为
16              </div>         48px 的 2 倍，即为 96px
17          </div>
18      </div>
19  </body>
20  </html>
```

```
/* demo12-1.css */
html {
    font-size: 12px;
}
div {
    font-size: 2em;
}
```

图 12-3 em 单位示例

CSS 中统一设定 div 中的字体大小为 2em，我们原本期望三个 div 的字体都是一样大的（都是 24px），但为什么这三个 div 显示的文字大小都不同呢？原因就在于它们的嵌套关系。

由于嵌套，每个 div 都会继承父级元素的字体大小，使用 em 作为单位，那么字体大小将逐层扩大 2 倍。

2. rem

很显然，使用 em 会导致逐层复合的连锁反应，有时这是设计者想要的，但事实上它更是一个很大的"陷阱"，可能导致嵌套内容的字体难以准确计算、修改麻烦，甚至失控。

如何解决这一问题呢？

这时就需要运用 rem。"r"表示的是"root"，那么 rem 表示的就是根 em（root em）。rem 仍然是相对大小，根元素的字体大小是唯一的标准。

【例 12-2】 使用 rem 示例代码与例 12-1 几乎完全一样，唯一的不同就是 HTML 中的第 06 行，链接外部 CSS 文件不同；CSS 文件中的单位 em 换成 rem。

```
<link rel="stylesheet" type="text/css" href="demo12-2.css">
```

样式文件 demo12-2.css 代码：

```css
/* demo12-2.css */
html {
    font-size: 12px;
}
div {
    font-size: 2rem;    /*这里的单位是 rem*/
}
```

从图 12-4 中可以看出，使用 rem 单位后，元素的字体大小都是以根元素 HTML 的字体大小为参照物，不再因为嵌套而出现逐层复合的连锁反应。

通过对比，相信大家能够很清晰地理解 em 与 rem 的区别与使用，两个单位在移动开发和响应式设计中使用得很广泛。

这里有一个问题：既然 rem 功能优秀，那么 em 有什么实用场景呢？请参见 14.7 节。

12.3 CSS 的宽和高

在网页开发中，宽度和高度是必不可少的两个属性，那么宽度和高度应该怎样使用？在什么情况使用？

宽度和高度两个属性一定要使用在块级元素上，对于内联元素是不能使用这两个属性的。一般情况下，宽度和高度都会同时设置，若没有设置，默认值为 auto。width 和 height 两个属性表示的是内容的宽度与高度，不包含其他的距离（如内边距、边框、外边距等）。CSS 语法为：

💡 使用 em 有一个很大的问题"陷阱"，就是存在**逐层复合的连锁反应**。

💡 rem 是 CSS3 新增的相对单位。它的根元素（参照物）必须是 HTML。

💡 基字体为 html 的字体大小作为唯一量度，不会受父级元素影响。

图 12-4 rem 单位示例

💡 宽和高设置在块级元素上。

💡 width 和 height 两个属性表示的是内容的宽度与高度。

```
width: 宽度值;
height: 高度值;
```

💡 宽度值和高度值可以使用各种计量单位，常用的是 px、em、%。

【例 12-3】CSS 的宽度和高度应用示例。

```
01  <!DOCTYPE html>
02  <html lang="en">
03  <head>
04      <meta charset="UTF-8">
05      <title>例 12-3: CSS 的宽度和高度示例</title>
06      <link rel="stylesheet" href="css/demo12-3.css">
07  </head>
08  <body>
09      <div id="main">
10          这是容器，固定宽度 600px、高度 400px
11          <div>嵌套 div，固定宽度 200px、高度 100px </div>
12          <p>嵌套 p 元素，相对宽度 50%、高度 50%</p>
13      </div>
14  </body>
15  </html>
```

💡 body 作为后面元素的父元素，若后面元素的宽度和高度要是用百分比作为单位，就必须先设置 body 的宽度和高度。

CSS 文件 demo12-3.css 中的代码如下：

```
01  div#main{
02      width: 600px;   /*绝对宽度*/
03      height: 300px;   /*绝对高度*/
04      border: 2px dashed #804000; /*边框，以便看到容器的大小*/
05  }
06  div {
07      width: 200px;   /*绝对宽度*/
08      height: 100px;   /*绝对高度*/
09      border: 1px solid #666; /*边框，以便看到容器的大小*/
10  }
11  p {
12      width: 50%;      /*父元素 body 宽度的 50%*/
13      height: 50%;     /*父元素高度的 50%*/
14      border: 1px solid #666; /*边框，以便看到容器的大小*/
15  }
```

💡 为了能够直观显示出容器的大小及占据的空间，这里使用了 border 属性用于显示边框，后面会详细介绍。

上述代码浏览效果如图 12-5 所示。

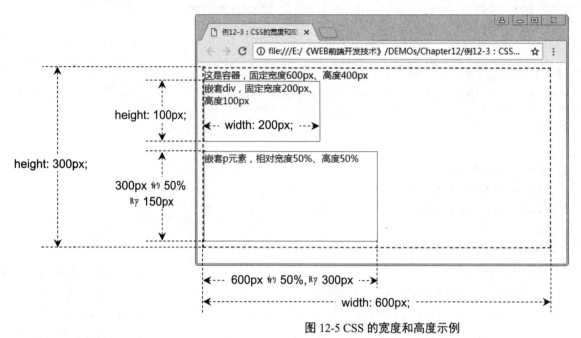

图 12-5 CSS 的宽度和高度示例

12.4 本章总结

　　本章重点介绍了 CSS 常用的基本样式，在开发中使用度最高的样式。主要包括颜色的几种表现形式、CSS 中的绝对单位和相对单位以及宽度与高度；颜色主要掌握颜色名、RGB、RGBA、十六进制色，单位重点掌握 px、em、rem 以及%。

12.5 最佳实践

　　（1）利用不同颜色的表示方式为网页中的文字添加颜色。
　　（2）使用绝对单位和相对单位，理解二者之间的差异。
　　（3）给一个块级元素设置宽度与高度，并设置文字的颜色和大小。

第 **13** 章　字体样式

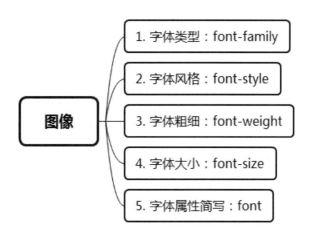

- 1. 字体类型：font-family
- 2. 字体风格：font-style
- 3. 字体粗细：font-weight
- 4. 字体大小：font-size
- 5. 字体属性简写：font

图像

📖 本章介绍

本章将介绍一个最重要的网页内容——字体。讲解字体的各种样式属性，以及不同的字体样式在不同的网页中的运用。

💡 学习重点

掌握 font-family 并熟练应用

掌握 font-size 并熟练使用

了解字体其他相关属性及使用

CSS 字体定义文本的字体系列、大小、加粗、风格（如斜体）和变形（如小型大写字母）等。字体的常用属性如表 13-1。

表 13-1 字体的常用属性

选择器	描述
font-family	设置字体系列（使用哪种字体）
font-size	设置字体的大小
font-style	设置字体的风格（normal、italic、oblique）
font-variant	以小型大写字体或者正常字体显示
font-weight	设置字体的粗细
font	简写属性，把所有针对字体的属性设置在一个声明中。

13.1 字体类型：font-family

font-family 属性

1. 什么是 font-family

font-family 规定元素的字体系列，也就是规定字体在网页中的类型。简单地理解，就是使用哪种、哪些或者哪类字体。

2. CSS 中的 font-family 分类

顾名思义，font-family 包含 font 和 family 两类。

（1）"font"表示**特定字体系列**，具体的字体系列，如"Times""Courier""宋体""楷体"等。

（2）"family"表示**通用字体系列**，拥有相似外观的字体系统组合，如 "Serif""Monospace"等。

CSS 的字体分类如下图 13-1。

图 13-1 CSS 的字体分类

3. 如何使用 font-family

（1）直接使用某种特定字体系统，优点是设置明确；可能存在的问题是：如果用户代理没有相应字体，就会显示客户端缺省的字体，这样的效果可能和设计大相径庭。

（2）使用某种通用字体序列，优点是字体样式确定；问题是字体不明确。

（3）最佳方案：**特定字体 + 通用字体**。

```
font-family: "字体 1", "字体 2", …, 通用字体系列名;
```

具体做法：首先，为给定的元素指定一系列类似的字体。把这些字体按照优先顺序排列，再用逗号进行连接。然后，在所有 font-family 规则最后都提供一个通用字体系列。这样就提供了一条后路，在用户代理无法提供与规则匹配的特定字体时，就可以选择一个候选字体。

例如：

```
h1 {
    font-family: Courier, "Courier New", Monospace;
}
p {
    font-family: Times, TimesNR, Georgia, "New York", serif;
}
```

上述 CSS 代码中，设置 h1 元素的字体为"Courier"（首选），如果客户代理没有这种字体，那么就使用"Courier New"字体，如果还没有匹配的字体，那么就在客户端使用一款与它们风格相似的 Monospace 系列字体替代。p 元素的设置同理。

4. 汉字的使用

汉字远比英文复杂，字体很多，每种字体的字库都很大，所以缺省情况下，操作系统的汉字字体非常有限。这就意味着，如果使用了某种特殊字体，在个人电脑上能够正常显示，但是一旦部署到服务器上，访客很可能看不到设计的字体效果，甚至出现风格、排版等很大的偏差。

那么如何最大程度地保证访客看到的效果与设计效果相同呢？

最重要的一点就是：**使用通用的汉字字体**。这些字体通常包括宋体、楷体、黑体、微软雅黑等。

当然，很多时候，我们希望 Web 页面中的汉字多样化和生动化，需要使用特殊字体，该怎么处理呢？这里给出三个建议。

（1）非特别需要，慎用特殊字体。

（2）将特殊字体设计为图像，修改特别麻烦。

（3）务必设定用于替代的通用字体。

13.2 字体风格：font-style

CSS 字体的其他样式

font-style 属性设置使用斜体、倾斜或正常字体。斜体字体通常定义为字体系列中的一个单独的字体。

font-style 的具体属性值见表 13-2，示例见例 13-1，浏览效果如图 13-2 所示。

表 13-2 font-style 属性

属性	功能
normal	默认值，浏览器显示一个标准的字体样式
italic	浏览器显示一个**斜体**的字体样式
oblique	浏览器显示一个*倾斜*的字体样式
inherit	规定从父元素继承字体样式

如设置三种不同的 p 元素的不同风格，示例代码如下。

```
p.normal {font-style:normal;}    /*正常*/
p.italic {font-style:italic;}    /*斜体*/
p.oblique {font-style:oblique;}  /*倾斜*/
```

font-style 非常简单：用于在 normal 文本、italic 文本和 oblique 文本之间选择。唯一复杂的是明确 italic 文本和 oblique 文本之间的差别。

斜体（italic）是一种简单的字体风格，通过对每个字母结构的一些小改动来反映变化的外观。与此不同，倾斜（oblique）文本则是正常竖直文本的一个倾斜版本。

通常情况下，italic 文本和 oblique 文本在 Web 浏览器中看上去完全一样。

13.3 字体粗细：font-weight

font-weight 相当于 Word 文档中加粗的功能，并且粗细是可以设置的。

在 CSS 中 font-weight 属性用来定义字体粗细。所有的主流浏览器都支持 font-weight 属性。font-weight 与 font-size 属性的区别是，font-weight 是描述字体的"肥胖"，font-size 是指字体的高和宽。font-weight 的具体属性见表 13-3。

表 13-3 font-weight 常用的属性值

属性	功能
normal	默认值，定义标准的字符
bold	定义粗体字符
bolder	定义更粗的字符
lighter	定义更细的字符
inherit	继承父元素的粗细（IE 浏览器不支持）
100~900（整百）	由细到粗定义字体，400 等同于 normal，700 等同于 bold

💡 粗细值不建议使用数值，一般使用 normal 和 bold 即可。

使用 bold 关键字可以将文本设置为粗体。

关键字 100~900（整百）为字体指定了 9 级加粗度。如果一个字体内置了这些加粗级别，那么这些数字就直接映射到预定义的级别，100 对应最细的字体变形，900 对应最粗的字体变形。数字 400 等价于 normal，而 700 等价于 bold。

如果将元素的加粗设置为 bolder，浏览器会设置比继承值更粗的字体。与此相反，关键词 lighter 会使浏览器将加粗度下移而不是上移。

13.4 字体大小：font-size

font-size 属性设置文本的大小。实际上它设置的是字体中字符框的高度，实际的字符字形可能比这些框高或矮（通常会矮）。

font-size 值可以是绝对值或相对值。

关于 font-size 的使用和示例在 12.2 节中已经有详细介绍，此处不再赘述。

以下补充几点。

（1）网页中通常标准字体为"宋体，12px"（即浏览器的菜单、工具栏上的文字效果）。

（2）显示文本内容时（如显示新闻），文字略大一点，通常是 14px。

如果使用绝对大小，则可以按照上述标准设置。

如果使用相对大小，通常在 CSS 中将 HTML 的字体大小设置为 62.5%，或者直接设置为 10px。

```
html { font-size: 62.5%; }   /* 或直接设置为 10px */
```

这样做的原因是：浏览器默认字体大小是 16px，如果以这个为基准，要设计 12px、14px 大小的文字，换算非常麻烦。为了子元素相关尺寸计算方便，将 HTML 的基数设置为 10px，即 10/16 = 0.625 = 62.5%，所以此时 1rem = 10px。只要将设计稿中量到的 px 尺寸除以 10 就得到了相应的 rem 尺寸，极为方便。例如，要表示 12px、14px、24px 的文字，CSS 可以表示如下。

```
/* demo12-2.css */
html {
    font-size: 10px;          /* 或 62.5% */
}
p {
    font-size: 1.2rem;        /* 1.2rem = 1.2×10px = 12px */
}
.news {
    font-size: 1.4rem;        /* 1.4rem = 1.4×10px = 14px */
}
.title20 {
    font-size: 2.4rem;        /* 2.4rem = 2.4×10px = 24px */
}
```

13.5 字体属性简写：font

对于字体来说，样式比较多，编写起来比较麻烦，那可不可以进行简写呢？没错，字体有一个简写的属性 font，用于一次设置字体的多个样式，多个属性值之间用空格分隔，至少要指定字体大小和字体系列，没有设置的属性取缺省值。可以按照以下顺序设置属性：

① font-style
② font-variant
③ font-weight
④ font-size/line-height
⑤ font-family

💡 使用 font 属性的特点：
(1) 一次设置多个属性。
(2) 不同属性之间用空格分开。
(3) 至少要指定字体大小和字体系列。
(4) 没有设置的属性取缺省值。

【例 13-1】字体属性设置示例。HTML 代码如下。

```
01  <!DOCTYPE html>
02  <html lang="en">
03  <head>
04      <meta charset="UTF-8">
05      <title>例 13-1: CSS 字体设置示例</title>
06      <link rel="stylesheet" type="text/css" href=" demo13-1.css">
07  </head>
08  <body>
09      <p>这是正文文字，大小为 1.4rem</p>
10      <p class="ex1">Chengdu University</p>
```

```
11        <p class="ex2">成都大学</p>
12    </body>
13  </html>
```

CSS 代码如下。

```
01  html{
02      font-size: 10px;      /* 设置 HTML 基准字体，等效于 62.5% */
03  }
04  p{
05      font-size: 1.4rem;    /* 段落文字 14px */
06  }
07  p.ex1{
08      font: italic bold 24px/2rem Courier,"Courier New ",Monospace
09  }
10  p.ex2{
11      font: 1.8rem 微软雅黑,黑体,楷体;
12  }
```

上述示例浏览效果如图 13-2 所示。

图 13-2 字体样式应用示例

13.6 本章总结

通过本章的学习，了解了字体的各种常规属性：字体类型、字体风格、字体粗细等，这些在开发过程中经常使用，但是字体的属性并不止这些，读者可自行进行详细地了解。

13.7 最佳实践

（1）对网页中的文字设置不同的字体和风格，实践本章节的实例，验证和理解 CSS 字体样式。

（2）采用属性简写的方式 font 设置多个字体属性。

（3）参考 13.4 节及例 13-1 的内容，使用相对单位 rem 及 font 相关属性设置 HTML 中不同的字体效果。

第 14 章 文本样式

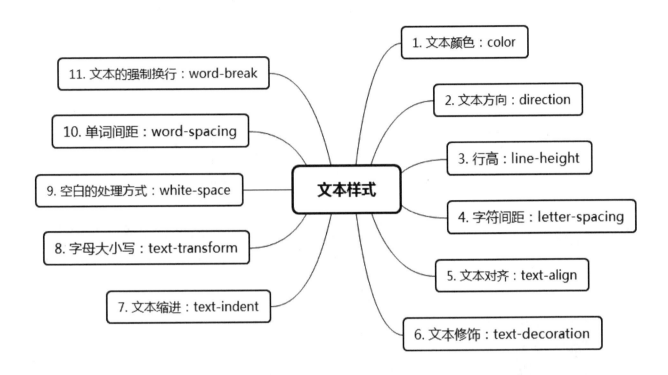

11. 文本的强制换行：word-break

10. 单词间距：word-spacing

9. 空白的处理方式：white-space

8. 字母大小写：text-transform

7. 文本缩进：text-indent

文本样式

1. 文本颜色：color

2. 文本方向：direction

3. 行高：line-height

4. 字符间距：letter-spacing

5. 文本对齐：text-align

6. 文本修饰：text-decoration

📖 本章介绍

　　本章将学习文本的一些 CSS 样式。文本是一个网页必不可少的内容，通过文本属性，可以改变文本的颜色、字符间距，对齐文本，装饰文本，对文本进行缩进等，使网页变得更加丰富。

💡 学习重点

了解常见的文本样式

掌握并熟练使用行高等常用属性

CSS 文本属性可定义文本的外观。

通过文本属性，可以改变文本的颜色、字符间距，对齐文本，装饰文本，对文本进行缩进等。文本的常用属性见表 14-1。

表 14-1 文本的常用属性

属性	描述
color	设置文本颜色
direction	设置文本的方向，有两个值：ltr 或 rtl
line-height	设置行高
letter-spacing	设置字符间距
text-align	对齐元素中的文本
text-decoration	向文本添加修饰（常用的如添加下划线等）
text-indent	缩进元素中文本的首行
text-transform	控制元素中的字母
white-space	设置元素中空白的处理方式
word-break	设置文本超过容器宽度时强制换行，而不是撑大容器
word-spacing	设置字间距（单词）

14.1 文本颜色：color

color 属性规定文本的颜色。

这个属性设置了一个元素的前景色（在 HTML 表现中，就是元素文本的颜色）；光栅图像不受 color 影响。这个颜色还会应用到元素的所有边框，除非被 border-color 或另外某个边框颜色属性覆盖。

【例 14-1】文本颜色 color 示例。HTML 代码如下（使用内部 CSS），浏览器中的效果如图 14-1 所示。

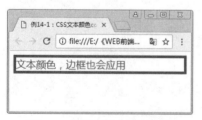
文本的颜色、行高、对齐等

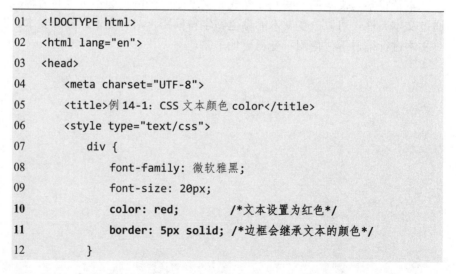
图 14-1 文本颜色 color 示例

```
01   <!DOCTYPE html>
02   <html lang="en">
03   <head>
04       <meta charset="UTF-8">
05       <title>例 14-1：CSS 文本颜色 color</title>
06       <style type="text/css">
07         div {
08           font-family: 微软雅黑;
09           font-size: 20px;
10           color: red;          /*文本设置为红色*/
11           border: 5px solid; /*边框会继承文本的颜色*/
12         }
```

```
13        </style>
14    </head>
15    <body>
16        <div>文本颜色，边框也会应用</div>
17    </body>
18    </html>
```

关于 color 的使用在 12.1 节中已经详细介绍，这里不再赘述。

14.2 文本方向：direction

现今人们的阅读习惯基本上是从左往右，但在古代，文字都是从右往左，根据不同的阅读习惯、不同的场景，文本方向可能不一样。CSS 中有一个属性便能设置文本的方向，语法如下。

```
direction: ltr/rtl;
```

1. ltr（left to right）为默认值，表示从左往右。
2. rtl（right to left）表示从右往左。

【例 14-2】文本方向 direction 示例。浏览器中的效果如图 14-2 所示，HTML 代码如下（使用内部 CSS）。

```
01    <!DOCTYPE html>
02    <html lang="en">
03    <head>
04        <meta charset="UTF-8">
05        <title>例 14-2：CSS 文本方向 direction</title>
06        <style type="text/css">
07            div.one { direction: rtl; } -------------------►
08            div.two { direction: ltr; } -------------------►
09        </style>
10    </head>
11    <body>
12        <div class="one">rtl, right to left, 文字从右往左增长</div>
13        <div class="two">ltr, left to right, 文字从左向右增长</div>
14    </body>
15    </html>
```

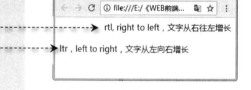

图 14-2 文本方向 direction 示例

14.3 行高：line-height

在 Word 的编辑中，可能会使用到"行间距"来设置每一行文字之间的距离。在网页中应该怎么样设置呢？line-height 属性可以设置行间的距离（行高）。

line-height 设置行高的值可以使用多种方式，可能的值见表 14-2。

表 14-2 line-height 属性常用的值

值	描述
normal	默认值，设置合理的行间距
number	设置数字，此数字会与当前的字体尺寸相乘来设置行间距
length	使用像素值设置固定的行间距
%	基于当前字体尺寸的百分比设置行间距
inherit	从父元素继承 line-height 属性的值

该属性会影响行框的布局。在应用于一个块级元素时，它定义了该元素中基线之间的最小距离而不是最大距离。

line-height 与 font-size 的计算值之差（在 CSS 中成为"行间距"）分为两半，分别加到一个文本行内容的顶部和底部。可以包含这些内容的最小框就是行框。

原始数字值指定了一个缩放因子，后代元素会继承这个缩放因子而不是计算值。

line-height 相关知识分析如图 14-3 所示。

① 注意：设置成数字时，带不带单位是有差别的。不带单位，将会与当前字体大小相乘得到行高。

行距：上一行的底线到下一行的顶线的垂直距离，即两行文字间的空隙。

行高：line-height，两行基线之间的垂直距离。

内容区：行盒子顶线到底线之间的垂直距离。

行框：两行文字"行半距分割线"之间的垂直距离。

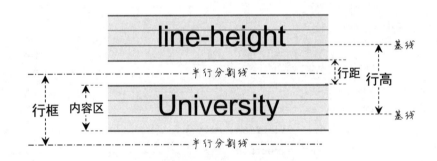

图 14-3 line-height 分析示意图

【例 14-3】 行高 line-height 应用示例。

```
01  <!DOCTYPE html>
02  <html lang="en">
03  <head>
04      <meta charset="UTF-8">
05      <title>例 14-3: CSS 文本行高 line-height</title>
06      <link rel="stylesheet" type="text/css" href=" demo14-3.css">
07  </head>
08  <body>
09      <p>这是拥有标准行高的段落。在大多数浏览器中默认行高为110%~120%。
```

（注：基数是字体大小，缺省为 16px，即字符框的高度）</p>

10   <p class="number">这个段落和行高是绝对值 26px，与字符高度没有直接关系。可以使用任何绝对单位。</p>

11   <p class="small">这个段落和行高是 60%，即占字符高度(16px)的 60%，实际行高值为 10px。所以有 6px 的重合区域。</p>

12   <p class="middle">这个段落拥有 1.5 倍行高。行间距为半个字符的高度。这个行高通常是比较适合文字显示的高度。推荐使用。</p>

13   <p class="big">这个段落拥有 3 倍行高。行间距即为 2 个字符高度。这种行间距较大的情况通常在比较特别的情况下使用。</p>

14 </body>

15 </html>

浏览效果图如图 14-4。

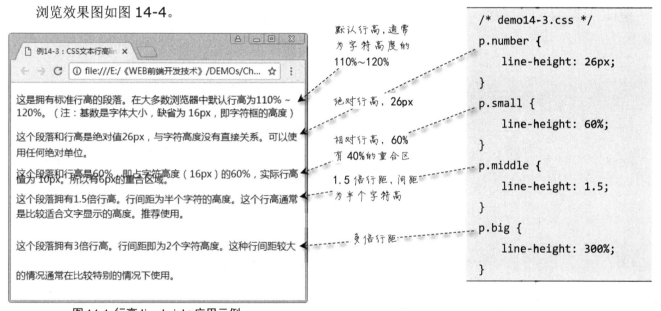

图 14-4 行高 line-height 应用示例

14.4 字符间距：letter-spacing

letter-spacing 属性增加或减少字符间的空白（字符间距）。

该属性定义了在文本字符框之间插入多少空间。由于字符字形通常比其字符框更窄，指定长度值时，会调整字母之间通常的间隔。因此：

(1) normal 就相当于值为 0。

(2) 值可以使用像素、em 等单位来设置单词之间的间隔。

(3) 允许使用负值，这会让字母之间靠得更紧。

【例 14-4】字符间距 letter-spacing 应用示例（使用内部 CSS）。

图 14-5 letter-spacing 应用示例

```
01    <!DOCTYPE html>
02    <html lang="en">
03    <head>
04        <meta charset="UTF-8">
05        <title>例 14-4：CSS 文本字符间距 letter-spacing</title>
06        <style type="text/css">
07            h2.narrow { letter-spacing: -5px; }
08            h2.wide { letter-spacing: 1em; }
09            p { letter-spacing: 25px; }
10        </style>
11    </head>
12    <body>
13        <h2>缺省间距：0em</h2>
14        <h2 class="narrow">H1 文字，字符间距：-5px</h2>
15        <h2 class="wide">字符间距 1em</h2>
16        <p>段落文字，字符间距：25px</p>
17    </body>
18    </html>
```

从浏览效果图 14-5 中可以看出，letter-spacing 的设置将影响到单个字符之间的间距（对于汉字来讲，就是单个文字）。通常而言，缺省的间距已经适合大多数场景，只在某些特定场合（如显示标题、突出内容）会用到此属性。

14.5 文本对齐：text-align

text-align 属性规定元素中文本的水平对齐方式。

该属性通过指定行框与哪个点对齐，从而设置块级元素内文本的水平对齐方式。通过允许用户代理调整行内容中字母和字之间的间隔，可以支持值 justify；不同用户代理可能会得到不同的结果。

text-align 设置行高的值可以使用多种方式，常用的值见表 14-3。

表 14-3 text-align 属性常用的值

值	描述
left	把文本排列到左边。默认值：由浏览器决定
right	把文本排列到右边
center	把文本排列到中间
justify	实现两端对齐文本效果

【例 14-5】文本对齐 text-align 应用示例（使用内部 CSS）。

```
01  <!DOCTYPE html>
02  <html lang="en">
03  <head>
04    <meta charset="UTF-8">
05    <title>例 14-5: CSS 文本对齐 text-align</title>
06    <style type="text/css">
07        h1, h3 { border: 1px solid #999; }
08        h1 { text-align: center; }
09        h3.left { text-align: left; }
10        h3.justify { text-align: justify; }
11        h3.right { text-align: right; }
12    </style>
13  </head>
14  <body>
15    <h1>标题：居中对齐</h1>
16    <h3 class="left">正文 1：左对齐。The Foundation of web Front-
        end Development</h3>
17    <h3 class="justify">正文 2：两端对齐。The Foundation of web
        Front-end Development</h3>
18    <h3 class="right">落款：右对齐</h3>
19  </body>
20  </html>
```

图 14-6 text-align 应用示例

从上例及显示效果图 14-6 中可以看出，值 justify 可以使文本的两端都对齐。在两端对齐文本中，文本行的左右两端都放在父元素的内边界上。然后，调整单词和字母间的间隔，使各行的长度恰好相等。

💡 两端对齐 justify 应用的前提是文本内容超出当前行并自动换行。

💡 两端对齐文本能够让内容左右两侧都对齐到边界处，看起来很整齐，在打印领域（尤其是有英文内容时）很常见。

14.6 文本修饰：text-decoration

text-decoration 属性规定文本的修饰，包括上划线、下划线等。常用的值见表 14-4。

表 14-4 text-decoration 属性常用的值

值	描述	示例
none	默认值（无修饰）	缺省无修饰，none
underline	文本下方的一条线（下划线）	加下划线 underline
line-through	穿过文本的一条线（删除线）	加删除线 line-through
overline	文本上方的一条线（上划线）	加上划线 overline

【例 14-6】文本修饰 text-decoration 应用示例（使用内部 CSS）。浏览效果如图 14-7 所示。

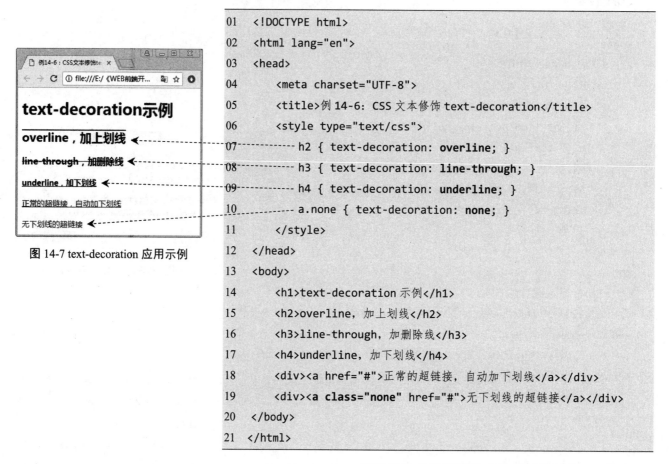

图 14-7 text-decoration 应用示例

```
01    <!DOCTYPE html>
02    <html lang="en">
03    <head>
04        <meta charset="UTF-8">
05        <title>例 14-6：CSS 文本修饰 text-decoration</title>
06        <style type="text/css">
07            h2 { text-decoration: overline; }
08            h3 { text-decoration: line-through; }
09            h4 { text-decoration: underline; }
10            a.none { text-decoration: none; }
11        </style>
12    </head>
13    <body>
14        <h1>text-decoration 示例</h1>
15        <h2>overline，加上划线</h2>
16        <h3>line-through，加删除线</h3>
17        <h4>underline，加下划线</h4>
18        <div><a href="#">正常的超链接，自动加下划线</a></div>
19        <div><a class="none" href="#">无下划线的超链接</a></div>
20    </body>
21    </html>
```

text-decoration 使用得最多的情况是去除超链接标签<a>自动添加的下划线。

14.7 文本缩进：text-indent

在中文的文字排版中，通常每段的首行都需要空两格。

网页设计中，text-indent 属性规定文本块中首行文本的缩进。

允许使用负值。如果使用负值，那么首行会被缩进到左边，即产生"悬挂缩进"的效果。

【例 14-7】文本缩进 text-indent 应用示例（使用内部 CSS）。浏览效果如图 14-8 所示。

```
01    <!DOCTYPE html>
02    <html lang="en">
```

```
03    <head>
04        <meta charset="UTF-8">
05        <title>例 14-7：CSS 文本缩进 text-indent</title>
06        <style type="text/css">
07            .bigger { font-size: 20px; }
08            .smaller { font-size: 14px; }
09            p { text-indent: 2em; }
10            p.indent50px { text-indent: 50px; }
11        </style>
12    </head>
13    <body>
14        <P class="bigger">缩进 2 个字符。使用相对单位 em，保证无论字体如
何调整，都缩进 2 个字符。</P>
15        <P class="smaller">缩进 2 个字符。使用相对单位 em，保证无论字体如
何调整，都缩进 2 个字符。</P>
16        <p class="indent50px bigger">这个段落演示缩进绝对值 50px，与字
体大小无关。</p>
17        <p class="indent50px smaller">这个段落演示缩进绝对值 50px，与
字体大小无关，不会随文字大小的改变而变化。</p>
18    </body>
19    </html>
```

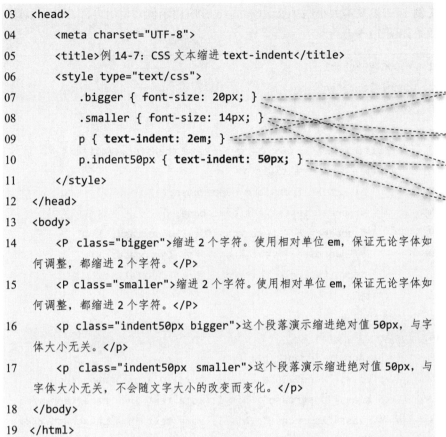

图 14-8 text-indent 应用示例

从上例及图 14-8 中可以看出，相对单位 em 正好可以保证缩进 2 个字
符的距离，并且能够随着字体大小的改变而改变，非常适合用于中文文档
排版。

14.8 字母大小写：text-transform

text-transform 属性会改变元素中的字母大小写，而不论源文档中文
本的大小写，常用的值见表 14-5。

表 14-5 text-transform 属性常用的值

值	描述
none	默认值，定义带有小写字母和大写字母的标准文本
capitalize	文本中的每个单词以大写字母开头
uppercase	定义仅有大写字母（全部转换为大写字母）
lowercase	定义仅有小写字母（全部转换为小写字母）

【**例 14-8**】文本大小写 text-transform 应用示例（使用内部 CSS）。浏览效果如图 14-9 所示。

```
01   <!DOCTYPE html>
02   <html lang="en">
03   <head>
04       <meta charset="UTF-8">
05       <title>例 14-8: CSS 文本大小写 text-transform</title>
06       <style type="text/css">
07           h1 { text-transform: uppercase; }
08           p.none { text-transform: none; }
09           p.uppercase { text-transform: uppercase; }
10           p.lowercase { text-transform: lowercase; }
11           p.capitalize { text-transform: capitalize; }
12       </style>
13   </head>
14   <body>
15       <h1>An H1 Element</h1>
16       <p class="none">This is some text in a paragraph.</p>
17       <p class="uppercase">This is some text in a paragraph.</p>
18       <p class="lowercase">This is some text in a paragraph.</p>
19       <p class="capitalize">This is some text in a paragraph.</p>
20   </body>
21   </html>
```

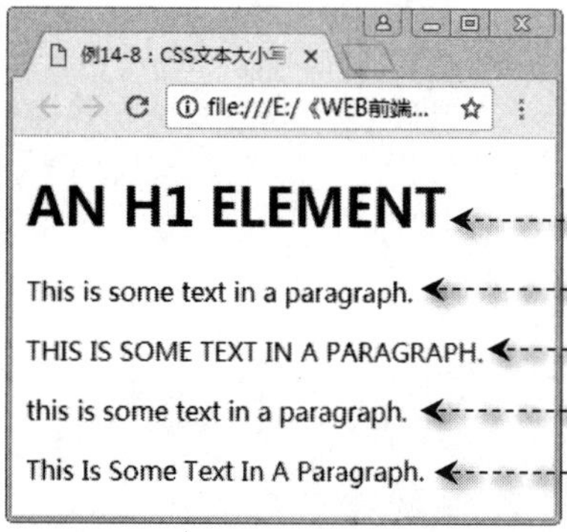

图 14-9 text-transform 应用示例

text-transform 属性在编辑英文文档时比较常用。

14.9 空白的处理方式：white-space

white-space 属性用于处理元素内的空白。这个属性声明建立布局过程中如何处理元素中的空白符。white-space 常用属性值见表 14-6。

表 14-6 white-space 属性常用的值

值	描述
normal	默认值，空白会被浏览器忽略
pre	空白会被浏览器保留。其行为方式类似 HTML 中的 <pre> 标签
nowrap	文本不会换行，会在同一行上继续，直到遇到 标签为止
pre-wrap	保留空白符序列，但是正常地进行换行
pre-line	合并空白符序列，但是保留换行符

【例 14-9】文本的空白处理方式 white-space 应用示例（使用内部 CSS）。浏览效果如图 14-10 所示。

```
01 <!DOCTYPE html>
02 <html lang="en">
03 <head>
04     <meta charset="UTF-8">
05     <title>例 14-9: CSS 文本空白处理 white-space</title>
06     <style type="text/css">
07         p.pre { white-space: pre; }          /*保留 HTML 中源格式*/
08         p.nowrap { white-space: nowrap; }  /*合并空白，不换行*/
09         p.prewrap { white-space: pre-wrap; }    /*保留连续空白*/
10         p.preline { white-space: pre-line; }    /*合并连续空白*/
11     </style>
12 </head>
13 <body>
14     <p class="pre">这是一段文字。      几个空格。
15         HTML 编辑中换行了。    浏览效果呢?
16     </p>
17     <p class="nowrap">（内容同 14~16 行，此处略）</p>
18     <p class="prewrap">（内容同 14~16 行，此处略）</p>
19     <p class="preline">（内容同 14~16 行，此处略）</p>
20 </body>
21 </html>
```

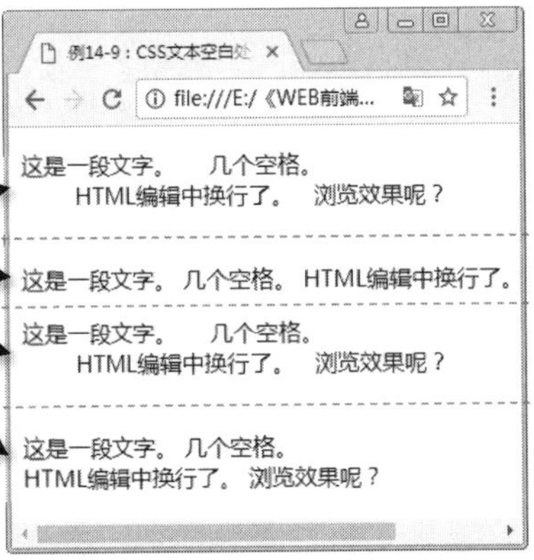

图 14-10 white-space 应用示例

在使用表格呈现数据时，当内容超出单元格的宽度就会自动换行，如：显示姓名时，设置的单元格宽度能显示 3 个汉字，但是现在却有 4 个甚至更多汉字的姓名要显示，其结果就是第 3 个字之后会自动换行。当希望看到完整的姓名，并不希望自动换行发生时，使用 nowrap 就可以解决这个问题（图 14-11）。

学号	学生姓 名
2018106621101	刘子栋
2018106621102	成吉思 汗
2018106621103	Jams Harden

td { white-space: nowrap; }

学号	学生姓名
2018106621101	刘子栋
2018106621102	成吉思汗
2018106621103	Jams Harden

图 14-11 使用 white-space 属性的 nowrap 值强制不换行

14.10 单词间距：word-spacing

word-spacing 属性可以增加或减少**单词**(word)间的空白(即字间隔)。该属性定义元素中字之间插入多少空白符。针对这个属性,"字"定义为由空白符包围的一个字符串。如果指定为长度值,会调整字之间的通常间隔;简言之,要设置字之间的间距,需要用空格将字隔开。

【例 14-10】单词间距 word-spacing 应用示例(使用内部 CSS)。浏览效果如图 14-12 所示。

```
01  <!DOCTYPE html>
02  <html lang="en">
03  <head>
04      <meta charset="UTF-8">
05      <title>例 14-10: CSS 文本单词间距 word-spacing</title>
06      <style type="text/css">
07          p.spread { word-spacing: 30px; }
08          p.tight { word-spacing: -0.5em; }
09      </style>
10  </head>
11  <body>
12      <p class="spread">一些 文字。This is some text.</p>
13      <p class="tight">一些 文字。This is some text.</p>
14  </body>
15  </html>
```

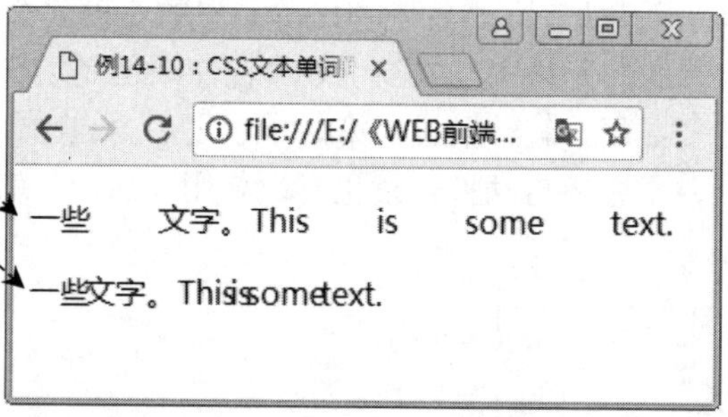

图 14-12 word-spacing 应用示例

14.11 文本的强制换行：word-break

word-break 属性规定自动换行的处理方法。通过使用 word-break 属性,可以让浏览器实现在任意位置的换行,常用的值见表 14-7。

表 14-7 word-break 属性常用的值

值	描述
normal	默认值，使用浏览器默认的换行规则
break-all	允许在单词内换行
keep-all	只能在半角空格或连字符处换行

　　用表格显示数据时，当固定好单元格宽度后，并希望内容自动换行，但有些情况下，内容不会自动换行，会强行撑大单元格。如：输入一个长的学号、电话号码、身份证或网络留言时恶意输入连续的西文字符而不加标点符号和空格等。

　　如何避免这种情况，从而实现强制换行呢？work-break 的 break-all 属性可以解决这个问题（图 14-13）。

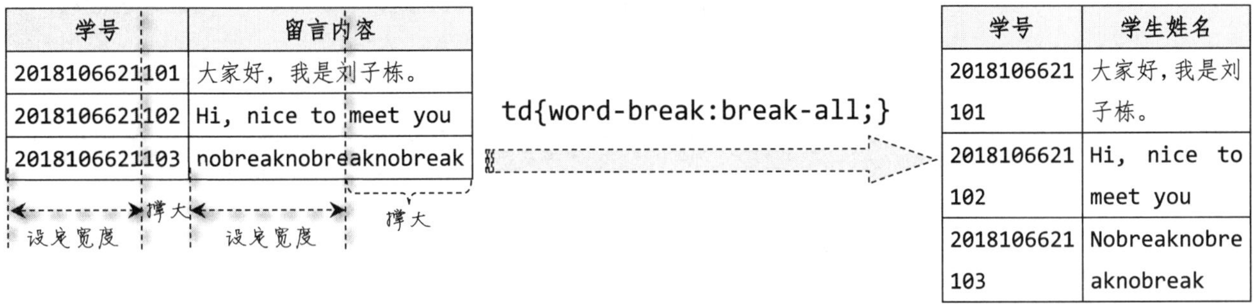

学号	留言内容
2018106621101	大家好，我是刘子栋。
2018106621102	Hi, nice to meet you
2018106621103	nobreaknobreaknobreak

td{word-break:break-all;}

学号	学生姓名
2018106621101	大家好,我是刘子栋。
2018106621102	Hi, nice to meet you
2018106621103	Nobreaknobreaknobreak

图 14-13 使用 word-break 属性的 break-all 值强制换行

14.12 本章总结

　　通过本章的学习，重点了解了文本的基本样式，其中行高、对齐方式、字母大小写转换使用得最多，其他的几种文本样式使用得相对较少。通过本章知识点的运用，将能丰富网页的文本样式。

14.13 最佳实践

　　（1）逐个实验本章全部示例，并尝试应用不同的属性值，理解文本样式相关属性设置。

　　（2）综合利用文本的 CSS 样式相关技术，设计一个新闻报道的网页。其中包括标题、时间、正文内容、图片、附件等，参考如图 14-14 所示的效果。

图 14-14 新闻页面效果示例

第 15 章 背景样式

- 1. 背景颜色：background-color
- 2. 背景图像：background-image
- 3. 背景重复：background-repeat

背景样式 — 4. 背景定位：background-position

- 5. 背景关联：background-attachment
- 6. 背景简写：background
- 7. 背景图片大小：background-size

📖 本章介绍

　　网页中经常会用到 CSS 的 background 属性来设置背景。背景是非常重要的，它决定着网页的美观和整体效果。网页中的背景可以分为颜色和图片两种，本章将学习如何设置这两种类型的背景，并学习图片背景的一些样式设置。

💡 学习重点

掌握背景颜色的设置

掌握背景图像的相关设置和应用

了解背景图像的一些应用技巧

CSS 允许应用纯色作为背景，也允许使用背景图像创建相当复杂的效果。CSS 在这方面的能力远在 HTML 之上。

CSS 背景包括以下三类。

（1）纯色背景。

（2）带透明度（alpha）的背景。

（3）图像背景。

CSS 常用的背景属性见表 15-1。

所有背景属性都不能继承

元素的背景占据了元素的全部尺寸，包括内边距和边框，但不包括外边距。

表 15-1 CSS 背景常用属性

属性	描述
background-color	设置元素的背景颜色
background-image	把图像设置为背景
background-repeat	设置背景图像是否重复及如何重复
background-position	设置背景图像的起始位置
background-attachment	背景图像是否固定或随着页面的其余部分滚动
background	简写属性，作用是将背景属性设置在一个声明中

CSS 背景有如下特点。

（1）可以为所有元素设置背景色。包括 body 一直到 em 和 a 等行内元素。

（2）背景不能继承。默认值是 transparent。transparent 有"透明"之意。也就是说，如果一个元素没有指定背景色，那么背景就是透明的，这样其祖先元素的背景才能可见。

（3）背景的范围。会填充元素的内容、内边距和边框区域，扩展到元素边框的外边界（但不包括外边距）。如果边框有透明部分（如虚线边框），会透过这些透明部分显示出背景色。

15.1 背景颜色：background-color

background-color 属性为元素设置一种纯色。这种颜色会填充元素的内容、内边距和边框区域，扩展到元素边框的外边界（但不包括外边距）。如果边框有透明部分（如虚线边框），会透过这些透明部分显示出背景色。

CSS 的背景颜色、背景图像

颜色的表示请参见第 12 章。

设置背景颜色的属性 background-color，使用方法如下。

> background-color：颜色值；

【例 15-1】CSS 背景颜色设置代码示例。

```
01    <!DOCTYPE html>
02    <html lang="en">
```

```
03  <head>
04      <meta charset="UTF-8">
05      <title>例 15-1：背景颜色 background-color</title>
06      <style type="text/css">
07          body { background: #eeeeee; } /*页面的背景颜色为浅灰色*/
08          div {
09              color: white;  /*白色文字*/
10              background-color: #90000a; /*使用颜色名作为背景颜色*/
11              padding: 20px;      /*背景颜色将填充外围 padding 区域*/
12          }
13      </style>
14  </head>
15  <body>
16      <div><h1>背景颜色示例</h1></div>
17  </body>
18  </html>
```

图 15-1 background-color 应用示例

浏览效果如图 15-1 所示。

背景颜色总的来说比较简单，只要使用合法的颜色即可。

15.2 背景图像：background-image

background-image 属性为元素设置背景图像。

设置图片作为背景也十分常用。将图片设置为背景不同于设置背景颜色，因为图片有大有小。所以设置图片为背景时要与一些其他属性一起使用，这样才能达到很好的效果。

使用 background-image 属性设置背景图片，方法如下。

```
background-image: url;      /* url：表示作为背景的图片的路径*/
```

【例 15-2】CSS 背景图像示例。

```
01  <!DOCTYPE html>
02  <html lang="en">
03  <head>
04      <meta charset="UTF-8">
05      <title>例 15-2：背景图像 background-image</title>
06      <style type="text/css">
07          body {
08              background-color: #efefef; /*页面的背景颜色为浅灰色*/
```

图 15-2 background-image 应用示例

💡 为了便于显示,这里选用图案较为明显的图像作为背景,实际开发中,常常使用颜色较淡、图案不是很明显的图像作为背景。

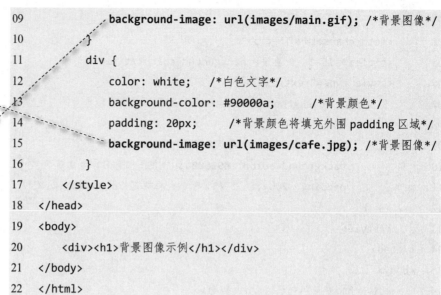

```
09        background-image: url(images/main.gif); /*背景图像*/
10    }
11    div {
12        color: white;    /*白色文字*/
13        background-color: #90000a;        /*背景颜色*/
14        padding: 20px;       /*背景颜色将填充外围 padding 区域*/
15        background-image: url(images/cafe.jpg); /*背景图像*/
16    }
17    </style>
18    </head>
19    <body>
20        <div><h1>背景图像示例</h1></div>
21    </body>
22    </html>
```

如图 15-2 所示,CSS 应用后的效果是:(1)背景图像平铺填满整个元素区域。(2)背景图像覆盖了同一元素上的背景颜色。

15.3 背景重复:background-repeat

从前面的例子可以知道:默认的,背景图像位于元素的左上角,并在水平和垂直方向重复,从而平铺填满整个元素区域。

此外,也可以通过 background-repeat 属性(表 15-2)设置背景图像的重复方式。

🎬 背景图像的重复、定位、关联

表 15-2 background-repeat 属性

值	描述
repeat	默认值,背景图像将在垂直方向和水平方向重复
repeat-x	背景图像将在水平方向重复
repeat-y	背景图像将在垂直方向重复
no-repeat	背景图像将仅显示一次

【例 15-3】CSS 背景重复 background-repeat 示例。

```
01    <!DOCTYPE html>
02    <html lang="en">
03    <head>
04        <meta charset="UTF-8">
05        <title>例 15-3:背景重复 background-repeat</title>
06        <style type="text/css">
```

```
07          div {
08              border: 2px solid #666666;
09              padding: 20px;
10          }
11          div.norepeat {
12              width: 100px;
13              height: 100px;
14              background-repeat: no-repeat; /*背景不重复*/
15          }
16          div.norepeat1 { background-image: url(images/lane.jpg); }
17          div.repeatx {
18              height: 80px;
19              color: white;
20              background-image: url(images/lane.jpg);
21              background-repeat: repeat-x;
22          }
23          div.norepeat2 { background-image: url(images/main.gif); }
24          div.repeaty {
25              width: 90px;
26              height: 150px;
27              color: brown;
28              background-image: url(images/main.gif);
29              background-repeat: repeat-y;
30          }
31      </style>
32  </head>
33  <body>
34      <div class="norepeat norepeat1">背景不重复</div>
35      <div class="repeatx"><h1>水平重复</h1></div>
36      <div class="norepeat norepeat2">背景不重复</div>
37      <div class="repeaty"><h3>垂直重复</h3></div>
38  </body>
39  </html>
```

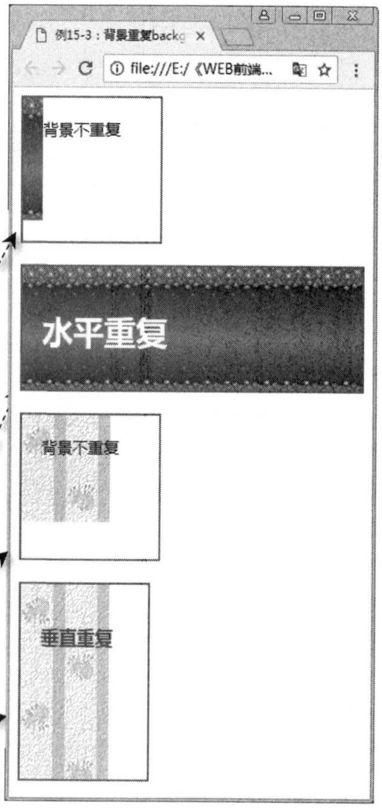

图 15-3 background-repeat 应用示例

浏览效果如图 15-3 所示。

15.4 背景定位：background-position

background-position 属性设置背景图像的起始位置。

这个属性设置背景原图像（由 background-image 定义）的位置，背景图像如果要重复，将从这一点开始。

背景定位属性 background-position 的使用方法如下。

> background-position: 位置值;

background-position 属性常用的值见表 15-3。

表 15-3 background-position 属性常用的值

值			描述
top left	top center	top right	如果仅规定了一个关键词，那么第二个值将是 "center"。默认值：0% 0%
center left	center center	center right	
bottom left	bottom center	bottom right	
x% y%			第一个值是水平位置，第二个值是垂直位置。左上角是 0% 0%。右下角是 100% 100%。如果您仅规定了一个值，另一个值将是 50%
xpos ypos			第一个值是水平位置，第二个值是垂直位置。左上角是 0 0。单位是像素（0px 0px）或任何其他的 CSS 单位。如果您仅规定了一个值，另一个值将是 50%。您可以混合使用 % 和 position 值

background-position 属性经常和 background-attachment 等其他属性一起使用。

15.5 背景关联：background-attachment

background-attachment 属性设置背景关联，即图像是否固定或者随着页面的其余部分滚动，使用方法如下。

> background-attachment: 值;

background-attachment 属性常用的值见表 15-4。

表 15-4 background-attachment 属性常用的值

值	描述
scroll	默认值，背景图像会随着页面其余部分的滚动而移动
fixed	当页面的其余部分滚动时，背景图像不会移动
inherit	规定应该从父元素继承 background-attachment 属性的设置

【例 15-4】给页面设置固定背景，要求：不重复、在正中间显示、不随页面滚动。浏览效果如图 15-4 所示。

```
01  <!DOCTYPE html>
02  <head>
03      <meta charset="UTF-8">
04      <title>例 15-4：背景定位与关联</title>
05      <style type="text/css">
06          body {
07              background-color: #cccccc;  /*背景颜色：灰色*/
08              background-image: url(images/fight.jpg); /*背景图*/
09              background-repeat: no-repeat;        /*背景不重复*/
10              background-position: center center; /*定位于正中央*/
11              background-attachment: fixed; /*固定，不随页面滚动*/
12          }
13      </style>
14  </head>
15  <body>
16      <br/><br/><br/>
17      <div><h1>背景定位与关联应用示例</h1>
18  </body>
19  </html>
```

图 15-4 背景定位与关联应用示例

注：本例中为了突出背景图像，所以将页面背景设置为灰色。

这种设计中，无论页面内容如何变化，浏览器容器如何放缩，背景图像始终只有一个、位于正中央且固定不滚动。

通常应用在个性化的页面中。

15.6 背景简写：background

对背景设置的属性有很多分开写，这样容易理解阅读，但语句及代码较多。为了简化，CSS 提供了背景简写属性 background，可以在一个声明中设置所有背景属性。

可以将所有背景设置属性写在一个 background 声明中，使用方法如下。

CSS 的背景简写、应用示例

> background：各个属性值用空格分隔；

background 可以设置的属性见表 15-5。

表 15-5 background 简写属性常用的属性值

值	描述	CSS
background-color	规定要使用的背景颜色	1
background-image	规定要使用的背景图像	1
background-position	规定背景图像的位置	1
background-repeat	规定如何重复背景图像	1
background-attachment	规定背景图像是否固定或者随着页面滚动	1
background-size	规定背景图片的尺寸	3
background-origin	规定背景图片的定位区域	3
background-clip	规定背景的绘制区域	3

【例 15-5】例 15-4 中，07~11 行代码可以使用 background 属性简写为：

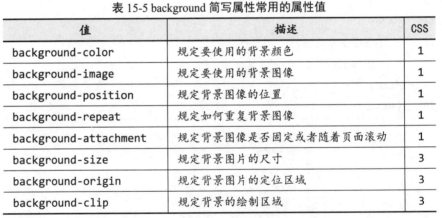

属性多少及顺序没有要求。

实际效果完全相同。

15.7 背景图片大小：background-size

通过 background-size 属性可以设置图片大小而实现背景图片充满容器。background-size 属性设置背景图片尺寸的常用值见表 15-6。

表 15-6 background-size 属性常用的值

值	描述
length	设置背景图像的高度和宽度
percentage	以父元素的百分比来设置背景图像的宽度和高度
cover	把背景图像扩展至足够大，以使背景图像完全覆盖背景区域。背景图像的某些部分也许无法显示在背景定位区域中
contain	把图像扩展至最大尺寸，以使其宽度和高度完全适应内容区域

💡 第一个值设置宽度，第二个值设置高度。如果只设置一个值，则第二个值会被设置为"auto"。

【**例** 15-6】例 15-4 中，body 的 CSS 样式（07~11 行代码）再增加一个图像尺寸属性 background-size 属性，分别使用四种属性设置，示例及效果如图 15-5 所示。（注：背景图片实际大小效果如图 15-4 所示。）

background-size:100px 100px;

background-size:50% 50%;

background-size: cover;

background-size: contain;

图 15-5 设置背景图片大小示例

15.8 本章总结

　　本章介绍了设置背景颜色和背景图片，设置背景颜色比较简单，本章重点是背景图片的设置及其一些样式的调整。背景图片的设置需要几个属性同时设置才能达到很好的效果。背景图片充满容器也需要几个属性同时作用实现。

15.9 最佳实践

　　(1) 逐个实验本章全部示例，并尝试应用不同的属性值，验证和理解 CSS 背景样式相关设置。
　　(2) 综合 CSS 背景及前面所学知识美化并完善个人作品。

第 16 章 超链接样式

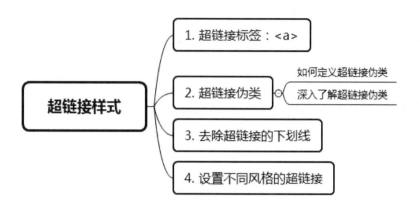

本章介绍

HTML 使用超链接与网络上的另一个文档相连。几乎可以在所有的网页中找到链接。点击链接可以从一个页面跳转到另一个页面。我们不仅可以使用超链接，还能给它添加一些样式以及一些伪类，使得链接更富有效果。

学习重点

理解超链接的伪类

掌握伪类的声明和使用

掌握超链接的常用技术

💡 〈a〉标签的介绍参见第 5 章

📷 〈a〉标签的样式问题

💡 CSS 伪类用于添加一些选择器的特殊效果。

16.1 超链接标签：〈a〉

在第 5 章中我们已经了解并初步学会了使用〈a〉标签创建超链接。

超链接的对象可以是一个字、一个词、一段话，也可以是一幅图像，可以通过点击这些内容跳转到新的文档或者文档中的某个部分。当把鼠标指针移动到网页中的某个链接上时，箭头会变为一只小手。

通过使用〈a〉标签在 HTML 中创建链接的方式如下：

（1）使用 href 属性：创建指向另一个文档的链接。

（2）使用 name 属性：创建文档内的书签。

但是，在前面的学习中我们也意识到，HTML 中的 a 元素只能完成超链接的基本功能，无法设计出丰富的超链接样式（不同的颜色、字体、字号、字体风格、背景等）。

除了链接其他文档内容外，超链接和其他标签有什么不一样呢？它的特殊性在于具有不同的状态，而这些状态就需要使用 CSS 来丰富和完善。

16.2 超链接伪类

能够设置链接样式的 CSS 属性有很多种，如 color、font-family、background 等。

链接的特殊性在于能够根据它们所处的状态来设置它们的样式。

链接的状态包括 4 个：未被访问、已访问、鼠标悬停、激活。

但是我们知道，只有一个标签〈a〉表示超链接，那么如何在一个标签下表示 4 种不同的状态呢？这就要用到伪类。

伪类是向选择器添加特殊的效果的。

伪类（pseudo classes）是选择符的螺栓，用来指定一个或者与其相关的选择符的状态。它们的形式是：

> 选择器:伪类 { 属性: 值; }

简单地用一个半角英文冒号（:）来隔开选择符和伪类。

16.2.1 如何定义超链接伪类

超链接伪类表示超链接的一种状态，可以为每种状态添加不一样的样式，达到不同的效果。

超链接一共有 4 种伪类：a:link、a:visited、a:hover、a:active。4 种超链接伪类的定义及其作用与解释见表 16-1。

表 16-1 超链接 4 种伪类

伪类	作用
a:link	普通的未被访问过的链接。设置 a 对象在未访问前（未点击过和鼠标未经过）的样式表属性，也就是<a>标签的内容初始样式
a:visited	用户已访问的链接。设置 a 对象在链接地址已被访问过的样式表属性。也就是 a 超链接文本被点击访问过后的 CSS 样式效果
a:hover	鼠标指针位于链接的上方。设置 a 对象在鼠标悬停时的样式表属性，也就是鼠标刚刚经过<a>标签并停留在 a 链接时的样式
a:active	链接被激活的时刻。设置 a 对象在被用户激活（在鼠标点击与释放之间发生的事件）时的样式表属性，也就是鼠标左键点击 a 链接对象与释放鼠标左键之间很短暂的样式效果

超链接 4 种伪类：
a:link
a:visited
a:hover
a:active

设置四种状态的 CSS 示例代码如下。

```
01  <style type="text/css">
02      a:link { color: #0000FF; }      /*未被访问的链接：蓝色*/
03      a:visited { color: #FF0000; }   /*已被访问的链接：红色*/
04      a:hover { color: #666666; }     /*鼠标指针移动到链接上：灰色*/
05      a:active { color:#90000a; }     /*被激活的链接：棕色*/
06  </style>
```

16.2.2 深入了解超链接伪类

在理解伪类时，一定要记住 4 种伪类的状态，但更重要的是要按照正确的顺序使用，否则其中的某些效果将无法显示。原因是：浏览器解释 CSS 时遵循"就近原则"，当几种情况冲突时，在最下面的那个样式优先级就是最高的。

对于伪类的几个理解如下。

（1）link 和 visited 实际上是同一个事件，是选择其中一个的效果，这两个的顺序彼此不影响。

（2）鼠标经过"未访问过的链接"时拥有 a:link、a:hover 两种属性，后面的属性会覆盖前面的属性定义，故 hover 要在 link 之后。

（3）鼠标经过"已访问过的链接"时拥有 a:visited、a:hover 两种属性，后面的属性会覆盖前面的属性定义，故 hover 要在 visited 之后。

（4）鼠标点击 active 时 hover 和（link 或 visited 中的一个）必发生。为保证不冲突，active 必须写在最下面，以保证能够优先被浏览器解释，故 active 要在 hover 之后。

综上所述，4 种伪类的顺序依次为：a:link、a:visited、a:hover、a:active。这 4 个的顺序一定不能错，否则有的效果将无法显示。为了便于记忆，有人总结"爱恨原则"（**love/hate**），即四种伪类的首字母：LVHA。

超链接伪类的正确顺序：
link, visited, hover, active

L V H A

爱恨原则：LoVe/HAte

16.3 去除超链接的下划线

超链接在使用过程中，默认会有一条下划线，但在很多项目情景中，不需要下划线。使用 CSS 中的 text-decoration 属性便能设置是否需要下划线，或者其他样式。

超链接中处理修饰线的 CSS 示例代码如下。

💡 text-decoration 属性大多用于去掉超链接中的下划线：

```
text-decoration: none;
```

```
01  <style type="text/css">
02      a:link {                              /*未被访问的链接*/
03          color: #0000FF;                   /* 蓝色 */
04          text-decoration: none;            /* 无修饰线（去掉下划线）*/
05      }
06      a:visited {                           /*已被访问的链接*/
07          color: #FF0000;                   /* 红色 */
08          text-decoration: none;            /* 无修饰线（去掉下划线）*/
09      }
10      a:hover {                             /*鼠标指针移动到链接上*/
11          color: #666666;                   /* 灰色* /
12          text-decoration: underline;       /*添加下划线*/
13      }
14      a:active {                            /*被激活的链接*/
15          color:#90000a;                    /*: 棕色*/
16          text-decoration: underline;       /*添加下划线*/
17      }
18  </style>
```

16.4 设置不同风格的超链接

我们已经学会了使用链接标签<a>去设置超链接，又学会了使用伪类去设置超链接的不同状态，那么如何设置不同风格的超链接呢？

答案是：使用类别选择器。语法为：

选择器**.类**:伪类 { 属性: 值; }

【**例 16-1**】设计两种不同风格的超链接。

（1）普通超链接：宋体，14px，无背景颜色，链接状态为：
  ① link：蓝色，无下划线。
  ② visited：字体颜色#666666，无下划线。
  ③ hover：红色，有下划线。

📽 设置不同风格的超链接

④ active：棕色，有下划线。

(2) 菜单项：微软雅黑，16px，链接状态为：

① link、visited、active：白色、无下划线，背景颜色#90000a。

② hover：黄色，有下划线，背景颜色 brown。

HTML 和相应的 CSS 代码如下。

```
01  <!DOCTYPE html>
02  <head>
03      <meta charset="UTF-8">
04      <title>例 16-1：CSS 不同风格的超链接</title>
05      <link rel="stylesheet" type="text/css" href="demo16-1.css">
06  /head>
07  <body>
08      <div id="menu">
09          <a class="menu" href="#">首页</a>
10          <a class="menu" href="#">新闻公告</a>
11          <a class="menu" href="#">联系我们</a>
12      </div>
13      <p>以下是正文……</p>
14      <a href="http://www.cdu.edu.cn/">成都大学</a> |
15      <a href="http://www.example.com/">调查问卷</a> |
16      <a href="mailto:983167735@qq.com">给我写信</a>
17  </body>
18  </html>
```

```css
/* demo16-1.css */
/*普通超链接*/
a { /*对所有超链接有效*/
    text-decoration: none;
    padding: 10px;
}
a:link { color: blue; }
a:visited {color: #666666;}
a:hover {
    color: red;
    text-decoration: underline;
}
a:active {
    color: brown;
    text-decoration: underline;
}

/*用于菜单的超链接*/
a.menu {
    font-family: 微软雅黑;
    font-size: 16px;
}
a.menu:link,
a.menu:visited,
a.menu:active {
    color: white;
    background-color: #90000a;
}
a.menu:hover {
    color: yellow;
    text-decoration: underline;
    background-color: #336699;
}
```

浏览效果如图 16-1 所示。

（a）两种不同风格的超链接

（b）鼠标悬停状态

图 16-1 不同的超链接风格应用示例

说明：（a）图显示的是两种风格的超链接，（b）图显示的是鼠标悬停状态。为了集中说明效果，(b)图中将两种超链接的悬停同时显示在一起，实际网页中是不会出现这种效果的，请注意识别。此外，由于普通链接的 visited 状态与其他状态的样式不同（灰色），故"成都大学"超链接呈现灰色，表示此客户端存在"成都大学"URL 链接的访问记录。

如果还要设计不同风格的超链接，那么再声明一组超链接伪类，如用于新闻的超链接需要拥有一个独立的样式，可以设计 CSS 如下：

```
01  <style type="text/css">
02      a.news:link { ...... }      /*未被访问的链接样式*/
03      a.news:visited { ...... } /*已被访问的链接样式*/
04      a.news:hover { ...... }      /*鼠标指针移动到链接上的样式*/
05      a.news:active { ...... }   /*被激活的链接样式*/
06  </style>
```

在 HTML 中应用如下：

```
<a class="news" ......>超链接内容</a>
```

按照上述方法，我们就可以设计出不同风格的超链接了。

最后补充一点：综合运用背景颜色、背景图像以及后面将要学到的浮动、定位等技术，您就可以随心所欲地设计超链接了。

16.5　本章总结

本章重点学习了超链接的 4 种伪类及其使用顺序，以及如何在开发中设计不同风格的超链接效果。在实际开发中，使用得最多的是 link 和 hover 伪类，另外两种使用得相对较少。

16.6　最佳实战

（1）完成并验证例 16-1 的设计。

（2）在例 16-1 的基础上，综合应用背景颜色、背景图像、文本样式等技术，设计出更加丰富的超链接，并应用到自己的作品中。

第 17 章 列表样式

```
                ┌─────────────────────────────────────┐
                │ 1. 列表项符号：list-style-type       │
                └─────────────────────────────────────┘
                ┌─────────────────────────────────────┐
  ┌──────────┐  │ 2. 列表项图像：list-style-image      │
  │ 列表样式 │──┤                                     │
  └──────────┘  │ 3. 列表项符号位置：list-style-position│
                └─────────────────────────────────────┘
                ┌─────────────────────────────────────┐
                │ 4. 列表格式简写属性：：list-style    │
                └─────────────────────────────────────┘
```

📖 本章介绍

在 HTML 部分已经介绍过列表，包括无序列表、有序列表、定义列表以及列表的嵌套等，但只介绍了列表在 HTML 中的使用。本章将学习一些列表的基本样式，使用 CSS 来丰富列表，最终设计出漂亮、美观的列表。

🔆 学习重点

掌握 CSS 列表项目符号的技术

掌握 CSS 自定义列表符号的技术

初步掌握使用列表设计菜单的技术

从某种意义上讲，除了描述性文本之外的内容都可以认为是列表。人口普查、太阳系、家谱、网页菜单，甚至你的所有朋友都可以表示为一个列表或者是列表的列表。

在第 4 章中，已经学习了**列表（list）**的基础知识，能够使用列表进行分组、分层次信息的呈现。但是，也遇到了困惑。

（1）列表的项目符号和编号格式非常普通。

（2）列表自动缩进等样式在大多数情况下并不需要。

此外，第 4 章中曾留下"悬念"：列表完全可以实现丰富的样式及复杂的菜单等。这就需要学习 CSS 的列表样式。

CSS 列表常用属性见表 17-1。

表 17-1 CSS 列表常用属性

属性	描述
list-style-type	设置列表项标志的类型
list-style-image	将图像设置为列表项标志
list-style-position	设置列表中列表项标志的位置
list-style	简写属性。把所有用于列表的属性设置于一个声明中

17.1 列表项符号：list-style-type

有序列表和无序列表都可以设置列表项符号，在第 4 章介绍了如何使用列表项符号，那么在 CSS 中该怎样设置列表项符号呢？

CSS 中定义列表项符号的类型与 HTML 中定义的列表项符号类型完全相同，只是表示的方式不一样，不会再在 HTML 标签中定义列表项符号，而是在 CSS 样式表中定义。

CSS 中定义列表项符号的语法如下。

💡 列表项的符号类型，请参见表 4-2 和 4-3。

```
ul/ol {
    list-style-type: 列表项符号类型;
}
```

【例 17-1】使用 list-style-type 属性设置有序、无序列表的列表项符号，代码如下，浏览效果图如图 17-1 所示。

```
01  <!DOCTYPE html>
02  <html lang="en">
03  <head>
04      <meta charset="UTF-8">
05      <title>例 17-1：CSS 列表类型 list-style-type</title>
```

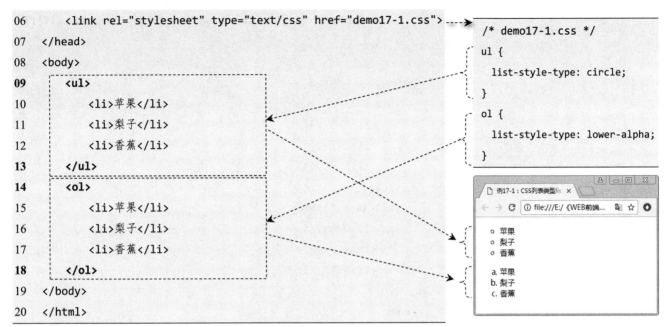

```
06        <link rel="stylesheet" type="text/css" href="demo17-1.css">
07    </head>
08    <body>
09        <ul>
10            <li>苹果</li>
11            <li>梨子</li>
12            <li>香蕉</li>
13        </ul>
14        <ol>
15            <li>苹果</li>
16            <li>梨子</li>
17            <li>香蕉</li>
18        </ol>
19    </body>
20    </html>
```

```
/* demo17-1.css */
ul {
    list-style-type: circle;
}
ol {
    list-style-type: lower-alpha;
}
```

图 17-1 list-style-type 列表符号

17.2 列表项图像：list-style-image

除了使用规定的列表项符号外，可以自定义列表项符号吗？答案是肯定的，CSS 中的 list-style-image 属性便能解决这个问题。list-style-image 属性使用图像来替换列表项的标记，使列表能变成我们想要的样式。对于有序列表和无序列表都是可以使用 list-style-image 属性。语法如下。

```
ul/ol {
    list-style-image: 图像 URL;
}
```

💡 图像 url 是标记的图片的路径（绝对路径或者相对路径）。可参见第6章的内容。

【例 17-2】使用 list-style-image 属性设置列表项的标记，代码如下，运行效果图如图 17-2 所示。

```
01    <!DOCTYPE html>
02    <html lang="en">
03    <head>
04        <meta charset="UTF-8">
05        <title>例 17-2：CSS 图像项目符号 list-style-image</title>
06        <style type="text/css">
07            /*列表项目符号为带箭头的图像：▶ */
08            ul { list-style-image: url(images/arrow.gif); }
09            /*列表项目符号为带喇叭的图像：📢 */
```

```
10          ul.announce{list-style-image:url(images/announce.gif);}
11      </style>
12  </head>
13  <body>
14      <ul>
15          <li>苹果</li>
16          <li>梨子</li>
17          <li>香蕉</li>
18      </ul>
19      <ul class="announce">
20          <li>苹果</li>
21          <li>梨子</li>
22          <li>香蕉</li>
23      </ul>
24  </body>
25  </html>
```

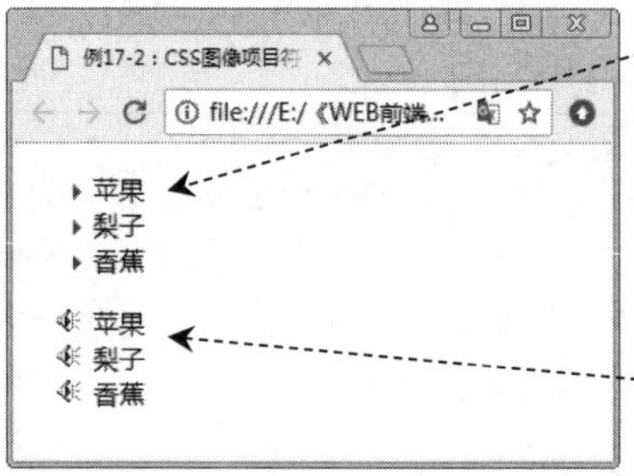

图 17-2 list-style-image 图像符号

17.3 列表项符号位置：list-style-position

之前我们使用的列表项符号以及自定义的列表项符号，都是位于文字区域以外的左侧（默认值）。如果不想将项目符号放在文字外侧，而是在其他位置该怎么办呢?这就可以使用 list-style-position 属性来设置列表项符号的位置。语法为：

```
ul/ol {
    list-style-position: 位置值;
}
```

list-style-position 属性常用的值见表 17-2。

表 17-2 list-style-position 常用的值

取值	描述
inside	列表项标记放置在文本以内，且环绕文本根据标记对齐
outside	默认值，保持标记位于文本的左侧。列表项标记放置在文本以外，且环绕文本不根据标记对齐
inherit	从父元素继承 list-style-position 属性的值

【例 17-3】使用 list-style-position 属性设置列表项的标记的位置，代码如下所示，运行效果图如图 17-3 所示。

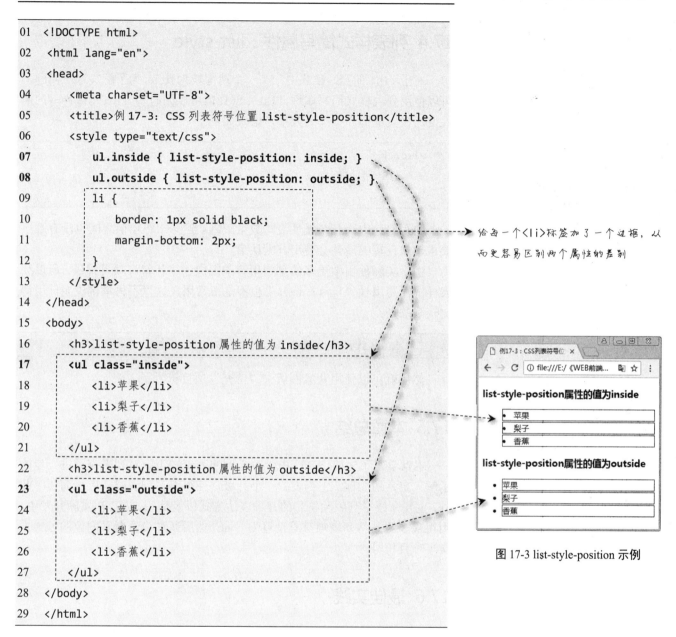

```
01  <!DOCTYPE html>
02  <html lang="en">
03  <head>
04      <meta charset="UTF-8">
05      <title>例 17-3：CSS 列表符号位置 list-style-position</title>
06      <style type="text/css">
07          ul.inside { list-style-position: inside; }
08          ul.outside { list-style-position: outside; }
09          li {
10              border: 1px solid black;
11              margin-bottom: 2px;
12          }
13      </style>
14  </head>
15  <body>
16      <h3>list-style-position 属性的值为 inside</h3>
17      <ul class="inside">
18          <li>苹果</li>
19          <li>梨子</li>
20          <li>香蕉</li>
21      </ul>
22      <h3>list-style-position 属性的值为 outside</h3>
23      <ul class="outside">
24          <li>苹果</li>
25          <li>梨子</li>
26          <li>香蕉</li>
27      </ul>
28  </body>
29  </html>
```

给每一个<li>标签加了一个边框，从而更容易区别两个属性的差别

图 17-3 list-style-position 示例

　　组合使用 list-style-image 和 list-style-position 两个属性，可以设计小图标作为项目符号，并可以适当调整位置。但实际应用中，它们对项目符号位置的控制功能非常有限，并不能随心所欲地控制图像位置。

　　最佳的解决方案是：**不使用任何项目符号设置，然后将要使用的项目符号图标作为背景图像插入 li 元素中，通过背景图像相关属性进行精确控制。**

☀ 使用背景图像作为"项目符号"将在 21 章中介绍。

17.4 列表样式简写属性：list-style

💡 A、B、C 对应 list-style-*

属性值，一般可以按照这个顺序来写：

- **list-style-type**
- **list-style-position**
- **list-style-image**

对于 list 的 CSS 样式中一个一个地写较为繁杂，为了解决这一问题，可以使用列表样式简写属性 list-style，可以同时写 list-style-* 的属性值，极大地提高了编写效率，语法如下。

```
ul/ol {
    list-style: A B C;
}
```

简写属性中写几个属性没有数量限制（至少一个），值之间也没有顺序要求，未设置的属性会使用其默认值。

由于实际使用中更多的是使用背景图像去"代替"项目符号，所以列表样式简写属性"list-style"也不是很常用，这里不再举例说明。用得比较多的是：

```
            list-style: none;
```

然后就可以使用背景图像去"冒充"项目符号了。

17.5 本章总结

本章学习了之前 HTML 中没有学到的列表知识，对列表有了进一步的了解，也是对 HTML 中列表的一个升级，使得编写列表样式更加简便。此外，主要介绍了列表项符号的几种表达方式以及简写方式。在实际开发中，用得最多的是将列表项符号设置为 none，然后通过设置背景图像的方式去实现项目符号。

17.6 最佳实践

(1) 对网页中<ul>和<ol>标签元素设置不同的项目符号、位置，验证和理解 CSS 背景样式。

(2) 使用自定义列表项符号制作一个简单的导航菜单。

第 **18** 章　表格样式

表格样式
- 1. 表格边框：border
- 2. 表格边框的合并：border-collapse
- 3. 表格边框的间距：border-spacing
- 4. 表格标题的位置：caption-side

📖 **本章介绍**

在 HTML 部分我们已经介绍过表格，以及一些基本的样式。本章学习一些表格的基本样式,使用 CSS 来丰富列表,将内容与表格样式进行分离。

💡 **学习重点**

掌握 CSS 表格边框技术

掌握 CSS 实现 1px 边框的表格技术

掌握 CSS 表格的综合设计技术

在第 7 章中，我们已经学习了**表格（table）**的相关知识，能够使用表格进行二维信息的呈现。但是，我们也感到在表格样式的处理上力不从心。

CSS 表格属性可以帮助我们极大地改善表格的外观。

CSS 表格常用属性见表 18-1。

表 18-1 CSS 表格常用属性

属性	描述
border	简写属性，用于把针对四个边的属性设置在一个声明
border-collapse	设置是否把表格边框合并为单一的边框
border-spacing	设置分隔单元格边框的距离
caption-side	设置表格标题的位置

18.1 表格边框：border

在 HTML 部分已经使用过表格边框这一属性，在 CSS 中可以做出更加美观的边框样式。

CSS 的边框主要包括 3 个重要属性：border-style（样式）、border-width（宽度）、border-color（颜色），这些属性将在盒子模型中详细介绍，它们都可以简写在 border 属性中。

由于表格样式中涉及边框技术，这里仅作简单介绍。

边框简写属性 border 的语法如下：

border: border-width　border-style　border-color;

注意：三个属性没有顺序要求，也不要求全部设置，但至少要有宽度，否则就没有边框。例如，下面的 CSS 设置了单元格边框为 1px、实线、蓝色。

```
td {
    border: 1px solid blue;  /*三个属性值没有顺序要求*/
}
```

常用的边框样式有：none（无边框）、dotted（点状）、dashed（虚线）、solid（实线）、double（双线）等（详见第 19 章）。

【例 18-1】使用 border 属性设置蓝色边框的表格，代码如下，运行效果图如图 18-1 所示。

```
01  <!DOCTYPE html>
02  <html lang="en">
03  <head>
```

💡 边框的详细介绍请参见第 19 章。

```
04          <meta charset="UTF-8">
05          <title>例 18-1：单元格边框 border 基础</title>
06          <style type="text/css">
07              table { border:1px solid blue; }
08          </style>
09      </head>
10      <body>
11          <table>
12              <caption>表格的标题</caption>
13              <tr>
14                  <th>学号</th>
15                  <th>姓名</th>
16                  <th>年龄</th>
17              </tr>
18              <tr>
19                  <td>2018106621101</td>
20                  <td>刘子栋</td>
21                  <td>20</td>
22              </tr>
23              <tr>
24                  <td>2018106621102</td>
25                  <td>James Harden</td>
26                  <td>21</td>
27              </tr>
28          </table>
29      </body>
30  </html>
```

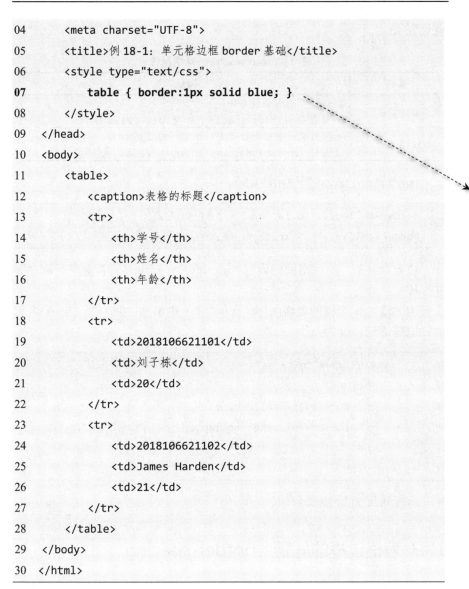

（a）未设置样式，有亮、暗边框

（b）未设置边框样式，横线一样

图 18-1 表格 border 应用示例

💡 图中形成双线框的原因是每一个 td 都有独立的边框。

18.2 表格边框的合并：border-collapse

例 18-1 中，设置出的边框为双线框，这与我们平常使用的表格有些不一样。那怎样才能变成单线框，即如何设计 1px 边框的表格呢？

在第 7 章曾介绍了一种"偷梁换柱"的方法。虽然表面上实现了这个功能，但是实际上很麻烦，修改不方便，重复代码多（每个单元格都要单独设置背景颜色），所以只是权宜之策，并不是最好的办法。

边框合并属性 border-collapse 将为我们提供完美的解决方案。

border-collapse 属性设置表格的边框是否被合并为一个单一的边框（collapse），还是像在标准的 HTML 中那样分开（separate）显示。常用值见表 18-2。

collapse 表示将表格合并为一个单一的边框。

separate 为默认值，表示边框会被分开。

表 18-2 border-collapse 常用属性

属性	描述
separate	默认值，边框会被分开 不会忽略 border-spacing 和 empty-cells 属性
collapse	如果可能，边框会合并为一个单一的边框 会忽略 border-spacing 和 empty-cells 属性

border-collapse 属性用法如下：

```
border-collapse: collapse;      /*合并边框*/
border-collapse: separate;      /*边框分开*/
```

边框合并后，单元格间距设置（border-spacing）将被忽略（被"吞并"掉）。

【例 18-2】 1px 边框的表格制作。在例 18-1 中第 06~08 行的 CSS 中增加合并边框语句，改为：

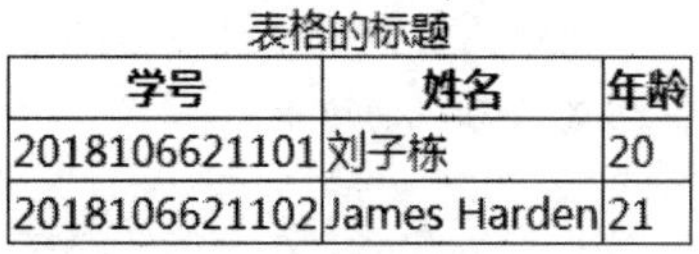

表格的标题

学号	姓名	年龄
2018106621101	刘子栋	20
2018106621102	James Harden	21

图 18-2 border-collapse 应用示例

```
06    <style type="text/css">
07        table {
08            border:1px solid blue;
09            border-collapse: collapse;        /*合并边框*/
10        }
11    </style>
```

运行效果如图 18-2 所示。

18.3 表格边框的间距：border-spacing

该属性指定分隔边框模型中单元格边界之间的距离。在指定的两个长度值中，第一个是水平间隔，第二个是垂直间隔。除非 border-collapse 被设置为 separate，否则将忽略这个属性。也就是说，border-spacing 属性仅用于"边框分离"模式。

border-spacing 属性的语法如下：

```
border-spacing: length length;
```

💡 在设置 border-spacing 属性的时，因为 border-collapse 的默认值是 separate，所以可以省略不写。

属性值 length 规定相邻单元边框之间的距离。使用 px、cm 等单位。不允许使用负值。如果定义一个 length 参数，定义的是水平和垂直间距。如果定义两个 length 参数，第一个设置水平间距，而第二个设置垂直间距。

【例 18-3】使用 border-spacing 属性设置单元格之间的间距。在例 18-1 中第 06~08 行的 CSS 中增加边框和间距处理语句，改为：

```
06      <style type="text/css">
07          table {
08              border:1px solid blue;
09              border-collapse: separate;  /*框线分离*/
10              border-spacing: 10px 20px;  /*单元格水平和垂直间距*/
11          }
12      </style>
```

图 18-3 border-spacing 应用示例

浏览效果如图 18-3 所示。

18.4 表格标题的位置：caption-side

该属性指定了表格标题相对于表框的放置位置。该属性有两个值 top 和 bottom，分别表示标题在表格的上方和下方。

表格的标题默认放在表格的上方，如例 18-1。

如果要让表格标题显示到表格下方，则可以在 CSS 部分，针对该表格增加一行代码：

```
01  table{
02      caption-side: bottom;  /*将表格标题显示到表格下方*/
03  }
```

学号	姓名	年龄
2018106621101	刘子栋	20
2018106621102	James Harden	21

表格的标题

图 18-4 caption-side 应用示例

浏览效果如图 18-4 所示。

18.5 本章总结

通过本章的学习，了解了更多的表格属性，在 HTML 部分中讲解的表格属性都是可以用在 CSS 样式中。本章学习了表格边框的合并、间距的设置以及表格标题位置的设置。学完本章过后，将可以做一个更加美观的表格。

18.6 最佳实践

综合应用表格 HTML 基本技术、CSS 表格技术，重新设计第 7 章课后最佳实践作业，以更简洁、更丰富的效果呈现出来。如求如下。

① 必须按 1024px 屏幕宽度设计，且在该分辨率下浏览网页不能出现水平滚动条（两侧空白不能过大）。

② 页面必须居中。

③ 必须使用到无边框表格、1px 边框表格技术。

④ 在页面内容中尽量使用到表格的各种属性。

⑤ 页面布局参考如图 18-5 所示。

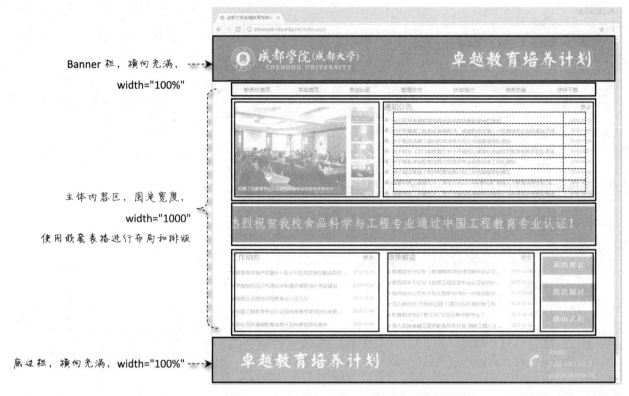

Banner 栏，横向充满，width="100%"

主体内容区，固定宽度，width="1000"，使用嵌套表格进行布局和排版

底边栏，横向充满，width="100%"

图 18-5 应用表格样式布局参考

第 19 章 盒子模型

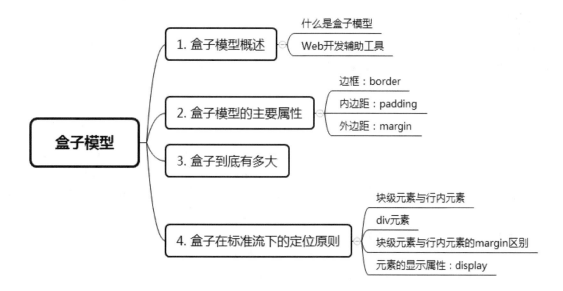

📖 **本章介绍**

　　本章主要介绍什么是盒子模型、盒子模型怎样在网页布局中使用、盒子模型的基本属性和盒子模型在页面标准流中的定位原则，以及什么是块级元素和行内元素。

💡 **学习重点**

理解什么是盒子模型

掌握盒子模型的基本属性

掌握盒子模型的定位原则

19.1 盒子模型概述

19.1.1 什么是盒子模型

在现实生活中，我们经常**对事物的本质特征进行抽象，称为"模型"**（model）。如图 19-1(a)所示是对飞机进行抽象的模型。

在布局方面，我们也可以抽象出布局模型。如图 19-1(b)所示，每个相框都有共同的特征：内容（照片）、内边距、边框、外边距。这是关于布局的模型。

Web 的设计，其实和相框的布局一样，本质上也可以抽象成布局的模型。

在 CSS 中，所有的 HTML 元素可以看成是一个**盒子**（box）。CSS **盒子模型**（box model）本质上是一个盒子，封装其内部的 HTML 元素，包括：**外边距**（margin）、**边框**（border）、**内边距**（padding）**和实际内容**（content）。盒子模型允许我们在其他元素和周围元素边框之间的空间放置元素。盒子模型见图 19-1(c)。

盒子模型，WEB 开发辅助工具

☞ 盒子模型由内到外依次为：
(1) 内容：content
(2) 内边距：padding
(3) 边框：border
(4) 外边距：margin

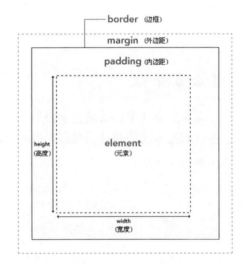

(a)飞机模型

(b)相框布局模型

(c)CSS 中的盒子模型

图 19-1 模型、布局模型、CSS 中的盒子模型

盒子模型中，元素框的中间部分是实际内容，直接包围内容的是内边距。内边距呈现了元素的背景。内边距的边缘是边框。边框以外是外边距，外边距默认是透明的，因此不会遮挡其后的任何元素。

19.1.2 Web 开发辅助工具

由于 HTML 元素都被抽象为盒子，那么盒子模型自然是设计中非常重要的对象，对盒子各个组成部分的准确认识和了解也是设计页面中极其重要的环节。正因如此，几乎所有浏览器都提供了辅助功能（或插件），能够呈现每个元素的盒子模型，以帮助设计者分析元素的实际尺寸、空间占用和相互关系。

事实上，盒子的呈现只是浏览器辅助功能中的一项功能，现在大部分浏览器都具有功能强大的前端调试功能。如果设计者使用的编辑器没有前端调试功能，那么浏览器的开发者调试功能将会是很好的辅助工具。下面以 Chrome 浏览器为例进行简介，其他浏览器也类似。

☛ 启用开发者工具：**F12**

1. 打开"开发者工具"

打开浏览器，在要查看的元素上单击鼠标右键，点击选择快捷菜单中的"检查"（**快捷键 F12**）就会出现浏览器的开发者调试工具（图 19-2）。

❶ 注：部分浏览器的快捷键不一样，需要读者自行进行设置。

💡 Firefox 浏览器的辅助功能需要安装 Web Developer 插件。

💡 每一个元素在开发者工具的 Styles 窗格最下面就是该元素的盒子模型。

图 19-2 浏览器开发者工具（快捷键 F12）

在打开的调试窗格中选择 Elements，即可看到当前元素的客户端呈现的 HTML 代码，同时在 Styles 窗格中可以看到层叠之后的 CSS 代码及盒子模型和具体的尺寸。

2. 选择元素

在浏览器中，在开发者工具中查看某个元素的相关 HTML、CSS 代码和盒子模型等信息，或者进行调试，通常有三种操作。

（1）在页面中，用鼠标右键单击要操作的元素，在快捷菜单中选择"检查"。此操作的优点是快速直观；不足是只能选择可见对象。

（2）使用窗格中的"Select an element in the page to inspect it"工具（图 19-3），当点击此工具后，鼠标可以在页面中移动，所指向的元素将被高亮（即使此元素可能不可见），如果是想要查看的元素，单击鼠标表示确定，此时，工具窗格中的信息将变成该元素的信息。此操作的优点是非常方便，也比较直观；不足之处是对于不可见、可见区很窄小的元素（如嵌套元素），选择很不方便。

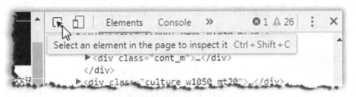

图 19-3 使用选择工具选择元素

（3）直接在 Elements 窗格的 HTML 代码中找寻想要查看的 HTML 元素，找到后单击，即可选中对象。此操作的优点是可以选择任意元素；不足是在较长的 HTML 代码中找某个元素，可能非常麻烦。

3. 在浏览器中进行调试

使用上述任一种方法选定要调试的对象，这时开发者工具的 Elements 窗格就会用阴影覆盖选中元素的代码段，相应的 style 窗格就会出现该元素所有样式的层叠结果，最下面是盒子模型。

如图 19-2 所示，选中的元素是滚动新闻图像，可以看到其盒子模型为：内容区 1260px×425px（即 1260px 宽、425px 高）、无内外边框、无边框[图 19-4(a)]。

在 CSS 区域，可以看到设置此对象区域大小的 CSS 代码[图 19-4(b)]。

常用的调试操作如下。

（1）禁用/启用某个 CSS 样式。当鼠标移到每一个样式上时会出现一个复选框，勾选复选框表示使用该样式，取消勾选表示取消该样式[图 19-4(b)]。

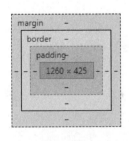

(a) 盒子模型效果　　　　　(b) 禁用/启用 CSS　　　　　(c) 编辑 CSS　　　　　(d) 增加 CSS

图 19-4 浏览器中开发者工具的基本调试使用

（2）修改、调整 CSS 样式。鼠标在需要编辑的 CSS 项目处双击，即可进入编辑状态，修改相应的属性值，立刻看到对应的效果变化［图 19-4(c)］。

（3）增加新的 CSS 样式。鼠标在某个样式右侧空白处单击，即可自动新增一行，并处于输入状态，此时键入 CSS 语句，即可立刻看到效果［图 19-4(d)］。

作为演示，这里尝试调整图像区大小为 800px×225px，并添加 20px 的灰色实线边框。操作结果如图 19-5 所示。

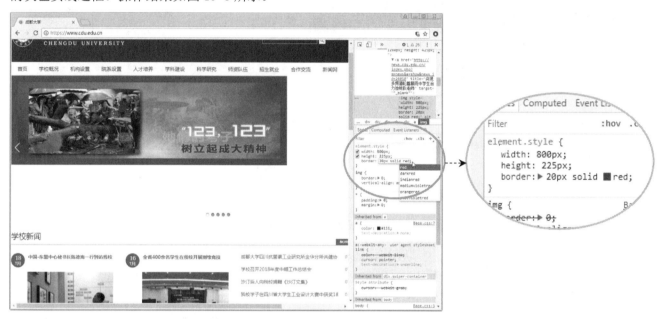

图 19-5 在浏览器的中进行开发者调试

可以看到，在浏览器的开发者调试工具中进行的修改，将立即反映在页面中（对比效果如图 19-2 所示）。

那么，这里修改之后，文档是不是就更新了呢？

当然不是！一定要注意：这只是浏览器临时的调试功能，仅在客户端操作，对源文件没有任何影响。页面一旦重新加载，又会恢复原样。

这个操作的作用是：在实际环境下调试，以达到最理想的效果，然后根据这里的设置去修改源文件，再重新发布和部署。

在浏览器中使用开发者工具进行调试，并不影响原项目文件。

4. 开发者工具的其他功能

开发者工具对于布局还有一个很实用的功能，就是可以设置不同的分辨率大小查看网页。此功能在进行网页设备兼容性调试与响应式布局时经常用到。点击任务导航栏左边的手机图标（如右图），然后选择最上边的设备，查看网页即可。

这里以网站 www.bootcss.com 为例说明，如图 19-6 所示。

(a) 网站在浏览器中正常显示　　　　　　　　　(b) 屏幕兼容性模拟显示

图 19-6　浏览器开发者工具的屏幕兼容性测试

注：响应式布局设计是 HTML5 和 CSS3 的重要内容。

从图中可以看出此网页在两种设备中打开之后布局模式完全不一样，而且本页面完全能够兼容电脑及移动设备[注：图 19-6(b)]顶部可以选择不同的移动设备，也可以直接设置屏幕尺寸。

此外，还有 JavaScript 脚本、Console 控制台等开发辅助功能。

19.2　盒子模型的主要属性

前面已经提到[图 19-1(c)]，盒子模型由内到外依次为：内容、内边距、边框、外边距。相关属性如图 19-7 所示。

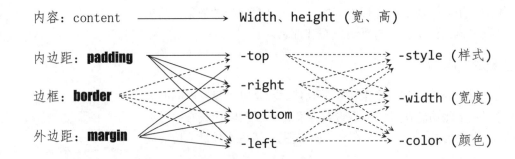

图 19-7　盒子模型的主要属性示意图（border 还有第二层属性，用虚线表示）

从图 19-7 中可以看出，盒子模型的主要属性包括以下几个方面。

（1）内容的宽度和高度：width、height。由于这个问题较为复杂，将在 19.3 节介绍。

（2）内边距、边框、外边距：padding、border、margin。其实这三个属性分别是上、右、下、左四个属性的简写。

（3）上、右、下、左四个方向的属性：**-top、**-right、**-bottom、**-left，这里的 ** 可以是 padding、border 或 margin。所以共有 12 个属性分量。

（4）边框比较特殊，每个方向上还可以分别设置 style、width、color属性，所以各自还有 3 个属性分量，例如：border-top-style、border-top-width 等。

盒子模型的主要属性

19.2.1 边框：border

元素的边框（border）就是围绕元素内容和内边距的一条或多条线。

在 HTML 中，我们使用表格来创建文本周围的边框，但是通过使用 CSS 边框属性，我们可以创建出效果更好的边框，并且可以应用于任何元素。

在 18.1 节，我们已经学习到：CSS 的边框主要包括 3 个重要属性：border-style（样式）、border-width（宽度）、border-color（颜色），它们都可以简写在 border 属性中。

样式是边框最重要的一个方面，这不是因为样式控制着边框的显示（当然，样式确实控制着边框的显示），而是因为如果没有样式或者样式值设置为 none，将根本没有边框。

border-style 属性用于设置边框的样式，它是四个方向边框样式 border-style-top、border-style-right、border-style-bottom、border-style-left 的简写。即它同时设置四个方向边框的样式。

border-style 属性的常用值见表 19-1。

表 19-1 边框样式 border-style 属性的常用值

属性	描述
none	定义无边框
hidden	与"none"相同。不过应用于表格时除外，对于表格，hidden 用于解决边框冲突
dotted	定义点状边框。在大多数浏览器中呈现为实线
dashed	定义虚线。在大多数浏览器中呈现为实线
solid	定义实线
double	定义双线。双线的宽度等于 border-width 的值
inherit	规定应该从父元素继承边框样式

border-style 的使用方法如下。

div 四周的边框样式设置为实线 ◀------------

```
div {
    border-style: solid;
}
```

border-style 属性的值可以设置 1~4 个，分别代表不同的边框。其值的写法见表 19-2。

表 19-2 border-style 属性值的写法

值的个数	描述	示例	效果示意
1	表示四个边框相同	border-style: solid; /*四个边框都是 solid*/	
2	1:上,下；2:右,左	border-style: solid dashed; /*上下: solid, 左右: dashed*/	
3	1:上；2:右,左；3:下	border-style: solid dashed dotted; /*上: solid; 左右: dashed; 下: dotted*/	
4	1:上；2:右；3:下；4:左	border-style: solid dashed dotted double; /*上: solid; 右: dashed; 下: dotted; 左: double*/	

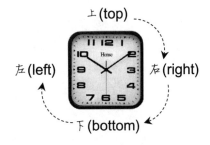

边框属性值的简写：

上 → 右 → 下 → 左

哪个边没有值，就取对边的值。

上述不同写法看起来有点复杂，其实是有规则的，即：按照**顺时针**方向设置。具体地说：按照**上**(top)、**右**(right)、**下**(bottom)、**左**(left)的顺序应用值。没有设置的边就取对边的值。

同样地，border 其他样式的值，以及 padding、margin 的设置也遵循这个规则，不再单独说明。

事实上，也可以针对盒子的四个边框分别进行设置，需要分别用到属性 border-方向-style，这里的方向可以是 top、right、bottom、left。请参见图 19-7 虚线连接样式。

显然，分开写属性主要用在每个边框的样式都有差别，不方便简写的情况下，如果不是很有必要，border-style 一行代码就可以完成的，相信很少有人愿意去写几行代码分别单独设置。

【例 19-1】盒子边框样式设置示例。

```
01  <!DOCTYPE html>
02  <html lang="en">
03  <head>
04      <meta charset="UTF-8">
05      <title>例 19-1: 盒子模型边框样式示例</title>
06      <style type="text/css">
07          .div1 { border-style: solid; }
08          .div2 { border-style: solid dashed dotted double; }
```

```
09         .div3 {
10             border-style: solid;
11             border-top-color: red;
12         }
13     </style>
14 </head>
15 <body>
16     <div class="div1">设置实线边框</div>
17     <div class="div2">各个边框设置不一样的风格</div>
18     <div class="div3">对边框的某边设置样式</div>
19 </body>
20 </html>
```

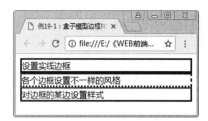

（a）Div 元素贴合在一起

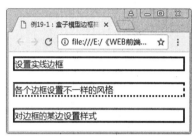

（b）使用
将 div 元素分开

图 19-8 盒子边框样式设置示例

可以看到，三个 div 元素上下紧紧贴在一起，没有缝隙[图 19-8(a)]。

为了使三个 div 元素之间彼此间隔开，我们不得不使用一些辅助手段，比如：每个 div 后面加上一个换行符
表示空一行[图 19-8(b)]。

19.2.2 内边距：padding

从例 19-1 中可以看出，<div>标签中的内容文字与边框之间没有空隙，很不美观。为了美观一点，我们可以使用 padding 属性。

CSS padding 属性定义元素边框与元素内容之间的空白区域，即内边距。属性设置的效果包括在元素边框里面并围绕内容的"元素背景"，属性接受长度值或百分比值，但不允许使用负值。

如图 19-7 所示，padding 是四个内边距的简写属性，值的写法规则与 border 完全一样。如果要单独设置四个内边距，可以分别使用 padding-top、padding-right、padding-bottom、padding-left。

【例 19-2】盒子内边距 padding 设置示例，右侧为 CSS 文件代码。

```
01 <!DOCTYPE html>
02 <html lang="en">
03 <head>
04     <meta charset="UTF-8">
05     <title>例 19-2: 盒子模型内边距 padding 示例</title>
06     <link rel="stylesheet" type="text/css" href="demo19-2.css">
07 </head>
08
09 <body>
10     <div class="div1">未设置 padding</div>
11     <div class="div2">设置 padding 为 30px，四个内边距相同</div>
```

```css
/* demo19-2.css */
.div1 { border: solid 2px;}
.div2 {
    border: dashed 2px;
    padding: 30px;
}
.div3 {
    border: solid 2px;
    padding-top: 15px;
    padding-right: 2em;
    padding-bottom: 20px;
    padding-left: 20%;
}
```

```
12      <div class="div3">四个内边距分别设置不同的值</div>
13    </body>
14  </html>
```

在浏览器中的效果如图 19-9(a)所示。从图中可以看出,第一个〈div〉由于没有设置 padding,效果与例 19-1 相同;第二、三个〈div〉由于设置了 padding,文字内容不再贴紧边框。不过,我们怎样才能确定周围的空白是不是 padding,它们的值又是多少呢?这就需要用到开发者工具。例如,在调试模式下查看第三个〈div〉元素的盒子模型,可以很清晰的看到 padding 的尺寸,如图 19-9(b)所示。

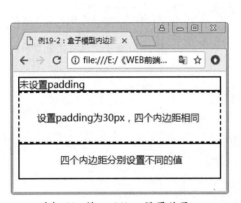

(a) div 的 padding 设置效果

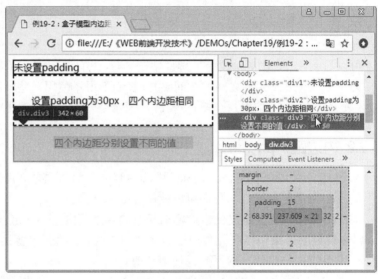

(b) 使用开发者工具查看盒子模型

图 19-9 盒子内边距 padding 设置示例

19.2.3 外边距:margin

在例 19-1 中,可以看到:缺省情况下,相邻的 div 元素在垂直方向上紧贴在一起。我们为了让它们分开,使用了插入〈br/〉的方式。但是很显然,这并不是合理的做法,因为它增加了 HTML 元素,更重要的是,并不是灵活控制 div 元素间的距离。现在,需要用到 margin 属性了。

外边距 margin 是围绕在元素边框外的空白区域,设置外边距会在元素外创建额外的"空白"。设置外边距最简单的方法就是使用 margin 属性,这个属性接受任何长度单位、百分数值甚至负值。

除了空白位置不同(在边框外侧)之外,margin 的使用方法与 padding 几乎完全一样。

【例 19-3】盒子外边距 margin 设置示例,右侧为 CSS 文件代码。

有些浏览器对〈body〉标签定义的默认边距(**margin**)值是 8px,如 Netscape 和 IE。而有些浏览器将内部填充(**padding**)的默认值定义为 8px,如 Opera。如果希望对整个网站的边缘部分进行调整,并将其正确显示于浏览器中,那么必须对〈body〉的 **padding** 属性进行自定义。

```
01  <!DOCTYPE html>
02  <html lang="en">
03  <head>
04      <meta charset="UTF-8">
05      <title>例 19-3：盒子模型外边距 margin 示例</title>
06      <link rel="stylesheet" type="text/css" href="demo19-3.css">
07  </head>
08  <body>
09      <div class="div1">未设置 margiin</div>
10      <div class="div2">设置 margin 为 30px，四个外边距相同</div>
11      <div class="div3">四个内边距分别设置不同的值</div>
12  </body>
13  </html>
```

```
/* demo19-3.css */
.div1 { border: solid 2px;}
.div2 {
    border: solid 2px;
    padding: 15px;
    margin: 30px;
}
.div3 {
    border: dashed 2px;
    padding: 20px;
    margin: 0 20px 30px 8px;
}
```

代码在浏览器中的显示效果如图 19-10(a)所示。同样地，我们可以通过开发者辅助工具查看各个元素的实际盒子模型[图 19-10(b)]，从而加深对各个属性的理解。

(a) div 的 margin 设置效果

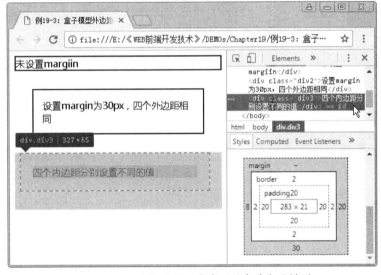

(b) 使用开发者工具查看盒子模型

图 19-10 盒子外边距 margin 设置示例

19.3 盒子到底有多大

盒子有多大？

在一些初学者看来，这似乎是一个多余的问题——难道不是由元素的 width 和 height 确定的么？

事实上，这个问题确实不是这么简单。

📖 盒子到底有多大

注：为了简化代码和便于对比，几个示例均只给出 HTML 和 CSS 的核心部分。为了便于查看，还添加了背景颜色。

来看几个例子。

【例 19-4】仅设置盒子的 width 和 height，效果如图 19-11 所示。

```
<div class="demo">
    盒子到底有多大？<br/>仅设置宽（200px）和高（120px）
</div>
```

```
.demo {
    background-color: #eee;
    width: 200px;
    height: 120px;
}
```

图 19-11 仅设置盒子的 width 和 height 示例

可以看出，盒子大小与"期望"（CSS 中设置）的大小一致。

【例 19-5】为设置了 width 和 height 属性的盒子添加 border、padding、margin 等属性，效果如图 19-12 所示。

```
<div class="demo">
    盒子到底有多大？<br>宽(200px)高(120px) + border + padding + margin
</div>
```

```
.demo {
    background-color: #eeeeee;
    width: 200px;
    height: 120px;
    border-width: 5px 10px 15px 20px;
    border-style: dashed;
    padding: 10px 15px;
    margin: 20px 10px;
}
```

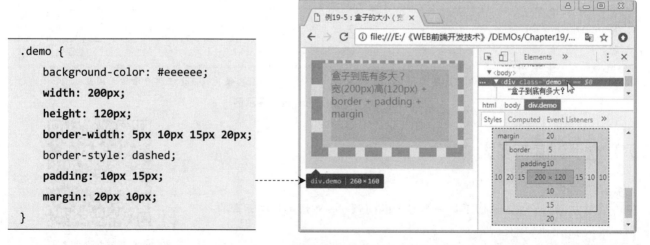

图 19-12 设置 width、height、border、padding、margin 等属性的盒子

有趣的事情发生了：盒子的大小竟然是 260px×160px！并不是我们设定的 200px×120px。这是为什么呢？

仔细观察辅助工具给出的盒子模型的各项数据，不难得出结论：盒子的 *实际宽度* = width + *左右* border + *左右* padding + *左右* margin。高度同理。

【例 19-6】为未设置 width 和 height 属性的盒子添加 border、padding、margin 等属性，效果如图 19-13 所示。

```
<div class="demo">
    盒子到底有多大？<br/>宽(200px)高(12px) + border + padding + margin）
</div>
```

```
.demo {
    background-color: #eeeeee;
    border-width: 5px 10px 15px 20px;
    border-style: dashed;
    padding: 10px 15px;
    margin: 20px 10px;
}
```

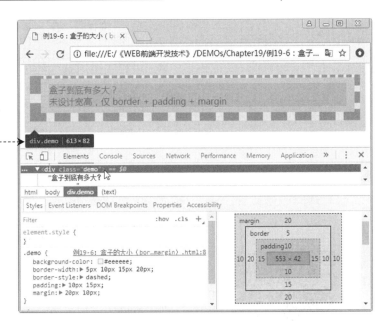

图 19-13 仅设置 border、padding、margin 属性的盒子

我们知道，对于没有设置大小的块级元素 div 而言，它的宽度将充满父容器的宽度（本例中 div 的父元素为 body），高度将根据内容自动调整。也就是说：如果没有设置块级元素的宽和高，它们便是动态的。

很显然，由于我们设置了 border、padding、margin 的值，所以它们是不变的，那么此时块级元素宽高的变化只能影响到内容区的大小。

调整例 19-6 中浏览器的大小，便可以看到效果。

综合上述三个示例，我们可以总结出盒子大小的重要结论。

（1）特定尺寸的盒子（已设定宽度）会随着 padding、border、margin 的添加扩展，进而占据更多的水平空间。事实上， 通过 width 属性设置的是盒子内容的宽度，而不是盒子本身的宽度。

（2）无尺寸限制的元素（未设置宽度）会扩展到与它的包含元素同宽。

💡 *通过 width 属性设置的是盒子内容的宽度，而不是盒子本身的宽度。*

因此，为无尺寸限制的元素添加水平外边距、边框、内边距，会导致内容的宽度变化。

盒子的高度遵循相同的规范。

盒子模型的实际大小组成如图 19-14 所示。

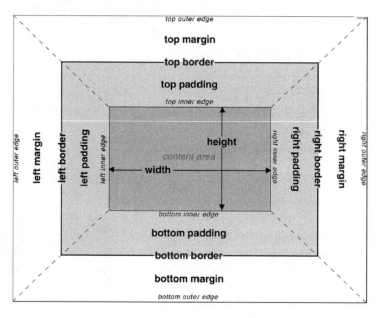

图 19-14　盒子模型的大小组成示意图

19.4　盒子在标准流下的定位原则

盒子在标准流下的定位原则

页面布局的标准流是指页面的布局根据元素在 HTML 文档中出现的位置进行从上至下、从左至右布局。一般 margin 用来隔开元素与元素的间距；padding 用来隔开元素与内容的间隔。margin 用于布局分开元素，使元素与元素互不相干；padding 用于元素与内容之间的间隔，让内容（文字）与（包裹）元素之间有一段"距离"。

19.4.1　块级（block）元素与行内（inline）元素

1.　标准文档流

标准文档流简称标准流，是指在不借助任何特殊的 CSS 排列规则元素的排布规则。标准流下，元素的定位原则符合我们的生活习惯，即：从左往右，从上往下。

💡　块级元素会独占一行，行内元素不会独占一行。

标准流下，元素有两种布局方式：行内元素和块级元素。

2. 行内（inline）元素

行内元素，也称内联元素，是指在标准流下不会单独占一行的元素。其特点如下。

（1）行内元素将与其他行内元素从左到右进行排列。

（2）行内元素由其内容决定其宽高。设置 width、height 无效（可以设置 line-height），margin、padding 上下无效。

行内元素常见的有：a、b、big、br、code、em、font、i、img、input、label、q、select、small、span、strong、textare 等。

3. 块级（block）元素

块级元素是指在标准流布局中总是会独占一行，该元素之后的元素也会另起一行显示的元素。其特点如下。

（1）独占一行，垂直方向上从上往下进行排列。

（2）可设置 width、height、padding、border、margin。

（3）不设宽度的情况下，默认宽度为其父级的 100%。

常见的块级元素有：address、div、dl、form、h1、h2、h3、h4、h5、h6、hr、ol、p、pre、table、ul、li 等。

> 💡 块级元素可以设置宽度、高度等，而行内元素不能设置这些属性，需要转换成块级元素才能进行设置。

19.4.2 div 元素

div 元素是网页排版布局中应用最多、最重要的一个元素，

div 元素可定义文档中的分区或节（division/section）。<div>标签可以把文档分割为独立的、不同的部分。它可以用作严格的组织工具，并且不使用任何格式与其关联。如果用 id 或 class 来标记 div，那么该标签的作用会变得更加有效。<div>标签成对使用，结构如下。

> 💡 div 元素标签将文档分割为独立的、不同的部分。

```
<div id="…" class="…">被包含的内容</div>
```

div 的常用属性见表 19-3。

表 19-3 div 常用属性

属性	描述
class	规定元素的一个或多个类名（引用样式表中的类）
id	规定元素的唯一 id
style	规定元素的行内 CSS 样式
title	规定有关元素的额外信息
position	规定元素的定位方式
border	规定元素的边框样式
background	规定元素的背景属性

（续表）

属性	描述
float	规定元素的浮动属性
top	规定元素与顶部的距离
left	规定元素与左边的距离
bottom	规定元素与底部的距离
right	规定元素与右边的距离
margin	规定元素的外边距
padding	规定元素的内边距

19.4.3 块级元素与行内元素的 margin 区别

1. 行内元素之间的水平 margin：叠加

【例 19-7】行内元素之间的水平 margin 示例。HTML 和 CSS 核心代码如下。浏览器中效果如图 19-15 所示。

盒子模型的 margin 问题

```
<span class="left">行内元素（左）</span>
  <span class="right">行内元素（右）</span>
```

```
span {
    font-size: 30px;
    font-family: 微软雅黑;
}
span.left {
    margin-right: 50px;
    background-color: #a9d6ff;
}
span.right {
    margin-left: 100px;
    background-color: #eeb0b0;
}
```

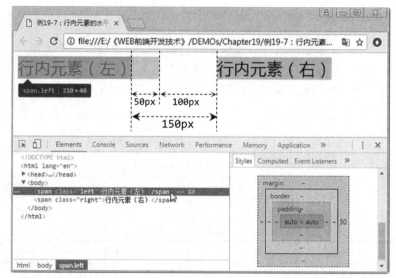

图 19-15 行内元素之间的水平 margin 示例

从上例可以看出，两个行内元素 span 的水平间距为 150px，是左 span 的右 margin 和右 span 的左 margin 的和。于是，可以得出如下结论：

行内元素间的水平间距 = 左元素的右 margin + 右元素的左 margin

2. 块级元素之间的垂直 margin：合并

相邻块级元素的垂直 margin 值在标准流布局中总是会合并在一起。

如果相邻元素的 margin 不一致，那么两元素之间的距离以 margin 值大的为准。

【例 19-8】块级元素之间的垂直 margin 示例。HTML 和 CSS 核心代码如下。浏览器中效果如图 19-16 所示。

```
<div class="up">块级元素（上），margin-bottom 为 150px</span>
<div class="down">块级元素（下），margin-top 为 100px </span>
```

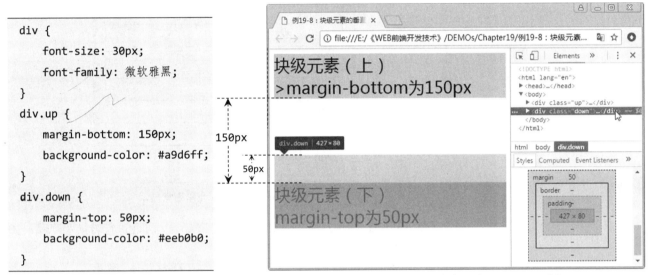

图 19-16 行内元素之间的水平 margin 示例

从上例可以看出，两个块级元素 div 的垂直间距为 150px，是上 div 的下 margin 和下 div 的上 margin 中的最大值。于是，可以得出如下结论：

块级元素间的垂直间距＝max（上元素的下 margin，下元素的上 margin）

注：**max( )** 表示取最大值。

19.4.4 元素的显示属性：display

display 属性规定元素应该生成的框的类型。常用属性值见表 19-4。

表 19-4 display 属性的常用值

属性	描述
none	此元素不会被显示，即隐藏元素
block	此元素将显示为块级元素，此元素前后会带有换行符
inline	默认此元素会被显示为内联元素，元素前后没有换行符
inline-block	行内块元素（CSS2.1 新增的值）
table	此元素会作为块级表格来显示（类似 `<table>`），表格前后带有换行符
inline-table	此元素会作为内联表格来显示（类似 `<table>`），表格前后没有换行符

通过 display 属性，我们能够实现元素的隐藏、显示、块级元素与内联元素之间的转换等功能。

【例 19-9】内联元素与块级元素的正常显示，如图 19-17 所示。

显然，缺省情况下，块级元素 div 会单独占据水平位置；行内元素 span 会与相邻的行内元素在同一行中显示。

图 19-17 div 与 span 元素正常显示

【例 19-10】内联元素与块级元素通过 display 属性进行转换和隐藏，如图 19-18 所示。

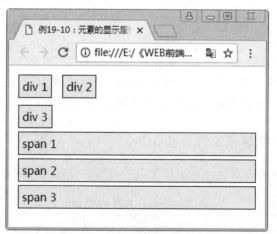

图 19-18 显示属性 display 示例

上面两个盒子是作为对比使用的，因此大部分代码相同。此外，为了简化，这里使用了嵌入 CSS 和内联 CSS。其中，例 19-10 仅在代码的 16~23 行增加了嵌入样式 style（去掉相关嵌入样式，即为例 19-9 的代码）。

```
01    <!DOCTYPE html>
02    <html lang="en">
03    <head>
```

```
04        <meta charset="UTF-8">
05        <title>例 19-10：元素的显示属性 display：设置</title>
06        <style type="text/css">
07          div,span{
08              border: 1px solid;
09              padding: 5px;
10              margin:5px;
11              background-color: #eeeeee;
12          }
13        </style>
14    </head>
15    <body>
16        <div style="display: inline">div 1</div>
17        <div style="display: inline-block">div 2</div>
18        <div style="display: table">div 3</div>
19        <span style="display: block">span 1</span>
20        <span style="display: block">span 2</span>
21        <span style="display: block">span 3</span>
22        <div style="display: none">div 4</div>
23        <span style="display: none">span 4</span>
24    </body>
25    </html>
```

inline：以内联方式在同一行显示，但高度无效

inline-block：以内联方式在同一行显示，但同时可像 block 一样设置高度

table：以块级表格显示，带换行符

block：以块级元素显示，独占一行

none：隐藏元素（不显示）

display 属性在元素的显示/隐藏（如菜单设计、内容展开折叠）等场景中广泛应用。

19.5 本章总结

通过本章的学习，了解了什么是盒子模型以及盒子模型在网页布局中的应用。盒子模型在网页布局中运用得非常多。除此之外，还学习了盒子在标准流下的定位原则，即块级元素与行内元素，这两者需要我们了解它们之间的相同与区别，使得在开发中能够正确应用。

19.6 最佳实践

利用盒子模型完成 18.6 节（或 7.9 节）的最佳实践内容。

注：除显示新闻、公告列表可以使用表格外，其他布局尽量使用 div 等元素。

页面布局参考如图 19-19 所示。

Banner 栏，横向充满，
width="100%"

主体内容区，固定宽度，
width="1000"
使用嵌套表格进行布局和排版

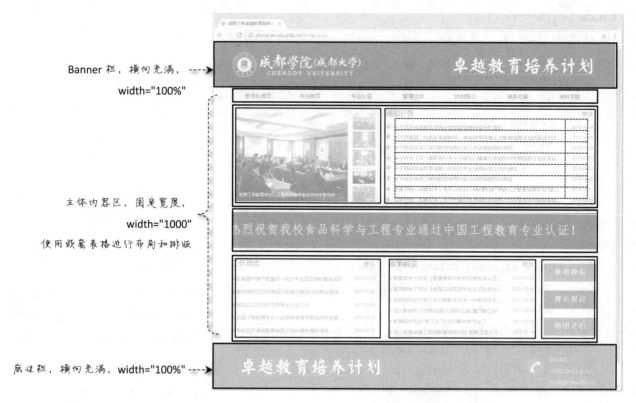

底边栏，横向充满，width="100%"

图 19-19 应用 div 元素布局参考

第 20 章 浮动与定位

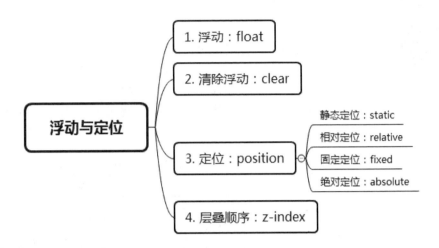

📖 **本章介绍**

　　本章主要介绍 float 属性在页面布局的使用以及清除 float 属性的相关知识。此外，还对元素定位在布局中的使用，包括有相对定位、绝对定位、静态定位、固定定位，以及页面布局的标准流进行讲解。

💡 **学习重点**

理解并应用盒子的浮动技术

掌握清除浮动 clear 属性

理解并应用盒子的定位技术

20.1 浮动：float

现在网页设计中 DIV+CSS 是主流的布局技术。

标准流中 div 只能从左往右、从上到下进行排列。如果我们希望有更灵活的改变显示顺序、允许重合（如下拉菜单弹出后，一定是重叠覆盖在一些内容上方）等操作，就需要特殊 CSS 技术 float。

float 属性定义元素在哪个方向浮动。在 CSS 中，任何元素都可以浮动。不管浮动元素是何种元素，它都会生成一个块级框。

如果浮动非替换元素（根据属性来判断显示具体的内容的元素，如 input 元素），则要指定一个明确的宽度；否则，它们会尽可能地窄。

float 的主要属性值见表 20-1。

🎬 盒子的浮动（float）

表 20-1 float 属性常用的值

值	描述
left	元素左浮动
right	元素右浮动
none	默认值，元素不浮动，并会显示在其在文本中出现的位置
inherit	继承父级元素的 float 属性（IE8 之前的 IE 浏览器都不支持）

为了掌握 float 属性的使用，这里先给出一个基本示例，然后在此基础上引入 float 属性，从而通过对比变化加深理解。

【例 20-1】学习 float 属性的准备代码。

```css
/* demo20-1.css */
body {
    margin: 15px;
    font-family: Arial;
    font-size: 12px;
}
.container {
    border: 1px solid black;
    padding: 5px;
}
.container div {
    margin: 15px;
    border: 1px dashed black;
}
.container p {
    border: 1px dashed black;
    background-color: #f1bade;
}
.box1 {
    background-color: #a9d6ff;
    padding: 10px;
}
.box2 {
    background-color: #dddddd;
    padding: 20px;
}
.box3 {
    background-color: #ffffaa;
    padding: 30px;
}
```

```
01  <!DOCTYPE html>
02  <html>
03  <head>
04      <meta charset="UTF-8">
05      <title>例 20-1：盒子浮动—准备代码</title>
06      <link rel="stylesheet" type="text/css" href=" demo20-1.css">
07  </head>
08  <body>
09      <div class="container">
10          <div class="box1">盒子 1</div>
11          <div class="box2">盒子 2</div>
12          <div class="box3">盒子 3</div>
13          <p>这里是浮动框外围的文字，……</p>
14      </div>
15  </body>
16  </html>
```

上述 CSS 代码设置的一些属性，包括字体、字号、内边距、边框、外边距等。它们都是为了增强显示效果设置的基础属性，为显示浮动效果而做的准备，并无实质性作用。

在浏览器中的效果如图 20-1 所示。

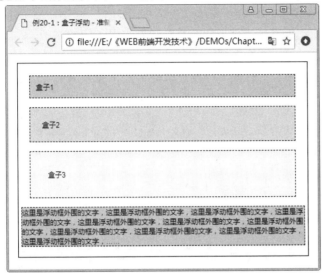

图 20-1 学习 float 属性的准备代码效果

下面我们引入 float 属性进行实验。

【例 20-2】对例 20-1 中的"盒子 1"设置浮动属性。CSS 代码如右（实际上只增加了一行关于浮动的代码）。浏览效果如图 20-2 所示。

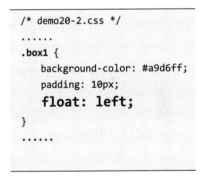

```
/* demo20-2.css */
......
.box1 {
    background-color: #a9d6ff;
    padding: 10px;
    float: left;
}
......
```

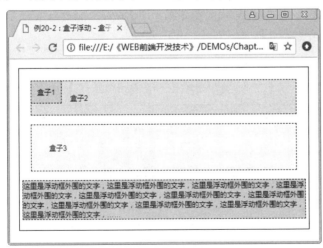

图 20-2 将"盒子 1"设置为左浮动

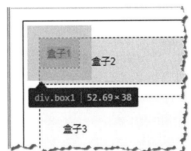

从图 20-2 中可以看到：当盒子 1 向左浮动时，它脱离文档流并且向左移动，直到它的左边缘碰到包含框的左边缘。因为它不再处于标准文档流中，所以它不占据标准流的空间，此时对盒子 2 来讲，盒子 1 已经"不

存在"了，所以盒子 2 自动向左、向上布局，于是出现了盒子 1 "浮"于 2 的上方（重叠）的效果。

于是，我们可以得到：**设置盒子左浮动会导致（1）盒子脱离标准流，并浮于父容器最左边；（2）盒子宽度不再伸展，而是根据内容自动调整到最小。**

如果多个盒子浮动会是什么效果呢？来看下面的例子。

【例 20-3】在例 20-2 基础上增加"盒子 2"的浮动属性。CSS 代码如左（实际上只增加了一行关于浮动的代码）。浏览效果如图 20-3 所示。

```css
/* demo20-3.css */
......
.box1 {
    ......
    float: left;
}
.box2 {
    background-color: #dddddd;
    padding: 20px;
    float: left;
}
......
```

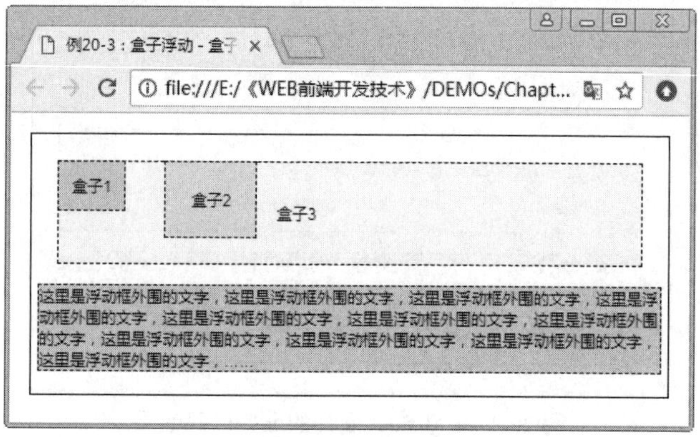

图 20-3 将盒子 1、2 均设置为左浮动

从图 20-3 中可以看到：盒子 1、2 均脱离标准流，同时"浮"了起来。

所以有：**同时浮动的盒子之间水平间距为 margin 的叠加。**

【例 20-4】在例 20-3 基础上增加盒子 3 的右浮动属性。CSS 代码如左，浏览效果如图 20-4 所示。

```css
/* demo20-4.css */
......
.box1 { ......
    float: left;
}
.box2 { ......
    float: left;
}
.box3 { ......
    float: right;
}
```

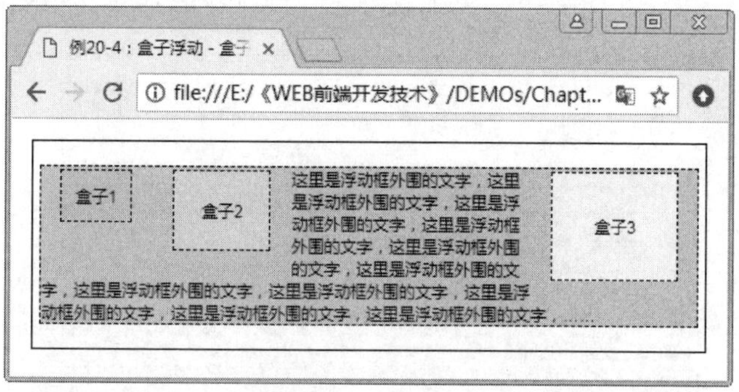

图 20-4 将盒子 1、2 均设置为左浮动，盒子 3 设置为右浮动

从图 20-4 中可以看到：**设置盒子右浮动导致盒子浮动，并在父容器内右对齐，其他效果与左浮动一样。**

【例 20-5】在例 20-4 基础上交换盒子 1、3 的浮动方向。效果如图 20-5 所示。

从图 20-5 中可以看到：由于盒子 1 设置为右浮动，所以它浮于容器的右侧；它原来的位置由盒子 2 占据；盒子 3 也因为设置了左浮动而到了左侧，排在盒子 2 右边。

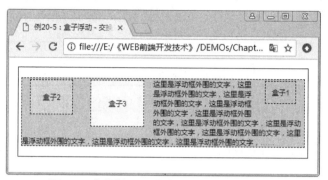

图 20-5 交换例 20-4 中盒子 1、3 的浮动方向

```
/* demo20-5.css */
......
.box1 { ......
    float: right;
}
.box2 { ......
    float: left;
}
.box3 { ......
    float: left;
}
```

由此，我们知道：**不修改 HTML 代码，仅修改 CSS，就可以实现排版布局的变化。**这正是 DIV+CSS 布局的核心所在。

进一步，我们调整浏览器窗口的大小，当把浏览器宽度缩小到一定程度时，浮动的盒子会被挤下去，而被挤下去的并不是当前浮动在最右边的盒子 1，而是盒子 3（图 20-6）。

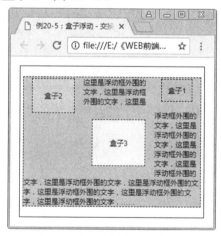

图 20-6 缩小容器宽度后的效果

注意：图 20-6 中，盒子 3 被挤下去后，并没有紧贴容器左侧，原因是：它上面的文字还不够多，没有把它顶得足够下，还没有低于盒子 2 的区域，因此它被盒子 2 "卡"住了。

由此可以得到结论：**当容器宽度缩小时，处于浮动状态的盒子将按照 HTML 中出现的顺序从后往前，依次被往下挤。**

20.2 清除浮动：clear

从上述示例中，我们知道：设置浮动后（三个盒子），浮动框旁边的行框（段落文字）被缩短，从而给浮动框留出空间，行框围绕浮动框。

要想阻止行框围绕浮动框，需要对该框应用 clear 属性。

clear 属性的常用值见表 20-2。

表 20-2 clear 属性的常用值

值	描述
none	默认值，允许两边都有浮动
left	不允许左边有浮动对象
right	不允许右边有浮动对象
both	不允许有浮动对象

💡 清除浮动只对当前设置的元素有效，对其他元素无效。

💡 在使用 float 进行浮动时，若后面的元素不需要进行浮动，那么一定要清除浮动。

有如图 20-7(a)所示的浮动效果，如果不想让行框围绕左浮动的两个盒子，应该如何设置？

因为我们要消除左浮动对 p 元素的影响，所以应该对 p 元素设置属性：clear: left。

【例 20-6】清除浮动。原效果、核心 CSS 代码、清除后效果如图 20-7 所示。[注：图 20-7(a)的代码与例 20-4 完全相同，仅在盒子 3 中增加了一些文字]。

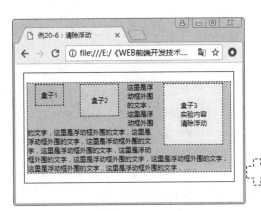

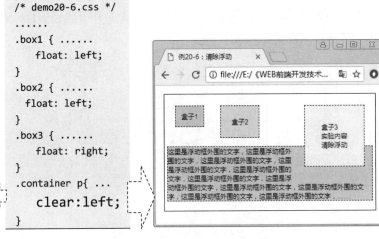

```
/* demo20-6.css */
......
.box1 { ......
    float: left;
}
.box2 { ......
  float: left;
}
.box3 { ......
    float: right;
}
.container p{ ...
    clear:left;
}
```

(a) 盒子 1、2 左浮动，盒子 3 右浮动　　　　　(b) 为段落设置清除左浮动

图 20-7 清除左浮动效果

可以看到，当对 p 元素清除左浮动后，它不再围绕被左浮动的元素（盒子 1、2）；但是不能影响到右浮动的元素（盒子 3）。

很显然，要清除右浮动的元素的影响，应该设置属性"clear: right"。

要同时清除左、右浮动的影响，就要使用"clear: both"。

既然浮动都清除了，那是不是就可以不用设置浮动呢？当然不是。原因很简单：因为我们在布局中广泛使用 DIV、UL 等块级元素，只有设置浮动，块级元素才可以在水平方向上排列和定位。此时带来的问题是：后面的元素会因为前面元素的浮动而往上"挤"。为了避免这种情况，就需要同时清除左、右浮动。

【例 20-7】如果把例 20-4 中的段落元素也设置浮动，即容器中的盒子 1、2、3 和段落 p 全部元素都浮动，但都不清除浮动，就会出现如图 20-8 所示的效果。

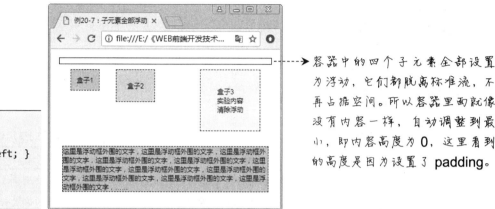

```
/* demo20-7.css */
......
.container p { float: left; }
.box1 { float: right; }
.box2 { float: left; }
.box3 { float: left; }
```

容器中的四个子元素全部设置为浮动，它们都脱离标准流，不再占据空间。所以容器里面就像没有内容一样，自动调整到最小，即内容高度为 0，这里看到的高度是因为设置了 padding。

图 20-8 容器中的子元素全部设置为浮动

实际上，我们希望的是：虽然子元素都脱离了标准流，但是容器仍然作为"容器"把它们包围起来，最简单的理解就是：它们都需要一个边框，甚至经常会设置背景颜色，表明它们是一个整体；并且后面的元素与它们要分离开，而不能"入侵"进来。

【例 20-8】使用清除左右浮动的应用技巧示例。核心 HTML、CSS 代码如下，在浏览器中的显示效果如图 20-9 所示。

```
/* 例 20-8 HTML 核心代码 */
<div class="container">
    <div class="box1">盒子 1</div>
    <div class="box2">盒子 2</div>
    <div class="box3">盒子 3...</div>
    <p>这里是浮动框外围的文字，……</p>
    <div class="clearBoth"></div>
</div>
```

```
/* demo20-8.css */
......
div.clearBoth{
    border: none;
    margin: 0 ;
    padding: 0;
    clear: both;
}
```

图 20-9 清除左右浮动的应用技巧

这种需求在实际设计中经常用到，处理上有一个重要技巧：在容器内部最后增加一个空的 div 元素，没有任何内容，padding、border、margin 均设置为 0，即不占据任何实际空间，但是它又是一个实实在在的元素，所以可以充当应用 CSS 的一个载体（相当于一个占位符），使用它的目的在于应用 CSS 盒子的"clear: both"，从而把父容器"撑"起来。

盒子的定位（position）

💡 注意区分三者的定位方式：
fixed：相对**浏览器窗口**定位。
relative：相对**正常位置**定位。
absolute：相对**被定位的父元素**定位。

20.3 定位：position

通过浮动属性，能够让元素脱离标准流，但是它们只能贴到容器内部的左边或右边。有没有办法让它们精确定位到页面的任意地方呢？当然有，这就是盒子的定位（position）。

CSS 中的 position 定位属性允许定义元素框相对于正常位置应该出现的位置，或者相对于父元素，甚至是浏览器窗口本身的位置。position属性的常用值见表 20-3。

表 20-3 position 属性的常用值

值	描述
static	默认值。没有定位，元素处在标准流中
relative	相对定位，使用相对定位的盒子的位置以标准流的排版方式为基础，然后使盒子相对于它在原本的标准位置偏移指定的距离。相对定位的盒子仍在标准流中，它后面的盒子仍以标准流的方式对待它
absolute	绝对定位，盒子的位置以它的包含框为基准进行偏移。绝对定位的框从标准流中脱离。这意味着它们对其后的兄弟盒子的定位没有影响，其他的盒子就好像这个盒子不存在一样
fixed	固定定位，与绝对定位类似，只是**以浏览器窗口为基准**进行定位

为了掌握 position 属性的使用，我们先给出一个基本示例，然后在此基础上引入 position 属性，从而通过对比变化加深理解。

【例 20-9】学习 position 属性的准备代码。

```
01  <!DOCTYPE html>
02  <html>
03  <head>
04      <meta charset="UTF-8">
05      <title>例 20-9：盒子定位—准备代码</title>
06      <link rel="stylesheet" type="text/css" href="demo20-9.css">
07  </head>
08
09  <body>
10      <div class="container">
11          <div class="box1">盒子 1</div>
12          <div class="box2">盒子 2</div>
13          <div class="box3">盒子 3</div>
14          <p>这里段落文字，本示例演示盒子模型的 position 定位……</p>
15      </div>
```

```
16    </body>
17    </html>
```

本示例的 HTML 与 CSS 代码几乎完全一样，仅是为了显示效果方便，修改了个别属性值（如 padding、margin 等），这里不再列出。初始效果如图 20-10 所示。

20.3.1 静态定位：static

这是默认的属性值，也就是该盒子按照标准流（包括浮动方式）进行布局。

在例 20-9 中，对盒子 2 加入如右侧代码框中所示的三行加粗的 CSS。我们会发现，浏览效果没有任何变化。显然，我们设置的 left、top 等属性并未产生作用，其原因就是在于定位方式 static 是按标准流的方式定位，在标准流下，与位置相关的属性是无效的。

因此，我们可以总结出 "position: static;" 的效果是：

（1）等效于标准流下的显示方式。

（2）此时设置 left、top 等属性无效。

```
/* demo20-9.css */
......
.box2 {
    background-color: #ddd;
    padding: 20px;
    position: static;
    left: 40px;
    top: 25px;
}
......
```

20.3.2 相对定位：relative

相对定位是一个非常容易掌握的概念。如果对一个元素进行相对定位，它将出现在它所在的位置上。然后，可以通过设置垂直或水平位置，让这个元素 "相对于" 它的起点进行移动。

【例 20-10】将上例中的代码修改一下定位方式，仅将 static 改为 relative，如右侧代码所示。

效果如图 20-11 所示。

```
/* demo20-10.css */
......
.box2 {
    ......
    position: relative;
    left: 40px;
    top: 25px;
}
......
```

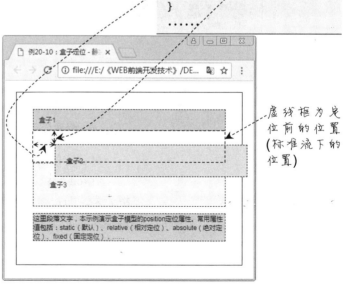

虚线框为定位前的位置（标准流下的位置）

图 20-10 学习 position 属性的准备代码效果　　　　图 20-11 设置 position:relative 效果

此时盒子 2 将产生"飘浮"的效果。当然，这里的漂浮效果与设置 float 的浮动效果并不是一回事。主要区别在：relative 定位只是位移发生改变，并没有脱离标准流。

同时可以看到，即使盒子 2 已经离开了原来的位置，但是它在标准流下的"位置"（占位）仍然不变。

因此，我们可以总结出"position: relative;"的效果是：

（1）此时设置 left、top 等属性有效果。

（2）相对于标准流下的位置偏移。

（3）后面的盒子仍以标准流对待它，即它在标准流下的占位不变。

20.3.3 固定定位：fixed

💡 fixed 定位最常见的例子：

1. 页面两侧固定位置的广告。

2. 页面中"返回顶部"的链接。

fixed 是一个固定定位，元素会相对于浏览器的窗口来定位，这就表示即使页面滚动，该元素依然会停留在相同的位置。fixed 脱离了标准流，使用 top、right、bottom、left 属性进行定位。

【例 20-11】修改例 20-10 中盒子 2 的定位方式仅将 relative 改为 fixed，如右侧代码所示。浏览效果如图 20-12 所示。

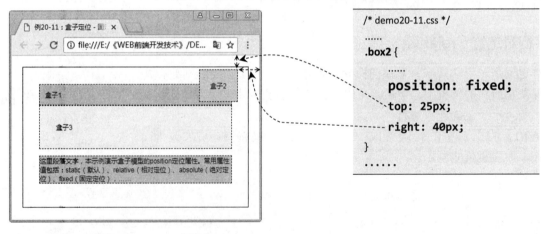

图 20-12 设置 position:fixed 效果

20.3.4 绝对定位：absolute

绝对定位与固定定位特点比较相似，二者最大的区别在于参照物不同。

fixed 定位的参照物是浏览器窗口；而 **absolute 定位的参照物是包含框元素，即：离自己最近的、已定位（static 定位除外）祖先元素。**如果该绝对定位元素没有被定位的祖先元素，那么它的参考物就是 body，即按照浏览器窗口进行定位。

因此，如果将例 20-11 中的 fixed 直接改为 absolute，在页面定位上是看不到变化的——因为盒子 2 的祖先元素中，没有被定位的，所以它的定位参照物就是 body，结果就是定位与 fixed 方式相同。但如果滚动页面，就会发现它与 fixed 定位的不同：元素会随着页面的滚动而滚动。

为了理解 absolute 定位的一般用法，我们在上述实验的基础上，对它的祖先元素（容器 div）设置定位，再来观察效果。

【例 20-12】修改例 20-11 中盒子 2 的定位方式仅将 relative 改为 absolute，同时设置容器 div 的定位方式为 relative，如右侧代码所示。浏览效果如图 20-13 所示。

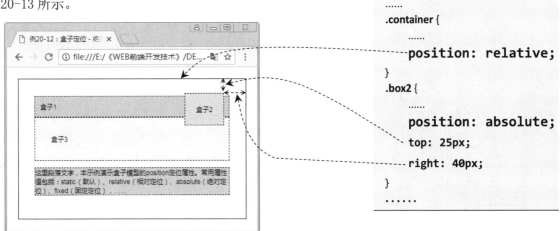

```
/* demo20-12.css */
......
.container {
    ......
    position: relative;
}
.box2 {
    ......
    position: absolute;
    top: 25px;
    right: 40px;
}
......
```

图 20-13 设置 position:absolute 效果

本例中，div.container 的定位"position: relative;"对该 div 无影响（因为没有设置偏移值），其作用是将此容器设置为盒子 2 的定位包含框，盒子 2 在绝对定位时参照该 div 进行偏移。

进一步，如果我们在页面中增加内容，使浏览器出现滚动条，此时我们会发现，盒子 2 会随着浏览器的滚动而滚动。事实上，它并不是跟随浏览器滚动，而是与容器盒子保持绝对定位不变，即：它跟着容器盒子在动，只是容器正好随着页面在滚动而已。

因此，我们可以总结出"position: absolute;"的效果是：

（1）此时设置 left、top 等属性有效果。

（2）以离自己最近的、被定位（非 static）祖先元素位置偏移。

（3）脱离标准流，后面的盒子当它不存在。

（4）与包含框元素保持相对位置不变。

20.4 层叠顺序：z-index

由于定位脱离了 HTML 文档的标准流，所以页面布局中就会存在元素框覆盖的问题。z-index 属性就是用来解决哪个元素框在上、哪个元素框在下的问题。

z-index 属性设置元素的堆叠顺序，拥有更高堆叠顺序的元素总是处于堆叠顺序较低的元素前面。

💡 z-index 仅能在定位元素上奏效。

💡 z-index 值大的元素会遮盖值小的元素。

该属性设置一个定位元素沿 z 轴的位置，z 轴定义为垂直延伸到显示区的轴。如果为正数，则离用户更近，为负数则表示离用户更远。

Z-index 可以是正值，也可以是负值，默认值为 0。值大的显示在值小的上层。

【例 20-13】修改例 20-12 中盒子 2、3 的定位方式仅为 absolute，将它们同时定位于容器的右上角，当位置有重叠时，盒子 3 会遮盖盒子 2[图 20-14(a)]。为盒子 2 增加属性"z-index: 2;"（这里只要是任意大于 0 的数均可），它将移到盒子 3 上方并遮盖它[图 20-14(b)]。

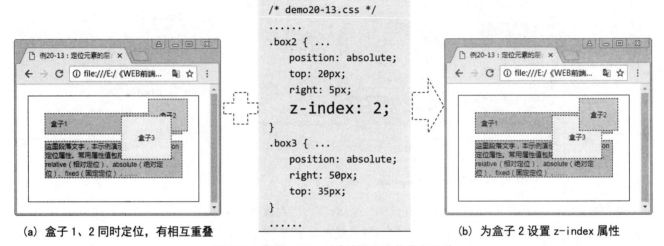

(a) 盒子 1、2 同时定位，有相互重叠　　　　　　　(b) 为盒子 2 设置 z-index 属性

图 20-14 使用 z-index 改变定位元素的层次关系

20.5 本章总结

本章重点学习了 CSS 中的重点与难点，浮动和定位在网页布局中起到了决定性的作用。在使用浮动的同时一定要注意清除浮动的使用，否则可能导致网页布局错乱。重点区别 4 个定位方式，其中重点理解绝对定位。掌握相关技术后，就可以轻松完成菜单设计和页面布局。

20.6 最佳实践

（1）设计一个在页面边缘的广告（或者"返回顶部"链接），要求：①显示在页面右侧边缘或底部。②位置固定，不随页面滚动。

提示：可参考例 20-11。

（2）使用 div、span 元素，参考图 20-15 设计一个"更多…"链接，要求：①位置固定显示在标题栏区域的最右侧。②无论标题区域的宽度如何调整，都不影响链接的位置。

提示：可参考例 20-12。

图 20-15 标题栏右侧的"更多"

第 21章 DIV+CSS 布局设计

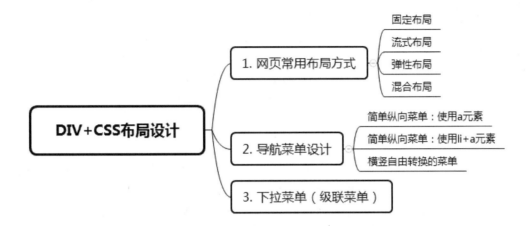

📖 **本章介绍**

    通过前面章节的学习已经了解了 CSS 浮动和定位，那就可以把这些方法使用到网页布局中。本章将会详解介绍如何进行网页布局、几种不一样的网页以及一些简单的实例。网页布局无穷无尽，只要掌握了基本的网页布局方法，灵活应用，就能设计出复杂的网页。

💡 **学习重点**

了解并初步掌握网页布局技术

掌握导航菜单设计技术

掌握下拉菜单设计技术

使用 DIV+CSS 进行布局

为什么很多固定宽度的网页都是 1000px 或以下？而不使用 1024px 或更大的宽度？

1. 主要为了兼容分辨率为 1024×768 的显示器（尽管现在比较少了，但已经形成习惯）。

2. 网页周边默认有 8px 的空白，会占据水平空间。

3. 当出现垂直滚动条时，会占据大约 15px 的水平空间（不同的浏览器可能不同）。

4. 浏览器两侧通常要留空白。

21.1 网页常用布局方式

网页布局就是以最适合浏览的方式将图片和文字排放在页面的不同位置。网页需要在各种尺寸的浏览器进行显示，包括手机、平板、电脑等。此外用户在浏览过程中调整页面显示比例，这也会影响到网页的布局。

常见的几种网页布局方法如下。

（1）**固定布局**：指定网页的宽度为固定值进行布局。

（2）**流式布局**：布局可随浏览器窗口进行缩放。

（3）**弹性布局**：随着文本的尺寸而调整。

（4）**混合布局**：固定的区域加上可缩放的区域。

21.1.1 固定布局

固定布局，顾名思义，就是使用固定宽度的包裹层，内部的各个部分可以使用百分比或者固定的宽度来表示。

在进行固定布局前，首先需要明白网页的宽度（如 1000px）；不同的设计者，设计出来的宽度不一样，有的喜欢宽布局，有的喜欢窄一点的布局。其次还需要明白固定宽度布局将处于浏览器窗口的什么位置。默认情况下，它将位于浏览器窗口的左侧，多余的空白在浏览器窗口的右侧。一般情况下，设计者都会将固定的布局置于浏览器窗口中间，空白置于浏览器窗口两侧。

【例 21-1】宽度为 1000px 的两列的固定布局，居中显示，浏览效果如图 21-1 所示。

```
01  <!DOCTYPE html>
02  <html lang="en">
03  <head>
04      <meta charset="UTF-8">
05      <title>1000px 固定宽度布局</title>
06      <link rel="stylesheet" href="css/demo21-1.css">
07  </head>
08  <body>
09      <div class="head container">头部</div>
10      <div class="container">
11          <div class="left">左侧内容</div>
12          <div class="right">右侧内容</div>
13      </div>
14      <div class="clearBoth"></div>
15      <div class="foot container">底部</div>
```

```
16    </body>
17    </html>
```

CSS 代码如下（文件 demo21-1.css）。

```
01    .container {
02        width: 1000px;        /*绝对宽度：1000px*/
03        margin: 0 auto;       /*非常重要：设置容器自动水平居中！*/
04    }
05    .head {
06        height: 100px;
07        background: #EAEAEA;
08        margin-bottom: 10px;  /*底部外边距，与下面内容留出 10px 的空白*/
09    }
10    .left {
11        width: 200px;
12        height: 500px;
13        background: #CFCFCF;
14        float: left;          /*在父容器中左浮动（靠左对齐），脱离标准流*/
15    }
16    .right {
17        width: 780px;
18        height: 500px;
19        margin-left: 20px;
20        background: #e8f3ff;
21        float: right;         /*在父容器中右浮动（靠右对齐），脱离标准流*/
22    }
23    /*.clearBoth 仅用于清除浮动影响，无任何实质内容，很重要！*/
24    .clearBoth {
25        border: 0;
26        margin: 0;
27        padding: 0;
28        clear: both;          /*清除浮动影响*/
29    }
30    .foot {
31        height: 100px;
32        background: #cccccc;
33        margin-top: 10px;     /*顶部外边距，与上面内容留出 10px 的空白*/
34    }
```

设置布局容器，固定宽 1000px

第 03 行非常重要，设置容器 DIV 自动水平居中

head 部分通常用于显示网页 logo、名称、菜单等

同时应用 .container 样式，不用单独设置宽度

网页主体内容部分，需要水平并排，所以设置浮动

左浮动让元素紧贴容器左边

右浮动让元素紧贴容器右边

中间剩余的空间 20px 即是间距（1000-200-780）

宽度和高度根据实际设定，这里仅为示例

无任何内容，不占据任何空间，但作用巨大

专门用于清除前面元素因为浮动而对后面元素排版造成的影响，后续元素继续按标准流方式进行布局

页脚部分，通常用于显示网页版权信息、联系方式等

同时应用 .container 样式，不用单独设置宽度

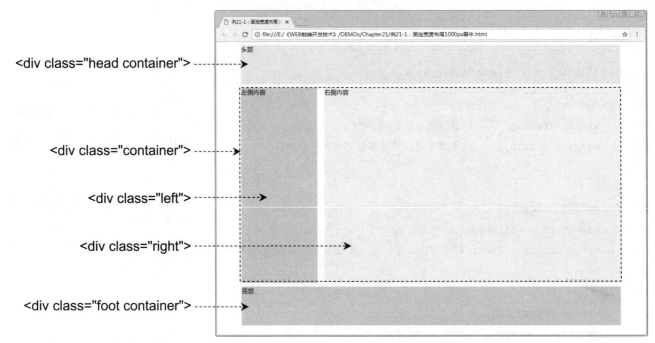

`<div class="head container">` ------►

`<div class="container">` ------►

`<div class="left">` ------►

`<div class="right">` ------►

`<div class="foot container">` ------►

图 21-1 固定宽度（1000px）布局示例

21.1.2 流式布局

在流式布局中，网页中的网页区域允许变宽或者变窄，从而填充浏览器窗口中的可用空间，不会控制内容的宽度，文本允许按照需要重新流动。目前很多开发人员都在使用流式布局去适应各种浏览器窗口和屏幕大小。流式布局具有很强的灵活性，可以填补浏览器的宽度。

如何设置流式布局呢？可以通过使用百分比值来设置宽度，或者将宽度设置为 auto，这样元素将填满窗口的宽度。

【例 21-2】使用流式布局进行布局，HTML 代码与例 21-1 完全相同，仅将 CSS 中固定宽度修改为百分比宽度。相关 CSS 代码如下。

💡 流式布局的关键技术为：
1. 布局元素通常使用百分比值设置宽度，或者将宽度设置为自动。
2. 页面宽度一般都不固定。感觉页面及内容有"伸缩性"。

💡 实际设计中，大多数情况下会让宽度尽量充满页面；这里为了演示效果，两侧均留了 5% 的空白。

💡 流式布局的内容元素通常不设置高度。内容会根据宽度的变化调整，高度会自动随之变化。

```
01    .container {
02    width: 90%;        /*百分比宽度90%，参照物是父容器 body*/
03        margin: 0 auto;      /*非常重要：设置容器自动水平居中！*/
04    }
05    .left {
06        width: 25%;        /*占据父容器25%的宽度，参照物是父容器 div*/
07    /*height: 500px; 通常不设置高度，高度会根据宽度变化而自动调整*/
08        background: #CFCFCF;
09        float: left;      /*在父容器中左浮动（靠左对齐），脱离标准流*/
10    }
11    .right {
```

```
12    width: 70%;   /*占据父容器 70%的宽度，参照物是父容器 div */
13    /*height: 500px; 通常不设置高度，高度会根据宽度变化而自动调整*/
14    margin-left: 20px;
15    background: #e8f3ff;
16    float: right;   /*在父容器中右浮动（靠右对齐），脱离标准流*/
17  }
18  ......
```

在浏览器中的显示效果如图 21-2 所示。

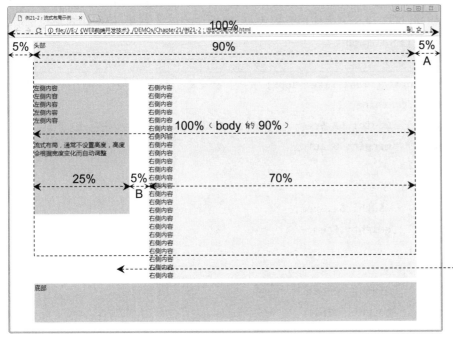

图 21-2 流式布局示例

由于没有设置高度（高度根据宽度变化而变化），所以难免出现内容参差不齐现象，这是不可避免的。设计者可以通过设置背景、限制最大/最小宽度等方式和技巧加以适当控制。

流式布局中，特别需要注意的是百分比是以元素的父容器为基准进行计算的。

图 21-2 中，可以看到有 A、B 两个 5%，但它们代表的值是截然不同的。A 是 div.container 页面容器留出的浏览器窗口 10%的宽度的一半，即，它的参照物是浏览器窗口；B 的参照物则是 div.container 容器本身。假设此时浏览器容器的宽度为 1000px，那么 A 的宽度为 1000px×5%=50px；而 B 的宽度则是（1000px×90%）×5%=45px，其中 1000px×90%是 B 的父容器 div.container 的宽度。

对浏览器窗口进行放缩，我们会看到页面主体部分始终占据窗口 90%的宽度，两侧留出 5%的空白；中间"左侧内容"和"右侧内容"也会根据窗口大小的变化而变化，页面显得很有"伸缩性"。

21.1.3 弹性布局

弹性布局，随着文本内容尺寸的缩放而进行缩放。如果用户放大了文字，那么包含它的盒子也会同比例增大；如果用户缩小了文字，那么包含它的盒子将会同比例缩小。也就是说，不管怎么变化，每一行的内容都不会变化，只有盒子进行变化。

如何设置弹性布局呢？弹性布局的关键是相对单位 rem，即单位采用 rem。它是根据文本尺寸的计量单位。一般的浏览器默认字体大小为 16px，那么 1rem=16px。

【例 21-3】 使用弹性布局设计图 21-1 所示的页面。HTML 代码与例 21-1 相同，仅在 CSS 中增加根元素大小，然后修改相关宽度，使用相对单位 rem，相关 CSS 代码如下。

> 这里也可以使用 em 单位。em 和 rem 的区别和用法请参见第 12 章。

```
01  html { font-size: 16px; }      /*设置根元素大小*/
02  .container {
03      width: 62.5rem;   /* 62.5×16=1000px */
04      margin: 0 auto;
05  }
06  .head { ......
07      width: 62.5rem;
08      height: 6rem;
09  }
10  .left { ......
11      width: 20rem;
12      height: 30rem;
13  }
14  .right { ......
15      width: 40rem;
16      height: 30rem;
17  }
18  .clearBoth { ...... }
19  .foot { ......
20      width: 62.5rem;
21  }
```

上述代码中，第 01 行将根元素字体大小设置为 16px，然后通过相对单位 rem 计算并设置各个元素的尺寸。在浏览器中的浏览效果与图 21-1 并无差别；改变浏览器大小，页面内容也不会变化。那么这种布局有何特点呢？

它的奇妙之处在于：当修改根元素字体大小时，整个页面会按照比例进行放缩，而布局不会发生任何变化。

例如：将 CSS 第 01 行代码改为"html ｛ font-size: 12px; ｝"，相当于根字体缩小了 25%，那么页面将会完全按比例整体缩小 25%；放大同理。

21.1.4 混合布局

混合布局是指将像素、百分比和 em 混合在一起使用的布局方式。在很多的网站中使用固定区域和可缩放的区域。

比如，左侧使用固定布局，右侧使用流式布局。例 20-2 中，将左侧内容区设置为固定宽度，而右侧设置为自动宽度，当浏览器放缩时，左侧固定，而右侧则根据实际自动适应宽度。

混合布局具有很大的灵活性，可以根据实际情况混合使用不同的布局方式。

21.2 导航菜单设计

导航菜单对于每个网站来说，都是必不可少的，具有一定的引导作用，给用户一个很好的用户体验。导航菜单包括：竖直导航、水平导航、下拉菜单、二级菜单等。

21.2.1 简单纵向菜单：使用 a 元素

只用 a 元素来实现最简单的纵向导航菜单，将会用到 width、display 等 CSS 样式。

【例 21-4】使用 a 元素设计纵向导航菜单，要求如下。

（1）正常状态：灰色背景，有下边框，无下划线，使用箭头小图标修饰链接，如图 21-3(a)所示。

（2）hover 状态：红色文字，背景变深，指示箭头变成另一种箭头状态，如图 21-3(b)所示。

HTML 代码如下（注：为了便于显示，图像文件省略了路径）：

 使用 a 元素设计纵向菜单

```
01  <!DOCTYPE html>
02  <html lang="en">
03  <head>
04      <meta charset="UTF-8">
05      <title>例 21-4：使用 a 元素设计纵向菜单</title>
06      <link rel="stylesheet" href="css/demo21-4.css">
07  </head>
```

```
08    <body>
09        <a href="#">首页</a>
10        <a href="#">新闻</a>
11        <a href="#">音乐</a>
12        <a href="#">视频</a>
13        <a href="#">图片</a>
14    </body>
15    </html>
```

CSS 代码如下。

```
01    /*demo21-4.css*/
02    /*链接四种状态相同的样式*/
03    a {
04        width: 100px;      /*内容宽度 100px*/
05        padding: 5px;      /*四周内边距各 5px，会撑大宽度 10px*/
06        text-align: center; /*文字居中对齐*/
07        /*通过设置背景图像的方式，给链接添加一个箭头图标，使之更加美观*/
08        background: #eee  url('arrow.gif') no-repeat 85px center;
09        display: block;      /*以块级元素显示，元素独占一行，实现纵向排列
*/
10        border-bottom: 2px solid black; /*给元素设置下边框*/
11        text-decoration: none;   /*去除 a 元素缺省的下划线*/
12        color: black;      /*黑色*/
13    }
14    /*当鼠标移到链接上方，改换背景图片、文字颜色*/
15    a:hover {
16        background: #ccc url('arrow2.gif') no-repeat 85px center;
17        color: red;
18    }
```

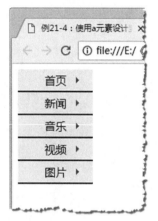

（a）正常链接状态

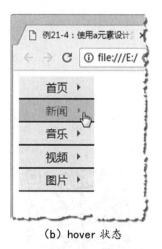

（b）hover 状态

图 21-3 <a>标签设计纵向导航菜单

21.2.2 简单纵向菜单：使用 li+a 元素

使用 li 元素和 a 元素来实现简单的竖直导航菜单，将会使用到 width、display 等 CSS 样式。

【**例 21-5**】使用 li+a 元素设计纵向导航菜单。要求与例 21-4 完全相同。实际效果参如图 21-3 所示。

HTML 代码如下。

```
01  <!DOCTYPE html>
02  <html lang="en">
03  <head>
04      <meta charset="UTF-8">
05      <title>例 21-5：使用 li+a 元素设计纵向菜单</title>
06      <link rel="stylesheet" href="css/demo21-5.css">
07  </head>
08  <body>
09      <ul class="menu">
10          <li><a href="#">首页</a></li>
11          <li><a href="#">新闻</a></li>
12          <li><a href="#">音乐</a></li>
13          <li><a href="#">视频</a></li>
14          <li><a href="#">图片</a></li>
15      </ul>
16  </body>
17  </html>
```

使用 li+a 元素设计纵向菜单

与例 21-4 相比，仅在 a 元素外层嵌套了一层 ul 和 li，其余完全相同。

CSS 代码如下：

```
01  /*demo21-5.css*/
02  ul.menu {
03      list-style: none;
04      padding: 0;
05      margin: 0;
06  }
07  ul.menu li {
08      width: 110px;
09  }
10  ul.menu li a { ...... }
11  ul.menu li a:hover { ...... }
```

由于在 a 元素外层嵌套了一层 ul 和 li，这里将 ul 相关的缩进、项目符号等属性全部清除，仅用于包裹 a 元素。

a 元素样式不变，但选择器需要增加 ul 和 li 的限定，以便准确应用样式。

从浏览效果上看，与例 21-4 中不加 ul 和 li 元素完全相同。那么是不是使用 ul 和 li 就没有意义呢？当然不是！使用列表元素有以下两个重要意义。

（1）菜单布局更加灵活。

（2）最重要的是：为设计级联菜单（二级甚至多级）迈出了非常重要的一步，仅使用<a>标签是很难完成级联菜单的。

使用 li+a 元素实现导航，是设计级联菜单的重要技术！

💡 对设置了 width 属性的选择器设置浮动 float: left, 使其能随着窗口大小浮动, 从而实现横竖自由转换。

21.2.3 横竖自由转换的菜单

横竖自由转换的菜单将会根据菜单容器的大小进行切换, 只需要为设置了 width 属性的选择器设置浮动 float: left。

【例 21-6】 横竖自由切换的导航菜单, 仅需要修改 CSS 的两行代码, 即可实现。关键 CSS 代码及效果如图 21-4 所示。

```
ul.menu {
    list-style: none;
    padding: 0;
    margin: 0;

}
ul.menu li{
    width: 110px;
    float: left;
}
```

```
ul.menu {
    list-style: none;
    padding: 0;
    margin: 0;
    width: 220px;

}
ul.menu li{
    width: 110px;
    float: left;
}
```

```
ul.menu {
    list-style: none;
    padding: 0;
    margin: 0;
    width: 110px;

}
ul.menu li{
    width: 110px;
    float: left;
}
```

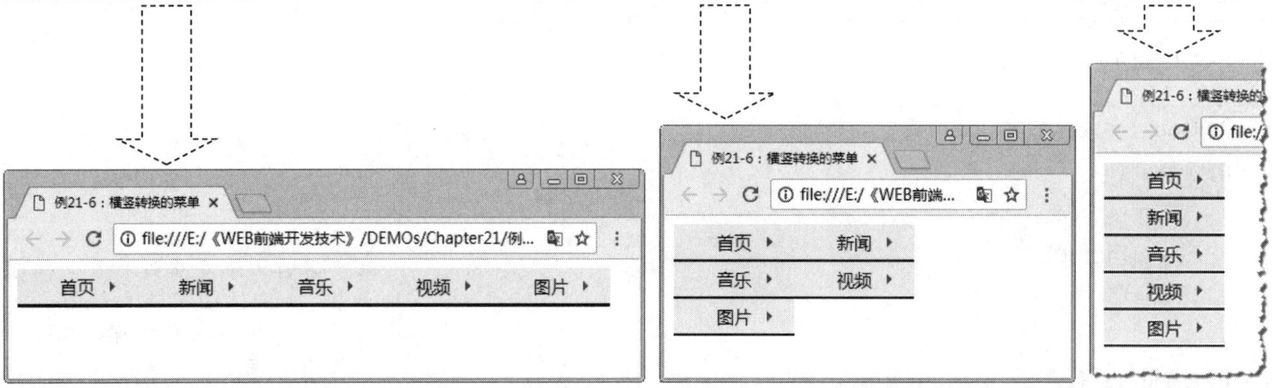

（a）设置菜单项浮动, 菜单横向排列　　　　　（b）设置容器宽度, 菜单自动折叠　（c）容器宽度最小

图 21-4 通过设置浮动和限制宽度设置横竖自由转换的菜单

可以看到, 为 li 元素设置浮动后, 菜单项全部脱离标准流, 在水平方向上并排[图 21-4(a)]; 适当缩小宽度, 浮动的菜单项将由于容器的限制, 而依次被往下"挤"[图 21-4(b)]; 当容器宽度只能容纳下一个菜单项时, 横向无法排列, 则被挤成竖向菜单了[图 21-4(c)]。

21.3 下拉菜单（级联菜单）

下拉菜单也是导航菜单的一种。很多情况下, 都会使用下拉菜单, 更加节约空间, 也方便用户进行操作。其难点在于: 多了子菜单, 会涉及子菜单的样式、显示/隐藏等。

【例21-7】下拉菜单（级联菜单），HTML 代码如下（注：为简化显示，这里仅给出 body 部分的代码）。在没有设置 CSS 的情况下，效果如图 21-5 所示。

```
01  <body>
02      <div id="navi">                                      菜单的容器，便于设置宽度、居中等
03          <ul id="menu">                                   使用 li+a 设计菜单，显然需要 ul
04              <li><a href="#">首页</a></li>                 li 中不再嵌套 ul，说明无嵌套子菜单
05              <li><a href="#">新闻</a>
06                  <ul>
07                      <li><a href="#">新闻1</a></li>
08                      <li><a href="#">新闻2</a></li>          li 中嵌套 ul，即：嵌套子菜单
09                      <li><a href="#">新闻3</a></li>          这里是二级 ul，则表明是二级菜单
10                  </ul>
11              </li>
12              <li><a href="#">音乐</a>
13                  <ul>
14                      <li><a href="#">音乐1</a></li>
15                      <li><a href="#">音乐2</a></li>
16                      <li><a href="#">音乐3</a></li>
17                  </ul>
18              </li>
19              <li><a href="#">视频</a>
20                  <ul>
21                      <li><a href="#">视频1</a></li>
22                      <li><a href="#">视频2</a></li>
23                      <li><a href="#">视频3</a></li>
24                      <li><a href="#">视频4</a></li>
25                  </ul>
26              </li>
27              <li><a href="#">图片</a></li>
28          </ul>
29      </div>
30      <div id="container">
31          这是主内容区                                       为了看到菜单下拉时，不影响其他内
32      </div>                                                容的效果而设计的内容区，这里并无
33  </body>                                                   实质意义。
```

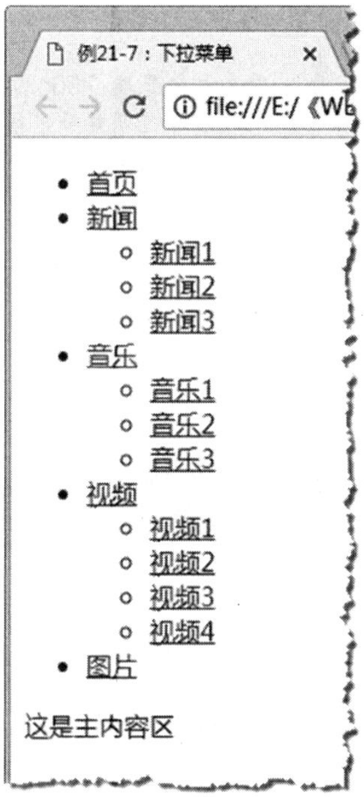

图 21-5 下拉菜单设计（无 CSS）

我们希望添加 CSS 后，得到如图 21-6 所示的下拉菜单效果。

下拉菜单设计实例

图 21-6 下拉菜单应用示例

为此，我们设计 CSS 如下（注：为了简便，省略了图片的路径）：

假设这里固定页面宽度 750px。如果
其他宽度，可以通过调整菜单项的宽
度或个数去适应，或者左对齐可留空

清除两级菜单的内、外边距

设置一级菜单的列表样式。
注："＞" 表示直接后代，即儿子 li 元
素，但不包括儿子的后代 li

设置两级菜单的列表样式。
注："#menu li" 中的空格表示所有后代
元素，这里匹配两级菜单的 li

设置二级菜单的 ul 样式。
第 22 行实现二级菜单正常隐藏状态
第 23 行实现二级菜单脱离标准流

```
01  /*demo21-7.css*/
02  body {
03      margin: 0px;              /*清除页面四周缺省的 8px 的空白*/
04  }
05  div#navi {
06      width: 750px;            /*假设这里固定页面宽度 750px */
07      margin: 0px auto;        /*菜单的容器 div 在页面水平居中*/
08  }
09  #menu, #menu ul {
10      padding: 0px;            /*清除内边距*/
11      margin: 0px;             /*清除外边距*/
12  }
13  #menu>li {
14      float: left;             /*一级菜单项左浮动，实现水平排列*/
15      width: 150px;            /*每个菜单项宽度*/
16  }
17  #menu li {
18      list-style: none;        /*清除两级菜单中列表项的样式*/
19  }
20  #menu ul {
21      margin-right: 1px; /*右侧留 1px 边距，避免左右菜单"连"在一起*/
22      display: none;       /*隐藏。特别重要！二级菜单正常情况下不显示*/
23      position: absolute; /*绝对定位。特别重要！否则不会脱离标准流*/
24      width: 149px; /*整体宽 150px，右侧有 1px 内边距，实际宽度 149px*/
25  }
26  #menu li a {
27      text-decoration: none;   /*去除超链接的下划线*/
28      font-family: 微软雅黑, arial;   /*设置超链接字体*/
29  }
```

```
30  #menu>li>a {
31      background-color: #ed8;      /*背景颜色*/
32      padding: 8px 20px;  /*上下内边距 8px，左右内边距 20px*/
33      display: block;      /*以块级元素显示，使宽、高等设置有效*/
34      text-align: center; /*文字在块内水平居中*/
35      font-size: 16px;     /*文字大小*/
36      margin-right: 1px;   /*右侧留 1px 边距，避免菜单"连"在一起*/
37      border-bottom: 5px solid #630;  /*底部设置粗线条，增加美观*/
38  }
```

设置一级菜单的超链接样式
注：">" 表示直接后代，所以这里对 a 的设置不包含二级菜单

```
39  #menu>li>a:hover {
40      background-color: #9cf;         /*背景颜色*/
41      border-bottom: 5px solid #f60;  /*底边框变色*/
42  }
```

当鼠标移到一级菜单的超链接上方时，超链接的样式

```
43  #menu>li:hover ul {
44      display: block;   /*当前元素以块级元素显示*/
45  }
```

特别重要：当鼠标移到一级菜单项 li 上方时，以块级元素的方式显示其子 ul，即显示其子菜单

```
46  #menu li ul li a {
47      font-size: 14px;     /*文字大小*/
48      padding: 5px 0 5px 20px;      /*上、右、下、左四个内边距*/
49      display: block;       /*以块级元素显示，使宽、高等设置有效*/
50      color: #FFF;         /*文字颜色*/
51      background: #47a url(arrow_white.gif) no-repeat 10px 10px;
52  }
```

设置二级菜单中的超链接样式

```
53  #menu li li a:hover {
54      color: #FF0;
55      background: #369 url(arrow2.gif) no-repeat 9px 7px;
56  }
```

当鼠标移到二级菜单的超链接上方时，超链接的样式

```
57  #container {
58      background-color: #eee;
59      width: 750px;
60      margin: 0 auto;
61      height: 600px;
62      clear: both;
63  }
```

代表网页中菜单下面的内容。
这里是为了看到菜单下拉时，不影响其他内容的效果而设计的内容区，这里并无实质意义

至此，下拉菜单（级联菜单）完美实现！

21.4 本章总结

本章利用前面章节所学的 CSS 的浮动与定位讲解了常见的 4 种网页布局方式：固定布局、流式布局、弹性布局、混合布局。本章着重以实例为主，学习了简单的竖直导航菜单和下拉菜单。通过本章的学习，将能掌握基本的网页布局，以便能扩展出更多样式丰富的网页布局。

21.5 最佳实践

（1）练习导航菜单设计（参考 21.2 节）和下拉菜单设计（参考 21.3 节），并对实例进行进一步美化和设计。

（2）进一步完善 19.6 节的最佳实践，要求如下。

　　① 除显示新闻、公告列表可以使用表格外，其他布局尽量使用 div 等元素。

　　② 实现导航菜单（要求有二级子菜单）。

　　③ 页面布局参考如图 21-7 所示（更详细的布局要求请参见 18.6 节或 7.9 节）。

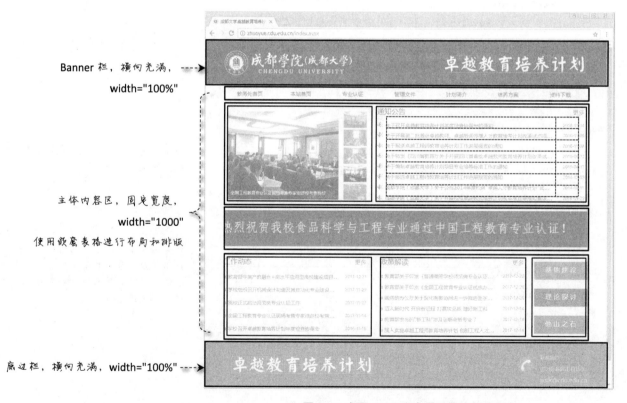

图 21-7 应用 div 元素布局及导航菜单参考

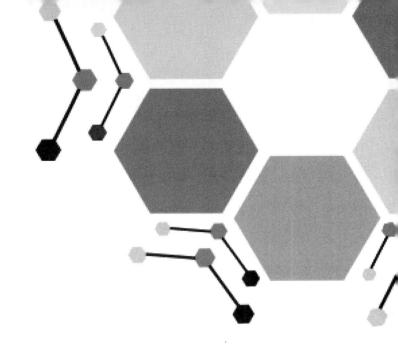

第三部分

JavaScript

第 22 章 JavaScript 的简介及用法

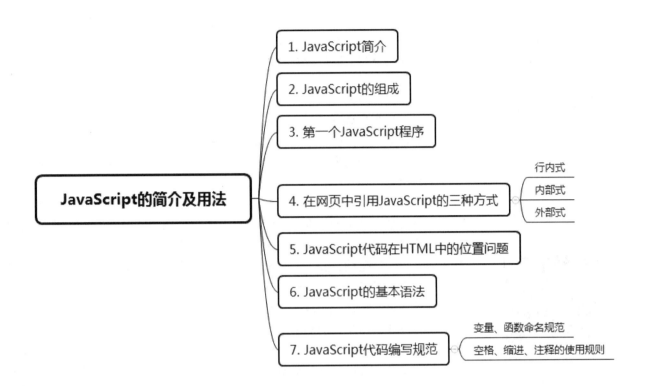

本章介绍

本章将带领大家认识 JavaScript（JS），了解 JS 的发展历程。此外，将重点介绍 JS 的基本用法，以及在编写 JS 代码时应该注意的编码规范和注释的使用。

学习重点

了解什么是 JS 及发展历程

掌握 JS 在 HTML 中的引用方法

掌握 JS 代码的编码规范

正确使用 JS 代码注释

22.1 JavaScript 简介

1. 什么是 JavaScript

JavaScript（JS）是一种属于网络的脚本语言，已经被广泛用于 Web 应用开发，常用来为网页添加各式各样的动态功能，为用户提供更流畅美观的浏览效果。通常 JavaScript 脚本是通过嵌入在 HTML 中来实现自身的功能的。

JavaScript 有如下特点。

（1）**脚本语言**。JavaScript 是一种**解释型**的脚本语言，C、C++等语言先编译后执行，而 JavaScript 是在程序的运行过程中逐行进行解释。

（2）**基于对象**。JavaScript 是一种基于对象的脚本语言，它不仅可以创建对象，也能使用现有的对象。

（3）**简单**。JavaScript 语言中采用的是**弱类型**的变量类型，对使用的数据类型未做出严格要求，是基于 Java 基本语句和控制的脚本语言，其设计简单紧凑。

（4）**动态性**。JavaScript 是一种采用**事件驱动**的脚本语言，它不需要经过 Web 服务器就可以对用户的输入做出响应。在访问一个网页时，用鼠标在网页中进行点击或上下移、窗口移动等操作 JavaScript 都可直接对这些事件给出相应的响应。

（5）**跨平台性**。JavaScript 脚本语言**不依赖于操作系统，仅需要浏览器的支持**。因此一个 JavaScript 脚本在编写后可以带到任意机器上使用，前提是机器上的浏览器支持 JavaScript 脚本语言。目前 JavaScript 已被大多数的浏览器所支持。

▶ JavaScript 概述

2. JavaScript 的发展历史

JavaScript 诞生于 1995 年。起初它的主要作用是处理以前由服务器端负责的一些表单验证，在当时如果能在客户端完成一些基本的验证绝对是令人兴奋的。当时走在技术革新最前沿的 Netscape（网景）公司，决定着手开发一种客户端语言，用来处理这种简单的验证。当时就职于 Netscape 公司的布兰登·艾奇计划将 1995 年 2 月发布的 LiveScript 同时在浏览器和服务器中使用。为了赶在发布日期前完成 LiveScript 的开发，Netscape 与 Sun 公司成立了一个开发联盟。而此时，Netscape 为了搭上媒体热炒 Java 的顺风车，临时把 LiveScript 改名为 JavaScript，所以从本质上来说 JavaScript 和 Java 没什么关系。

JavaScript 1.0 获得了巨大成功，Netscape 随后在 Netscape Navigator 3（网景浏览器）中发布了 JavaScript 1.1。之后作为竞争对手的微软在 IE3 中加入了名为 JScript（名称不同是为了避免侵权）的

JavaScript 实现。而此时市面上意味着有 3 个不同的 JavaScript 版本，IE 的 JScript、网景的 JavaScript 和 ScriptEase 中的 CEnvi。当时还没有标准规定 JavaScript 的语法和特性。随着版本不同暴露的问题日益增多，JavaScript 的规范化最终被提上日程。

1997 年，以 JavaScript1.1 为蓝本的建议被提交给了**欧洲计算机制造商协会（ECMA**，European Computer Manufacturers Association）。该协会指定 39 号技术委员会负责将其进行标准化，经过数月的努力完成了 ECMA-262，定义了一种名为 ECMAScript 的新脚本语言的标准。第二年，ISO/IEC（国标标准化组织和国际电工委员会）也采用了 ECMAScript 作为标准（即 ISO/IEC-16262）。

3. 为什么学习 JavaScript

JavaScript 的前景曾经一度低迷，主要原因是它运行在客户端，缺乏与服务器端数据交互的能力，而且由于没有编译预处理，缺乏安全性，所以虽然比较普及，但并未受到足够重视。

2005 年年初，Google 公司的网上产品兴起使用 AJAX 并受到广泛好评，JavaScript 因为能够与服务器端进行数据交互，并具有异步刷新页面等功能而重新焕发出勃勃生机。

☛ **AJAX**：**A**synchronous **J**ava**S**cript **a**nd **X**ML
异步 JavaScript 和 XML

目前，JavaScript 仍然是排名前 10 的编程语言（表 22-1）。

表 22-1 2018 年 8 月编程语言排名（http://www.tiobe.com/）

2018.8	2017.8	编程语言	市场份额	变化
1	1	Java	16.881%	+3.92%
2	2	C	14.966%	+8.49%
3	3	C++	7.471%	+1.92%
4	5	Python	6.992%	+3.30%
5	6	Visual Basic .NET	4.762%	+2.19%
6	4	C#	3.541%	-0.65%
7	7	PHP	2.925%	+0.63%
8	8	**JavaScript**	**2.411%**	**+0.31%**
9	-	SQL	2.316%	+2.32%
10	14	Assembly language	1.409%	-0.40%

作为运行在客户端轻量级的、解释型的脚本语言，JavaScript 能够在数量众多的面向对象、编译或运行在服务器端的编程语言中，市场份额排进前十，足见其广泛的基础和广阔的前景。

现在，随着服务器的不断发展，虽然程序员更喜欢运行于服务端的脚本以保证安全，但 JavaScript 仍然以其跨平台、容易上手等优势而受到程序员的喜爱。同时，有些特殊功能（如 AJAX）必须依赖 JavaScript 在客户端进行支持。随着引擎（如 V8）和框架（如 Node.js）的发展，及其事件驱动及异步 IO 等特性，JavaScript 逐渐被用来编写服务器端程序。甚至有人"预言"：将来 JavaScript 功能会更加强大，甚至可能替代不少目前排在它前面的服务器端语言。

22.2 JavaScript 的组成

完整的 JavaScript 包括三个部分：ECMAScript、DOM、BOM。如图 22-1 所示。

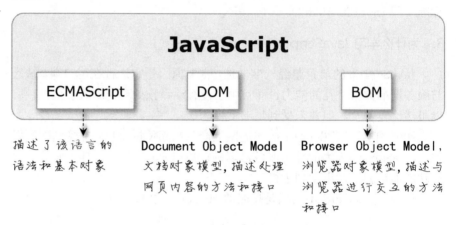

图 22-1 JavaScript 的组成

22.3 第一个 JavaScript 程序

💡 所有的 JS 代码都需要放在 <script></script>标签之中。

JavaScript 程序必须嵌在 HTML 页面中，并且使用<script>标签进行说明，代码放入<script></script>标签中，由浏览器解释执行，语法如下。

```
<script type="text/javascript">
    // JS 代码；
</script>
```

【例 22-1】第一个 JavaScript 程序，在页面输出"Hello JavaScript!"，代码如下。

```
01  <!DOCTYPE html>
02  <html>
03  <head>
04      <meta charset="UTF-8">
05      <title>例 22-1：第一个 JavaScript 程序</title>
06  </head>
```

```
07    <body>
08      <script type="text/javascript">
09        document.write("Hello JavaScript!")
10      </script>
11    </body>
12  </html>
```

💡 document.write("内容");
表示在网页中输出内容。

运行效果如图 22-2 所示。

图 22-2 第一个 JavaScript 程序

上例中，第 09 行表示直接在网页（对象为 document）中当前位置的输出内容，如果改为 alert("Hello JavaScript!"); 那么将会弹出一个信息框显示内容。

👉 引用 JS 的 3 种方式：

(1) 行内式 JS

(2) 内部式 JS

(3) 外部式 JS

22.4 在网页中引用 JavaScript 的三种方式

在实例 22-1 中将 JavaScript 代码放在了<body>标签中，但是这并不是必须的。实际上 JavaScript 代码可以放在 HTML 文档的任意位置，但是放置的地方不同，对代码的正常执行会有一定影响，因此一般情况下建议将代码放在<head>标签或<body>标签中。

22.4.1 行内式 JS

行内（inline）式也称为内联式，是指将 JS 代码直接嵌入元素的标签内部。其特点如下。

（1）通常与具体的事件关联。

（2）不需要使用<script>标签。

（3）代码简短。

（4）代码不需要重复使用。

【例 22-2】以行内 JS 实现：单击"显示问候"几个字，就弹出一个信息提示框，显示"Hello JavaScript!"。

示例代码如下。

```
01  <!DOCTYPE html>
02  <html>
```

```
03    <head>
04        <meta charset="UTF-8">
05        <title>例 22-2：行内 JS 示例</title>
06    </head>
07    <body>
08        这里演示行内（内联）JavaScript。<br/><br/>
09        <span onclick="alert('Hello JavaScript!');">显示问候</span>
10    </body>
11    </html>
```

浏览效果如图 22-3 所示。

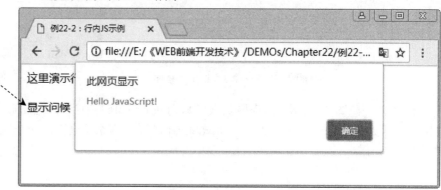

图 22-3 第一个 JavaScript 程序

本例中，直接将 JS 代码写到了元素标签内，作为其属性（事件）的值，因此并不需要<script>标签。很显然，如果代码需要几行完成，或者在页面内，甚至站点内需要重复使用，那么写在行内就很不方便。所以，行内式 JS 使用得并不多。

此外，需要说明的是：当鼠标指向"关闭窗口"四个字时，与普通文字并无区别，并不会有任何交互提示，这并不符合 Web 用户的操作习惯！

如果希望这几个字呈现出交互效果：颜色不同、鼠标移到上方显示 👆 手形（而不是 I 形），我们该怎么做呢？答案是 CSS。

> 💡 CSS 将鼠标设置为 👆 形：
>
> **cursor: pointer;**

22.4.2 内部式 JS

内部 JS 指将 JS 代码用<script>标签包围起来，也就是说，所有的 JS 代码都要放在<script>标签中。<script>标签可以位于页面<HTML>标签中的任何位置，也可以多次出现。但通常写在<head>标签中。

【例 22-3】以内部 JS 方式实现例 22-2 的功能，代码如下。

```
01    <!DOCTYPE html>
02    <html>
03    <head>
```

```
04        <meta charset="UTF-8">
05        <title>例 22-3：内部式 JS 示例</title>
06        <script type="text/JavaScript">
07            function SayHello() {
08                alert("Hello JavaScript!");
09            }
10        </script>
11    </head>
12
13    <body>
14        这里演示内部 JavaScript。<br/><br/>
15        <span onclick="SayHello()">显示问候</span>
16    </body>
17    </html>
```

内部 JS 通常位于 <head> 标签中，由 <script> 标签包围起来

第 06 行可简写为 <script>

第 07 行定义了一个名为 "SayHello" 的函数。函数相关内容在后面介绍

第 08 行是函数的实现功能

第 15 行为 span 元素，设置鼠标单击事件，当在该元素上单击鼠标时，调用 SayHello() 函数

本例在浏览器中的效果与例 22-3 完全相同。

可以看出，内部 JS 的方式比嵌入式更具灵活性。其特点如下。

（1）代码语句数量不受限制。

（2）代码在当前页中具有重用性。

（3）JS 代码集中在一起，与 HTML 分离，方便灵活、便于维护。

22.4.3 外部式 JS

外部 JS 是指将 JS 代码从 HTML 中分离出来，写在单独的文件（.js）中，用 <script> 标签直接引入该文件到 HTML 页面的 <head> 中。

💡 开发过程中，最常用的方法是外部引用。

每个 HTML 文档可以同时链接引用多个 JS 外部文件；每个 JS 外部文件可以被多个 HTML 文档共用（图 22-4）。

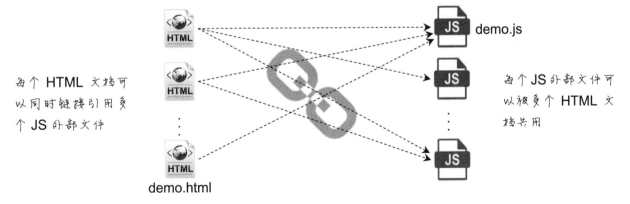

每个 HTML 文档可以同时链接引用多个 JS 外部文件

每个 JS 外部文件可以被多个 HTML 文档共用

demo.html

JS demo.js

图 22-4 外部 JS 文件使用示意

假设在 demo.html 文档中引用外部样式表 demo.js（位于当前目录的

JS 子目录下），则在 demo.html 的<script>部分使用如下语句：

💡 在 HTML 文档的<head>部分
使用<script>标签引用外部 JS
样式文件。

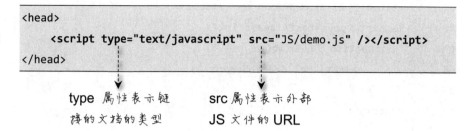

```
<head>
    <script type="text/javascript" src="JS/demo.js" /></script>
</head>
```

type 属性表示链
接的文档的类型

src 属性表示外部
JS 文件的 URL

【例 22-4】将例 22-3 的 JS 分离成单独的 JS 文件（图 22-5），并在 HTML
中使用，代码如下。

```
01  <!DOCTYPE html>
02  <html>
03  <head>
04   <meta charset="UTF-8">
05   <title>例 22-4: 外部 JS 示例</title>
06   <script type="text/javascript" src="JS/demo22-4.js"></script>
07  </head>
08
09  <body>
10   这里演示外部链接式 JavaScript。<br/><br/>
11   <span onclick="SayHello()">显示问候</span>
12  </body>
13  </html>
```

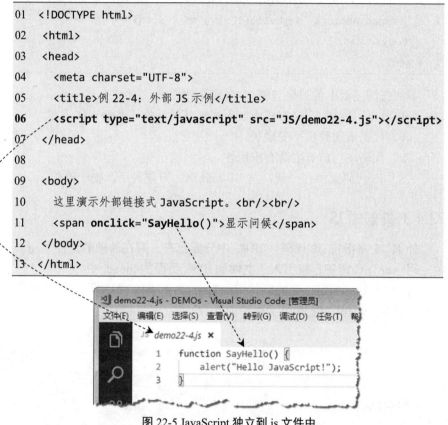

图 22-5 JavaScript 独立到.js 文件中

<script>标签引入多个不同的外部 JS 文件，这种引用 JS 的方式是目
前最为普遍的，其特点如下。

（1）可以在整个网站范围内进行 JS 代码的规划。

（2）便于公共 JS 代码的复用，提高开发效率。

（3）有效降低 JS 和 HTML 代码的耦合性。

（4）将 JS 从 HTML 中完全分离并独立在一起，代码高度集中，方便
管理和维护。

22.5 JavaScript 代码在 HTML 中的位置问题

在引用 JS 的三种方式中，除了行内式的代码位置很明确之外，另外两种方式都是通过<script>标签去引用，前述提到：该标签可以放在 HTML 中任何的位置，如<head>、<body>内，甚至<HTML>外。那么，是不是真的就可以随心所欲地放置呢？

当然不是，这里其实涉及两个问题：一是习惯问题；二是代码的加载机制问题。

从习惯问题上讲，<script></script>通常放在<head>部分，因为 HTML 主要分成 head 和 body 两部分，在 Web 开发中，人们已经习惯于将具体内容放在 body 部分，而将其他相关资源放在 head 部分，如 CSS、JS、meta 等。所以，应该将 JS 引入到 head 部分。

既然这样，为什么还要考虑其他问题呢？

为了说明这个问题，对例 22-3 稍做修改。我们希望对 HTML 元素再作改进：让第 15 代码中调用函数语句 onclick="SayHello()"不出现在元素中，使得 JS 与 HTML 彻底分离。

【例 22-5】JavaScript 在<head>标签中操作元素出错。

```
01  <!DOCTYPE html>
02  <html>
03  <head>
04      <meta charset="UTF-8">
05      <title>例 22-5：JS 操作元素出错</title>
06      <script type="text/javascript">
07          var btn = document.getElementById("spanHello");       第 07 行：获取元素
08          btn.onclick = function () {
09              alert("Hello JavaScript!");                        第 08 行：将事件绑定到元素上
10          }
11      </script>
12  </head>
13  <body>
14      JS 操作元素出错，原因是加载机制问题。<br/><br/>
15      <span id="spanHello">显示问候</span>
16  </body>
17  </html>
```

本例中，最大的改变是第 15 行代码不再使用 **onclick="SayHello()"** 调用 JS 函数，这使得 span 元素与 JS 完全分离，这当然是符合现代编程思路的做法。为了完成原来的功能，我们就需要通过其他方式"告知"浏览器 id 为 spanHello 的元素，需要有一个点击响应的功能，上述代码 07、08 行正是完成这一功能，这个将对象和事件捆绑在一起的过程称为"绑定"。

这个过程看起来是合理的，然而事实上，这段代码是有问题的，页面加载过程中就会报错，如图 22-6 所示。

错误提示为"Uncaught TypeError: Cannot set …… property 'onclick' of null"，意思是：不能将属性 onclick 设置到空（null）对象上。换言之：第 07 行代码并未获得 id 为 spanHello 的元素。

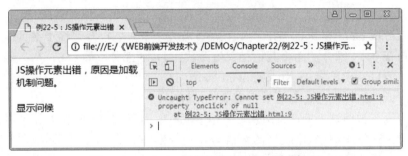

图 22-6 JavaScript 因为加载机制问题造成错误

因为 JS 和 CSS 不同，CSS 会在 DOM 加载的同时（或延后）加载去呈现样式，称为渲染（render），所以 CSS 放在 head 部分，并不影响其效果。而 JS 在很多情况下要获取操作页面上的元素（本例中要获取的元素），如果将代码放在<head>标签中，由于浏览器自上而下的加载机制，在加载 JavaScript 时 HTML 文档还未加载，即执行第 07 行代码时，body 中的元素并未加载，相当于还不存在 span 元素，所以会导致浏览器报错。

那么如何解决这一问题呢？

最简单的做法就是把<script>代码块直接移到 span 元素后面，一般的操作是放到 body 最后，这样在加载 JS 的时候，DOM 元素肯定已经存在，自然不会报错。

但是这样做又不符合 Web 开发习惯了，有什么解决方案呢？

现在的解决方案是：保持习惯，即让 JS 在 head 部分引用，但让它们在 DOM 加载完成后再加载。

具体做法有：

（1）使用 window 对象的 onload()方法，把要执行的 JS 放到该方法的执行中。

（2）使用一些 JS 框架，如 jQuery 等，它们直接有封装好的函数实现上述功能。

有兴趣的朋友请查阅相关资料，这里不做详细介绍。

点击页面的 hello 按钮时，并不会出现弹出框，在浏览器的调试工具中可以看到如图 22-6 所示的错误。此时只需要将例 22-5 中的 JavaScript 代码放在 body 标签的最后，代码即可正常执行。

22.6 JavaScript 的基本语法

JavaScript 非常接近 C 语言等编译型或 Java 等面向对象的编程语言，但它又具有弱类型、解释型、轻量级等特点。

总的来看，JavaScript 语法的主要特点有以下一些。

（1）**大小写敏感**（case-sensitive）。

与 C、Java 一样，ECMAScript 中的变量、函数名、运算符以及其他一切内容都是区分大小写的。比如：变量 test 与变量 TEST 是不同的。

　JS 的语法、变量、关键字

（2）**弱类型**（weekly typed）。

与 C、Java 不同，ECMAScript 中的变量无特定类型，定义变量时只用 var 运算符（variable），就可以将它初始化为任意值。因此，可以随时改变变量所存数据的类型。当然，从程序的规范性来讲尽量避免这样做。

（3）**每行结尾的分号可有可无**。

C、Java 等都要求每行代码以分号（;）结束；ECMAScript 则允许开发者自行决定是否以分号结束一行代码。如果没有分号，ECMAScript 就把这行代码的结尾看作该语句的结尾（与 Visual Basic 和 VBScript 相似），前提是这样没有破坏代码的语义。

最好的代码编写习惯是：**在每条可执行的语句结尾添加分号**。因为没有分号，代码在有些浏览器就不能正确运行。

💡 最好的代码编写习惯是：在每条可执行的语句结尾添加分号。

使用分号的另一个用处是：在一行中编写多条语句。

（4）**JavaScript 的代码注释分为单行注释和多行注释**。

在编写 JavaScript 代码时，为提高代码可读性、可维护性，经常需要为代码添加相应的注释，浏览器在执行代码时，会自动忽略注释中的内容。

JavaScript 的代码注释语法与 C 语言等高级语法基本相同，分为单行注释和多行注释。**单行注释**使用"//"作为注释标记，注释同一行内"//"标记之后的内容。**多行注释**以"/*"标记作为开始，以"*/"标记作为结束，注释标记内的所有内容。

💡 注释中代码将会被解释器忽略。合理地使用注释，可以增强代码的可读性、可维护性。

合理地使用注释不仅可以提高代码的可读性，也可以屏蔽部分语句的执行，对程序的调试非常有用。因此正确使用注释是一个优秀程序员的必备技能。

下面的例子使用了单行和多行注释。

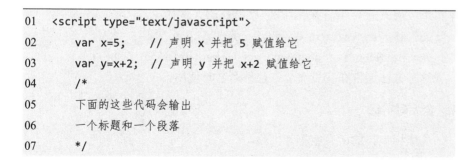

```
01  <script type="text/javascript">
02    var x=5;    // 声明 x 并把 5 赋值给它
03    var y=x+2;  // 声明 y 并把 x+2 赋值给它
04    /*
05    下面的这些代码会输出
06    一个标题和一个段落
07    */
```

```
08          document.getElementById("myH1").innerHTML = "Welcome";
09          document.getElementById("myP").innerHTML = "Paragraph";
10    </script>
```

22.7 JavaScript 代码编写规范

💡　代码规范在团队开发过程中极其重要。代码规范不一定唯一，本章将简单介绍一些基本的代码规范，供读者参考。

除了合理添加代码注释外，注重代码编写规范也能提高代码的可读性。在团队开发过程中，涉及多人写作开发时尤为重要，一个优秀的团队往往都有一套自己的代码规范，这样做便于代码的后期维护。通常代码规范至少涉及以下两个方面。

（1）变量和函数的命名规则。

（2）空格、缩进、注释的使用规则。

本章简单介绍一套常用的 JavaScript 代码规范，后面的章节中统一使用此规范编写 JavaScript 代码。

22.7.1 变量、函数命名规范

1.　Camel 法（驼峰法）

组成标识符的首字母为小写，接下来每个单词的第一个字母大写。例如：

var myTestValue = 0, mySecondValue = "hi";

这种方法通常在变量命名时使用。

2.　Pascal 法

组成标识符的每个单词的首字母都大写。例如：

var MyTestValue = 0, MySecondValue = "hi";

这种方法通常在函数命名时使用。

3.　匈牙利标记法

在以 Pascal 标记法命名的变量前附加一个或几个小写字母（一般不超出 3 个），表示该标识符的类型。例如，i 表示整数（integer）、s 表示字符串（string）、btn 表示按钮（button）。例如：

var iMyTestValue = 0, sMySecondValue = "hi";

var btnSubmit = document.getElementById("btnSubmit");

这种方法通常在变量命名、控件命名时使用。

4.　全大写字母

构成标识符的所有字符都大写。

这种方法通常用在常量命名方面。虽然 JS 中不支持定义常量，但它内置的类型中有常量值，例如：Math.PI、NaN、MAX_VALUE 等。

22.7.2 空格、缩进、注释的使用规则

（1）在使用运算符（+、-、*、/、=）时，需要在运算符的前后添加空格。

（2）代码缩进使用四个空格。

（3）在每条可执行的语句结尾添加分号。

（4）函数、对象中的开始花括号与函数名、对象名放在同一行。

（5）变量的注释一般放在同一行，函数对象的注释通常另起一行放在函数前。

实际上，几乎所有的 IDE 都提供了自动格式化代码的功能，能够帮助开发者快速地规范代码。当然，如果缺省的代码并不是想要的，就需要动手对自动格式化功能进行设置，以符合团队的要求或者个人习惯。

22.8 本章总结

本章主要介绍了 JavaScript 的引用方法、代码注释以及代码的编写规范，这些都是 JavaScript 中最基础但又不能忽视的内容。

学习完本章之后，就可以运用上述知识，开始编写自己的第一个 JavaScript 程序了。

22.9 最佳实践

（1）练习使用 JavaScript 的三种引用方式。

（2）使用 JavaScript 在网页中输出自己的个人信息（姓名、性别、电话等），页面效果如图 22-7 所示。

图 22-7 使用 JavaScript 在网页中输出个人信息

示例代码如下。

```
01  <!DOCTYPE html>
02  <html>
03  <head>
04      <meta charset="UTF-8">
05      <title>最佳实践：输出个人信息</title>
06      <script type="text/javascript">
07          document.write("<p><span>姓名</span>：刘子栋</p>");
08          document.write("<p><span>性别</span>：男</p>");
09          document.write("<p><span>电话</span>：13808098576</p>");
10      </script>
11      <style type="text/css">
12          p{
13              font-family: 楷体;
14              font-size: 22px;
15          }
16          span{
17              font-family: 微软雅黑;
18              color:saddlebrown;
19          }
20      </style>
21  </head>
22  <body>
23  </body>
24  </html>
```

第 23 章 JavaScript 的变量与数据类型

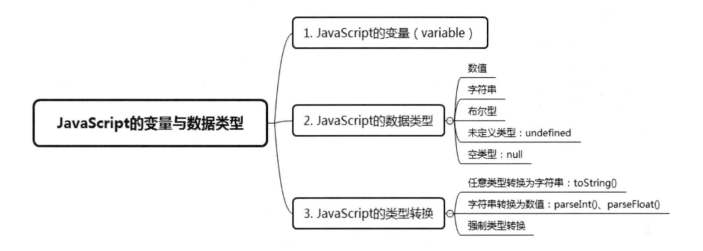

本章介绍

本章将讲解 JavaScript 的变量。重要掌握 JavaScript 变量的标识符的规范写法、如何定义变量，以及 JavaScript 的几种数据类型和常用的类型转换方法。

学习重点

掌握 JS 的标识符及使用规范

理解 JS 的变量、声明及赋值

掌握 JS 的数据类型

23.1 JavaScript 的变量（variable）

1. 什么是变量

JS 的语法、变量、关键字

顾名思义，变量就是可以发生变化的量。从这个意义上讲，所有编程语言的变量的意义都是相同的。

维基百科（Wikipedia）对变量的定义是：

> In computer programming, a variable is a storage location (identified by a memory address) paired with an associated symbolic name (an identifier), which contains some known or unknown quantity of information referred to as a value.

由此可见，变量具有如下特点。

（1）变量是一个符号。

（2）变量代表内存中具有特定属性的一个存储单元(地址)。

（3）变量在程序中用来存储数据。

（4）变量代表特定类型的数据。

（5）变量的值可以改变(重新赋值)。

2. JavaScript 变量的特点

```
var test = "hi", age = 25;

var sTest = "hello ";
sTest2 = sTest + "world";

var test = "hi";
test = 55;
```

不同于其他强类型、编译型语言的变量，JS 的变量具有如下特点。

（1）弱类型，无需明确的类型声明，使用关键字 var 声明。

（2）同一个 var 语句定义的变量不必具有相同类型

（3）变量不一定要初始化，可以只声明，不赋初值。

（4）变量声明不是必须的，即可以不声明，直接使用。

（5）一个变量可以存放不同类型的值。

总的来看，JS 变量最大的特点就是开放、自由度很大。这样的特点是把双刃剑，从好的方面看，编程很灵活；但缺点也很突出，那就是不够严谨，容易出错。

3. JavaScript 中变量的声明

在 JavaScript 中创建变量通常称为**声明（declare）**变量。

尽管 JS 是弱类型，变量声明不是必须的，但是，为保持良好的编程习惯，以及清晰的编程思路，应该遵循**先声明，后使用**的原则。

声明变量涉及的内容如下：

（1）给变量一个**标识符**作为变量名。

（2）用关键字 var（variable，变量）声明。

（3）通过赋初值或赋值语句给变量一个当前值。

（4）在内存中给变量**分配一块存储空间**(大小由类型决定)。

☛ **变量：先声明，后使用**

☛ JS 弱类型语言，定义变量时只用 var 运算符，可以将它初始化为任意值。所以也称为"**动态类型**"。

例如：

```
01  var age;  //声明一个名为 age 的变量，未赋初值（类型不确定）
02  //在同一语句中可以声明多个类型相同的变量
03  var pageNumber, copies, studentName;
04  age = 20;        //给变量赋值，此时类型为数值
05  age = "Male";    //给变量赋不同类型的值，此时类型为字符串
06  var number = 1;  //声明变量并赋值
```

☛ 变量声明语法：
var variableName;

ⓘ 注意区别：
"="表示赋值
"=="表示判断两个值是否相等
"==="用于测试某个值是否未定义

4. 标识符（identifier）

在声明变量以及需要创建任何新的东西（如函数、JS 对象等）时，需要给它一个名字，这个名字显然应该在程序中具有唯一性。

JS 中标识符的命名规范如下。

（1）大小写敏感(case-sensitive)。

（2）可以使用：大小写字母、数字、下划线(_)、美元符号($)。除下划线和美元符号外不能包含任何特殊字符，如："%"、"#"、逗号、空格等。

（3）标识符不能由数字开始。必须以字母、"_"或"$"开头。

（4）标识符没有长度限制，但实际上许多编译器只识别前 32 位。

（5）关键字、保留字不能用作标识符。

ⓘ JavaScript 中的关键字不能用作标识符。

23.2 JavaScript 的数据类型

JS 是弱类型的语言，这是指在变量使用中对变量类型的要求并不严格，但实际处理中，JS 仍然支持不同的数据类型并且有不同的处理方式。

JS 常用的数据类型如图 23-1 所示。

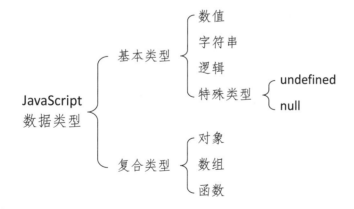

🎦 JS 的数据类型

图 23-1 JavaScript 的数据类型

由于复合类型比较复杂，将在后面章节中介绍，这里先介绍基本类型。

23.2.1 数值

1. JS 只有一种数值类型：浮点型

JavaScript 只有一个数值类型，即浮点数。在给一个数字变量赋值时，可以加小数点也可以不加小数点。

```
var number1 = 1;
var number2 = 1.0;
```

> 由于 JavaScript 没有整型和浮点型的区别，所以这里的 number1 和 number2 是相等的。

极大或极小的数字可以通过科学（指数）计数法来书写。

```
var number1 = 1.2e5;      //120000
var number2 = 1.2e-5;     //0.000012
```

> e 相当于数学中以 10 为底的科学计数法。

2. 特殊值：Infinity（无穷大）

JS 的数字的有效范围为 $10^{-308} \sim 10^{308}$。

当一个数值或表达式的值超出了可表示的最大值的范围，将被赋值为 Infinity(无穷大)

当一个数值或表达式的值超出了可表示的最小值的范围，将被赋值为 -Infinity(无穷小)

所有的 Infinity 或-Infinity 值都相等。

Infinity 与其他数值运算的结果仍为 Infinity。

```
// JavaScript Document
var x=1e308;
document.write(x);         //1e+308
document.write(x*2);       //Infinity
```

3. 特殊值：NaN

NaN 的意思是：Not a Number，不是一个数值。

当一个 undefined 表达式结果为数值型数据时，该数值型数据就是 NaN 值。0/0、Infinity+(-Infinity)的值都为 NaN。

使用 isNaN()函数可以确定一个值是否为 NaN。

> **NaN**: **N**ot **a** **N**umber

> 使用 **isNaN()**函数可以判断一个值是否不是数值。

```
// JavaScript Document
var x=8;
var y="Daniel";
document.write("x="+x);          //输出：x=8
document.write("y="+y);          //输出：y=Daniel
```

```
document.write("x+y="+(x+y));        //输出: x+y=8Daniel
document.write("x*y="+(x*y));        //输出: x+y=NaN
document.write("0/0="+0/0);          //输出: 0/0=NaN
document.write("isNaN(1e308*2)="+isNaN(1e308*2));    //输出: isNan(1e308*2)=false
```

【例 23-1】判断变量值是否为数值。

```
01  <script type="text/javascript">
02      var name = "Daniel";
03      var age = 8;
04      if (isNaN(name)) {
05          alert("不是数字");
06      }
07      if (isNaN(age)) {
08          alert("不是数字");
09      } else {
10          alert("是数字");
11      }
12  </script>
```

i 说明: 这里为了演示方便, 直接给出两个已赋值变量进行判断。这种操作真正的应用场景通常是在接受用户输入时, 判断输入是否为合法的数值, 这需要动态获取表单控件的值。这部分内容将在后面章节介绍。

特别强调: isNaN()函数判断对象是否"不是数值"。

如果 isNaN()返回 true, 则表示对象不是数值; 返回 false, 表示对象是数值。与通常习惯的 true 表示"是"不同, 这里的 true 表示"不是", 请务必注意区分。

23.2.2 字符串

1. JS 字符串的基本特点

字符串是一组被引号引起来的文本。引号可以是单引号(')或双引号("), 但必须成对使用。

JS 中不区分"字符"和"字符串"。

单引号界定的字符串中可以含双引号, 如: 'name:"yantao"'。

双引号界定的字符串中可以含有单引号, 如: "name:'yantao'"。

建议使用单引号, 因为 HTML 中使用双引号作定界符。

注意:

(1) 两个引号之间没有任何的字符串称作空字符串: ""。

(2) 放在引号中的数字也是字符串: "30"。

(3) 字符串必须写在一行中。

💡 使用 typeof()函数可以获取变量的数据类型。

2. 转义符：

前面提到，字符串可以使用单引号或双引号，并且可以包含双引号或单引号。但是如果被包含的字符串中既有单引号，又有双引号，或者含有换行、跳格等无法直接从键盘上输入的特殊字符，该怎么办呢？

和其他大多数编程语言一样，JS 也使用反斜杠（\）来向文本字符串添加特殊字符，这个反斜杠称为转义符。

JS 中常用的转义符见表 23-1。

表 23-1 JS 中常用的转义符

转义符	输出
\'	单引号：'
\"	双引号："
\&	连接符号：&
\\	反斜框：\
\n	换行符
\r	回车符
\t	制表符
\b	退格符
\f	换页符

例如，下面代码完成字符串连接并输出：

```
var str1 = "\"Chengdu\"";
var str2 = "University";
var str3 = str2 + " " + str1;  //str3 为: "Chengdu" University
var str4 = str1 + "\&" + str2; //str4 为: "Chengdu"&University
```

23.2.3 布尔型

布尔型（Boolean）也称为逻辑型，只有两个值，true（真）或 false（假）。布尔型常用于逻辑判断中。

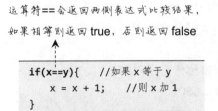

运算符==会返回两侧表达式比较结果，如果相等则返回 true，否则返回 false

if(down)是 if(down==true)的简写，所以 down 为 ture 则条件成立，否则不成立

```
if(x==y){    //如果 x 等于 y
  x = x + 1;   //则 x 加 1
}
```

```
if(down){    //如果 down 为 true
  x = x + 1;   //则 x 加 1
}
```

两个代码块中都没有看到 ture 或 false，但是却隐藏逻辑的表达和使用。这也是逻辑型最常见的用法。

23.2.4 未定义的数据类型：undefined

undefined 表示不存在的值或尚未赋值的变量的值。主要包括：

（1）一个变量只声明而未赋值。

（2）一个并不存在的对象属性。

例如：

```
var y;
alert(y);
var z = String.noSuchProperty;
alert(z);
```

undefined 数据类型的判断：=== 运算符

=== 运算符用来测试某个值是否是未定义的。

== 运算符认为 undefined 值等价于 null。

```
var x = "";        //变量 x 声明并赋了初值，所以属于 defined
var y;             //变量 y 声明但未赋初值，所以是 undefined
if (x === undefined)    //x 已定义，条件不成立
    document.write("x is undefined"); //此语句不执行
if (y === undefined)    //y 未定义，条件成立
    document.write("y is undefined"); //执行此语句
```

23.2.5 空类型：null

空值（null），是一个表示"**什么都没有**"的占位符。

特别注意：undefined 表示一个变量尚未赋值；null 表示该变量被赋予了一个空值。undefined 与 null 在比较时是相等的。

```
var x = null;    //变量 x 声明并赋了空值 null，所以属于 defined
var y;           //变量 y 声明但未赋初值，所以是 undefined
document.write(x);      //输出：null
document.write(y);      //输出：undefined
document.write(x == y); //输出：true
```

23.3 JavaScript 的类型转换

23.3.1 任意类型转换为字符串：toString()

ECMAScript 的 Boolean 值、数字和字符串的原始值的有趣之处在于它

JS 的类型转换

们是伪对象，这意味着它们实际上具有属性和方法。其中 toString()方法可以将当前对象转换为字符串。

1. Boolean 类型的 toString()：得到"true"或"false"

toString()方法可把一个逻辑值转换为字符串，并返回字符串"true"或"false"。

```
var agree = false;   //声明布尔型变量 agree, 并赋值为 false
document.write(agree.toString());      //输出: "false"
```

在 Boolean 对象被用于字符串环境中时，此方法会被自动调用。

2. Number 类型的 toString()：有两种模式

（1）默认模式：返回十进制值。

只是用相应的字符串输出数字值（无论是整数、浮点数还是科学计数法），返回十进制值。

> 注意：这里为强调转换结果为字符串，所以在输出时使用了双引号(")将结果引起来，以起到强调和提示作用。事实上，各种对象都是以字符串的形式输出呈现的，只是其他地方不强调转换结果为字符串时，为了简便，我们省略了双引号。

```
var x = 10;
var y = 10.3;
document.write(x.toString());      //输出: "10"
document.write(y.toString());      //输出: "10.3"
```

（2）基模式：根据基数返回数值。

转换成不同的基数输出，如 2，8，10，16 进制。

显然，数值的 toSring(10)与 toSring()效果相同。

```
var x = 10.125;
document.write(x.toString(2));    //输出: "1010.001"
document.write(x.toString(8));    //输出: "12.1"
document.write(x.toString());     //输出: "10.125"
document.write(x.toString(10));   //输出: "10.125"
document.write(y.toString(16));   //输出: "a.2"
```

23.3.2 字符串转换为数值：parseInt()、parseFloat()

要将字符串转换为数值，那么显示这个字符串应该是由数字字符构成（或者至少含有数字字符），能够"提取"出数值来，否则就会返回 NaN。

1. 字符串转换为整数：parseInt()

parseInt()的处理方法是：查看位置 0 处的字符，判断它是否是个有效数字，如果不是，该方法将返回 NaN；否则往后，直到遇到非数字字符，把非数字字符之前的字符串转换成数值。

转换同样可以使用基模式：**parseInt**（**数字字符串**，**进制数**）。可以把二进制、八进制、十六进制或其他任何进制的字符串转换成十进制整数。

2. 字符串转换为浮点数：parseFloat()

parseFloat()函数的特点是：能转换带小数点的数，没有基模式。处理方式与parseInt()相同。

```
var x, f;
x = parseInt("blue123.4red");      //返回 NaN
x = parseInt("123.4red");          //返回 123
x = parseInt("0xA");               //返回 10
x = parseInt("56.9");              //返回 56
x = parseInt("red");               //返回 NaN
x = parseInt("10", 2);             //返回 2
x = parseInt("10", 8);             //返回 8
x = parseInt("10", 10);            //返回 10
x = parseInt("AF", 16);            //返回 175
f = parseFloat("12345red");        //返回 12345
f = parseFloat("0xA");             //返回 NaN
f = parseFloat("11.2");            //返回 11.2
f = parseFloat("11.22.33");        //返回 11.22
f = parseFloat("0102");            //返回 102
f = parseFloat("red");             //返回 NaN
```

23.3.3 强制类型转换

1. Boolean(value)

把给定的值转换成Boolean型。

（1）返回true：要转换的值至少有一个字符的字符串、非 0 数字或对象。

（2）返回false：该值是空字符串、数字 0、undefined 或 null。

```
var b1 = Boolean("");            //false - 空字符串
var b2 = Boolean("hello");       //true - 非空字符串
var b1 = Boolean(50);            //true - 非 0 数字
var b1 = Boolean(null);          //false - null
var b1 = Boolean(0);             //false - 0
var b1 = Boolean(new object());  //true - 对象
```

2. Number(value)

把给定的值转换成数字(可以是整数或浮点数)。

Boolean 的 true 转换为 1, false 转换为 0, null 转换为 0。

它转换的是整个值,而不是部分值。

```
document.write(Number(false));          //0
document.write(Number(true));           //1
document.write(Number(undefined));      //NaN
document.write(Number(null));           //0
document.write(Number("1.2"));          //1.2
document.write(Number("12"));           //12
document.write(Number("1.2.3"));        //NaN
document.write(Number(new object()));   //NaN (浏览器可能报错)
```

3. String(value)

把给定的值转换成字符串。

(1)与 toString()方法相似之处:即把 12 转换成"12",把 true 转换成"true",把 false 转换成"false",以此类推。

(2)与 toString()方法的区别:对 null 和 undefined 值强制类型转换可以生成字符串而不引发错误。因为 toString()方法由对象调用,如果对象都不存在,显然不可能调用方法。

```
var oNull = null;
document.write(String(oNull));          //"null"
document.write(oNull.toString());       //报错,无法调用 null 的方法
```

23.4 本章总结

通过本章的学习,了解了什么是 JavaScript 的变量以及 JavaScript 变量的标识符及其使用规范。简单地介绍了 JavaScript 中几种基本数据类型,以及常用的类型转换方法,其中复合类型将在后面章节进行介绍。

此外,需要说明的是:JavaScript 的表达式、运算符、流程控制(条件、循环等)与 C 语言等其他编程语言大同小异,请扫二维码进行视频学习,本书中不再赘述,有兴趣的朋友请参考相关资料学习。

23.5 最佳实践

完成、验证本章所有实验及示例,并掌握全部内容。

JS 的运算符和表达式

JS 流程控制:条件结构

JS 流程控制:循环结构

第 24 章 JavaScript 对象

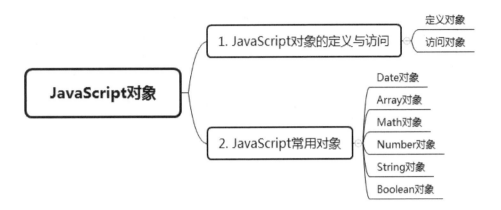

本章介绍

本章将介绍 JavaScript 的一个新概念：对象。什么是 JavaScript 对象？JavaScript 对象如何合理地使用？通过本章的学习，了解一些常用的 JavaScript 对象，以及自主创建一些对象，并能对对象进行适当操作。

24.1 JavaScript 对象的定义与访问

24.1.1 定义对象

什么是 JavaScript 对象？

JavaScript 对象是拥有属性和方法的数据，在 JavaScript 中几乎所有的事物都可以算作对象。此外，JavaScript 允许自定义对象。

属性是与对象相关的值。方法是能够在对象上执行的动作。

如同在现实生活中的一个人是一个对象，那么他的身高、体重就是他的属性，他的行为动作、处事方式就是他的方法。虽然每个人都有这些属性，但这些属性值却各不相同，每个人的行为动作也不同。

前面章节讲解了变量，一个变量也是一个对象。定义 JavaScript 对象的方法有多种，以下是定义变量的对象创建方式。

定义变量，变量也是对象 ◄------

定义对象，一个对象可以有多个 ◄------
变量（属性）和对应的值，以键
值对的形式存在。

```
var person = "Jim";
var person = { name:"Jim", height:"170cm", weight:"60kg" };
               {   键:值   ,    键:值    ,    键:值    }
```

在 JavaScript 对象中，通常是以**键值对**的形式创建对象。可以说"**JavaScript 对象是键值对的容器**"。

键名与键值之间用"**:**"隔开。定义 JavaScript 对象可以跨越多行，属性之间的空格也不是必须的，如下所示：

```
var person = {
    name: "Jim",
    height: "170cm",
    weight: "60kg"
};
```

💡 键名可加引号，也可不加引
号。引号可以是单引号，也可以
是双引号。

这种写法占据了更多的代码行，但是却更加清晰，可读性强。

对 JavaScript 对象键名可以加上引号，也可以不加引号；引号可以是单引号，也可以是双引号。

JavaScript 除了定义变量创建对象的方式，还可以用 new 关键字来创建对象，如下所示：

```
person = new Object();
person.name = "Jim";
person.height = "170cm";
person.weight = "60kg";
```

这种创建对象的方式在使用对象时更加直观，写法却没有定义变量的方式简便，但结果是一样的。

JavaScrip 对象中定义方法需要用 function(){}关键字，与属性的定义一样，可以使用如下两种方式：

```
var person = {
    sex: function () {
        return "女";
    }
};
```

```
person = new Object();
person.sex = function () {
    return "女";
}
```

24.1.2 访问对象

访问 JavaScript 对象属性的方式同样不止一种，这里介绍常用的两种对象访问方式。

方式一：成员访问符 "."。

```
objectName.propertyName
```

方式二：键名方式。

```
objectName["propertyName"]
```

JS 对象方法的调用方式只能用成员访问符 "."，需要注意的是：一定要在方法名后面加上括号。

```
objectName.methoedyName()
```

具体的使用方法见例 24-1，运行效果如图 24-1 所示。

【例 24-1】创建 JavaScript 对象并访问。

```
01  <!DOCTYPE html>
02  <html>
03  <head>
04      <meta charset="UTF-8">
05      <title>例 24-1: JS 对象的访问</title>
06      <script type="text/javascript">
07          var person = {
08              name: "Daniel",
09              height: "130cm",
10          };
11          person.weight = "25kg";
```

定义一个名为 person 的对象
具有 name 和 height 两个属性，并分别赋了初值

访问 person 的 weight 属性，由于该属性不存在，因而成为增加新属性

为 person 对象增加名为 getSlogan 的方法，功能是返回一个字符串

document.write()向网页文档输出

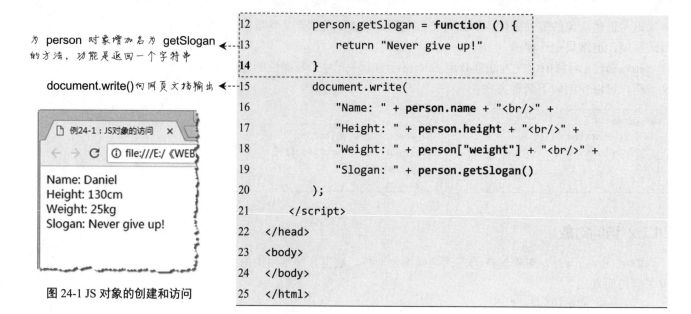

```
12          person.getSlogan = function () {
13              return "Never give up!"
14          }
15      document.write(
16          "Name: " + person.name + "<br/>" +
17          "Height: " + person.height + "<br/>" +
18          "Weight: " + person["weight"] + "<br/>" +
19          "Slogan: " + person.getSlogan()
20      );
21      </script>
22  </head>
23  <body>
24  </body>
25  </html>
```

图 24-1 JS 对象的创建和访问

浏览器显示内容：
Name: Daniel
Height: 130cm
Weight: 25kg
Slogan: Never give up!

24.2 JavaScript 常用对象

在 JavaScript 中，由于很多对象是经常使用到的，所以 JavaScript 内置了一些常见对象，这里介绍几个常用的对象。

24.2.1 Date 对象

在了解 Date 对象之前，先了解一些与时间相关的常用术语和知识。

（1）**UTC**：Universal Time Coordinated，世界统计时间。

（2）**GMT**：Greenwich Mean Time，格林威治平均时。

（3）**北京时间 = UTC + 8**（表示东 8 区）。

（4）**GMT 标准零点**：1970-1-1 00:00:00。

UTC 是天文概念，相对更正式；GMT 基于原子时钟。二者是相等的。

在 Web 应用中经常会遇到与日期或时间相关的问题，JavaScript 内置了 Date 对象，该对象可以表示毫秒到年的所有时间和日期，还提供了一系列的操作方法。

Date 对象存储的日期为自 GMT 标准零点以来的毫秒数。

1. 创建 Date 对象

Date 对象可以通过 new 关键字来定义，有四种方式创建日期对象。

💡 地球分为 24 个时区，每个时区都有自己的本地时间。

💡 本地时间 = UTC + 时间差

💡 GMT 标准零点：
1970-1-1 00:00:00

📷 JS 的日期对象：Date

```
//自动使用当前的日期和时间
var myDate = new Date();
//构造函数传入唯一参数,表示构造与 GMT 标准零点相距 milliseconds 毫秒的 Date
var myDate = new Date(milliseconds);
```

```
//dataString 表示期望返回的日期格式，符合特定的格式。
var myDate = new Date(dateString);
//通过具体的日期属性，构造指定的 Date 对象
var myDate = new Date(year, month, day[, hour, min, sec, ms]);
```

⊱💡 **特别注意：参数 month 的取值范围是 0~11，对应 1~12 月。**

【例 24-2】创建 Date 对象（注：仅显示创建和输出语句）。

```
01   var myDate = new Date();                    //获取当前日期和时间
02   document.write(myDate);                      //Mon Aug 06 2018 09:13:12 GMT+0800（中国标准时间）
03   var myDate = new Date(1533517610185);        //获取 GMT 标准零点后 1533517610185 毫秒的时间
04   document.write(myDate);                      //Mon Aug 06 2018 09:06:50 GMT+0800（中国标准时间）
05   var myDate = new Date("2010-9-25 13:06");   //将时间字符串转换为对应的时间对象
06   document.write(myDate);                      //Sat Sep 25 2010 13:06:00 GMT+0800（中国标准时间）
07   var myDate = new Date(2010, 9, 25, 13, 6);  //将具体的日期、时间参数，构造成 Date 对象
08   document.write(myDate);                      //Mon Oct 25 2010 13:06:00 GMT+0800（中国标准时间）
```

本例中，一定要特别注意第 07 行代码构成 Date 对象时 month 参数的取值是 0~11，分别对应 1~12 月。所以，这里给出 "9" 这个数字，生成 Date 对象时，得到的是 Oct（10 月）。

2. 访问 Date 对象

从例 24-2 可以看出日期对象包括日期、时间、时区等各种信息，为了提取这些信息，Date 对象提供了许多方法，表 24-1 给出了一些常用的方法作为学习参考。

表 24-1 Date 对象的常用方法

方法	描述
getDate()	从 Date 对象返回一个月中的某一天（1~31）
getDay()	从 Date 对象返回一周中的某一天（0~6），0 为星期天
getMonth()	从 Date 对象返回月份值（0~11），分别对应 1~12 月
getFullYear()	从 Date 对象以四位数字返回年份
getHours()	返回 Date 对象的小时（0~23）
getMinutes()	返回 Date 对象的分钟（0~59）
getSeconds()	返回 Date 对象的秒数（0~59）
getMilliseconds()	返回 Date 对象的毫秒（0~999）
getTime()	返回 1970 年 1 月 1 日至今的毫秒数

⊱💡 **特别注意：星期几和月份是从 0 开始计算。**

表 24-1 只列举了部分常用的方法，更多方法参见 W3C 相关参考手册。

通过例 24-2 可以看出，直接使用 Date 对象输出日期和时间，虽然内容比较丰富，但是格式比较复杂，并不符合日常习惯。借助上述方法，我

们能够轻松地以任意格式输出 Date 对象。

【例 24-3】以格式"yyyy-MM-dd hh:mm:ss"显示当前系统的日期和时间。

```
01  <!DOCTYPE html>
02  <html>
03  <head>
04      <meta charset="UTF-8">
05      <title>例 24-3：以"年月日时分钟"的格式显示当前系统时间</title>
06      <script type="text/javascript">
07          var now = new Date();           //获取当前日期和时间对象
08          var y = now.getFullYear();      //获取年份（4 位）
09          var M = now.getMonth() + 1;     //获取月份，注意 +1
10          var d = now.getDate();          //获取月中的第几天
11          var h = now.getHours();         //获取小时
12          var m = now.getMinutes();       //获取分钟
13          var s = now.getSeconds();       //获取秒数
14          var day = now.getDay();         //获取星期几，注意特殊值 0
15          if (M < 10) M = "0" + M;        //若小于 10,则前面补"0"成两位
16          if (d < 10) d = "0" + d;
17          if (h < 10) h = "0" + h;
18          if (m < 10) m = "0" + m;
19          if (s < 10) s = "0" + s;
20          if (day == 0) day = "天";        //0 表示星期"天"
21          var str = y + "年" + M + "月" + d + "日 "
                  + h + ":" + m + ":" + s + " 星期" + day;
22          document.write(str);
23      </script>
24  </head>
25  <body>
26  </body>
27  </html>
```

浏览器中的效果如图 24-2 所示。

细心的朋友可能已经留意到了,本例中有一个不足之处:"星期 1",很显然,按照中文的习惯,我们希望显示"星期一",也就是应该将阿拉伯数字转换为中文数字。解决方案通常有两个:一是使用条件语句进行处理;二是使用数组存放中文数字,将获取到的数字作为下标去访问数组,这是非常巧妙的方法,连星期天的转换都可以直接完成,可以参考 Array 对象进行学习。

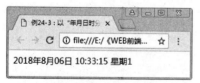

图 24-2 显示系统当前日期和时间

24.2.2 Array 对象

在 JavaScript 定义变量时，如果变量只表示一个人，那么就可以用单独变量来定义。但是如果需要表示几十或者上百个人，那么单独的变量就不能再用来表示，此时定义变量最好的方法就是数组。

什么是数组对象？MSDN 给出的定义是"An array is a data structure that contains a number of variables of the same type"。即：**数组是使用单独的变量名来存储一系列值的一种数据结构**。数组的变量名称为**数组名**，为了区分一系列的值，需要给数组名加一个访问下标变量，称为**索引**（index）。

JS 的数组对象：Array

1. 创建 Array 对象

创建一个 JavaScript 数组以下有三种方法（示例中 studentName 是存放学生姓名的数组的名字，在以下代码中可以用来访问该数组里面的每个元素）。

方法一：先创建数组对象，再增加数组元素。

```
var studentName = new Array();     //创建数组时，并不定义长度
studentName[0] = "刘子栋";
studentName[1] = "王杰";
studentName[2] = "James";
```

方法二：使用 Array 的构造函数，直接创建并初始化。

```
var studentName = new Array("刘子栋", "王杰", "James");
```

字面写法：

```
var studentName = ["刘子栋", "王杰", "James"];
```

2. 数组的长度：length 属性

JavaScript 是一门弱类型语言，当定义数组时，并没有定义它的长度，也就是没有定义该数组到底能容纳多少元素。但是在使用 JavaScript 数组对象的过程中，可以直接使用该对象的 length 属性来访问该数组的长度，并且可以随时增加或减少数组元素。

获取数组长度的具体方法如下。

```
var studentName = ["刘子栋", "王杰", "James"];
var length = studentName.length;   //length 值为 3（数组有 3 个元素）
```

3. 数组元素的访问：数组名[索引]

访问数组元素可以通过数组的下标来访问，数组的下标总是从 0 开始，到该数组的长度-1 结束。假设数组有 5 个元素，那么索引值依次为 0、1、2、3、4，示例如下。

```
var studentName = ["刘子栋", "王杰", "James"];
var length = studentName.length;    //length 值为 3（数组有 3 个元素）
var name = studentName[0];          //得到第 1 个元素："刘子栋"
student[1] = "Messi";               //修改第 2 个元素的值为"Messi"
name = studentName[length-1];       //得到最后一个元素："James"
```

事实上，数组处理中更多的是遍历操作。即对数组元素依次访问，并进行处理。循环语句在这里将会广泛应用。

例如，可以使用 for 循环遍历输出数组元素。

```
var studentName = ["刘子栋", "王杰", "James"];
var length = studentName.length;  //length 值为 3（数组有 3 个元素）
for(i = 0; i < length; i++) {
    document.write(studentName[i]);
}
```

4. 数组的常用方法

JS 的数组对象还提供了很多操作数组的方法，通过这些方法，可以更轻松地对数组进行处理，具体的数组操作方法见表 24-2。

表 24-2 Array 对象的常用方法

方法	描述
concat()	连接两个或更多的数组，并返回结果
join()	把数组所有元素放入一个字符串。元素通过指定的分隔符进行分隔
pop()	删除并返回数组的最后一个元素
push()	向数组的末尾添加一个或更多元素，并返回新的长度
reverse()	颠倒数组中元素的顺序
shift()	删除并返回数组的第一个元素
slice()	从某个已有的数组返回选定的元素
sort()	对数组的元素进行排序
toString()	把数组转换为字符串，并返回结果

【例 24-4】Array 对应的方法示例。

```
01  <!DOCTYPE html>
02  <html>
03  <head>
04      <meta charset="UTF-8">
05          <title>例 24-4：数组常用方法示例</title>
06      <script type="text/javascript">
07          var student = ["刘子栋", "王杰", "James"];
08          student.push("Jordan"); //使用 push()方法追加新元素
09          document.write("数组中的元素：")
10          //遍历输出全部元素
11          for (i = 0; i < student.length; i++) {
12              document.write(student[i] + "  ");
13          }
14          document.write("<br/>反序排列后为：")
15          student.reverse();      //反序排列元素
16          for (i = 0; i < student.length; i++) {
17              document.write(student[i] + "  ");
18          }
19          document.write("<br/><br/>用逗号(,)连接成字符串："
                          + student.join(','));
20          document.write("<br/>用加号(+)连接成字符串："
                          + student.join('+'));
21      </script>
22  </head>
23  <body>
24  </body>
25  </html>
```

上述代码运行结果如图 24-3 所示。

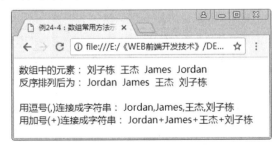

图 24-3 Array 对象的方法示例

JS 的数学对象：Math

💡 Math 不能生成对象的实例，可直接访问它的属性和方法。

24.2.3 Math 对象

JavaScript 内置了一个 Math 对象，Math 对象拥有一系列的属性和方法。Math 对象的作用是进行普通的算数任务，它能完成比基本的加减乘除稍微复杂一些的运算。Math 对象的所有属性和方法都是静态的，不能生成对象的实例，但能直接访问它的属性和方法。

Math 对象的常用属性见表 24-3。

表 24-3 Math 对象的常用属性

属性	描述
E	返回算术常量 e，即自然对数的底数（约等于 2.718）
LN2	返回 2 的自然对数（约等于 0.693）
LN10	返回 10 的自然对数（约等于 2.302）
LOG2E	返回以 2 为底的 e 的对数（约等于 1.414）
LOG10E	返回以 10 为底的 e 的对数（约等于 0.434）
PI	返回圆周率（约等于 3.14159）
SQRT1_2	返回 2 的平方根的倒数（约等于 0.707）
SQRT2	返回 2 的平方根（约等于 1.414）

当计算一个圆的面积时，可以用 JavaScript 的 Math 对象进行如下计算：

```
var radius = 10;
var area = Math.PI * radius * radius;
```

这里得到的结果自然是一个无限不循环的小数，当要保留特定位数的结果，或者是保留整数时，就可以使用 Math 对象的方法，很简单地就能对该结果进行处理。Math 对象的常用方法如表 24-4。

表 24-4 Math 对象的常用方法

方法	描述
abs(x)	返回数的绝对值
acos(x)	返回数的反余弦值
asin(x)	返回数的反正弦值
atan(x)	以介于-PI/2 与 PI/2 弧度之间的数值来返回 x 的反正切值
atan2(y,x)	返回从 x 轴到点(x,y)的角度（介于-PI/2 与 PI/2 弧度之间）
ceil(x)	对数进行上舍入
cos(x)	返回数的余弦
exp(x)	返回 e 的指数
floor(x)	对数进行下舍入

（续表）

方法	描述
log(x)	返回数的自然对数（底为 e）
max(x,y)	返回 x 和 y 中的最高值
min(x,y)	返回 x 和 y 中的最低值
pow(x,y)	返回 x 的 y 次幂
random()	返回 0 ~ 1 之间的随机数
round(x)	把数四舍五入为最接近的整数
sin(x)	返回数的正弦
sqrt(x)	返回数的平方根
tan(x)	返回角的正切
toSource()	返回该对象的源代码
valueOf()	返回 Math 对象的原始值

【例 24-5】使用 Math 对象的属性和方法求圆的面积,结果保留一位小数。

```
01  <!DOCTYPE html>
02  <html>
03  <head>
04      <meta charset="UTF-8">
05      <title>例 25-5：Math 对象应用示例</title>
06      <script type="text/javascript">
07          var r = 3;
08          var area = Math.PI * r * r;
09          document.write("半径为 3 的圆面积为: " + area);
10          var areaRounded = Math.round(area * 10) / 10;
11          document.write("<br/>保留 1 位小数为: " + areaRounded );
12      </script>
13  </head>
14  <body>
15  </body>
16  </html>
```

由于 round() 只能四舍五入成整数，所以这里使用了小技巧：先扩大 10 倍，再取整，再缩小 10 倍，就得到 1 位小数了。

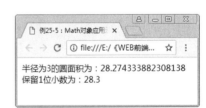

图 24-4 Math 对象应用示例

上述代码在浏览器中的运行效果如图 24-4 所示。

24.2.4 Number 对象

JavaScript 是弱类型语言,只有一种数字类型。与其他编程语言不同的是 JavaScript 不定义不同类型的数字,如整型、浮点型等。Number 对象对应于原始数值类型和提供数值常数的对象,JavaScript 会自动地在元素数据和对象之间转换，编程时无须考虑创建数值对象，直接使用数值变量名即可，如下所示：

```
var a = 10;
```

JavaScript 的数值转换是一个很有趣的过程，其他存在数值类型的编程语言，在不同类型的内容中进行运算时，往往会报错，而 JavaScript 总是会返回一个结果，如下所示：

```
var a = 10 + 0;      //输出结果为数字 10
var b = 10 + "0";    //输出结果为字符串"100"
var c = 10 - "9";    //输出结果为数字 1
var d = "10" * '10'; //输出结果为数字 100
```

💡 JS 中不区分单、双引号（除非是语义上的需要）。

所以 JavaScript 在网页中需要用到元素之间的运算时，一般不需要过多考虑元素的类型。但是为保持良好的编程习惯，应尽量让数据类型明确；同时，也要当心造成的一些意外错误。

Number 对象的常用方法见表 24-5。

💡 toString() 方法的使用请参见 23.3 节的介绍。

表 24-5 Number 对象的常用方法

方法	描述
toString	把数字转换为字符串，使用指定的基数（默认基数为 10）
toLocaleString	把数字转换为字符串，使用本地数字格式顺序
toFixed	把数字转换为字符串，结果的小数点后有指定位数的数字
toExponential	把对象的值转换为指数计数法
toPrecision	把数字格式化为指定的长度
valueOf	返回一个 Number 对象的基本数字值

例 24-5 的第 10 行代码中，圆面积变量 area 是一个浮点数，为了保留位 1 位小数，采用的方法是 "Math.round(area*10)/10"，这里使用了一点技巧，但其实是 "无奈" 之举，因为 Math.round() 只能得到整数。但是现在利用 Number 对象的 toFixed() 方法就可以轻松实现了，代码如下。

```
var areaRounded = area.toFixed(1);   //小数点后面保留一位小数
```

24.2.5 String 对象

JS 的 String 对象用于处理已有的字符串。JS 中用字符串存储一系列的字符，可以使用单引号，也可以使用双引号，如下所示：

```
var a = 'string';
var b = "string";
```

创建 String 对象可以使用 new 关键字，也可以不使用，如下所示：

```
var a = new String('string');     //创建并返回一个 String 对象
var b = String('string');         //得到一个字符串
```

这两种创建 String 对象的区别是：使用 new 来创建，返回的是一个新创建的 String 对象，存放的是字符串或用字符串表示；直接使用 String()，它只把该字符串转换成原始的字符串，并返回转换后的值。

JS 在 String 对象中内置了很多方法，极大地方便了字符串及字符串对象的操作，常用的方法见表 24-6。

JS 的字符串对象：String

表 24-6 String 对象的常用方法

方法	描述
charAt()	返回在指定位置的字符。
concat()	连接字符串。
indexOf()	检索字符串。
match()	找到一个或多个正则表达式的匹配。
replace()	替换与正则表达式匹配的子串。
search()	检索与正则表达式相匹配的值。
slice()	提取字符串片断，并在新的字符串中返回被提取的部分
split()	把字符串分割为字符串数组。
substr()	从起始索引号提取字符串中指定数目的字符。
substring()	提取字符串中两个指定的索引号之间的字符。
toLocaleLowerCase()	把字符串转换为小写。
toLocaleUpperCase()	把字符串转换为大写。
toString()	返回字符串。
valueOf()	返回某个字符串对象的原始值。

表 24-6 只列举了部分常用的方法，更多方法参见 W3C 参考手册相关资料。

字符串的索引从 0 开始

字符串的处理是程序设计中非常重要的功能。以下介绍几种常用方法。

1. 返回指定位置的字符：charAt(n)

当字符串长度固定，且有特定规则时，这个功能就比较有用。
例如：已知学号倒数第 3 位是班级，则获取班级的代码为：

```
var stuID = "201810414218";
var classNO = stuID.charAt(stuID.length - 3);  //得到"2"
var classNO = stuID[stuID.length -3];     //用数组的方式访问字符串
```

字符串可以按照数组的方式访问。

2. 截取子字符串：slice(start, [end])

返回 start 和 end 之间的子字符串（包含 start 字符，不包含 end 字符）。

若 end 为负，从字符串结束位置向前 end 个字符即为结束索引位置；若省略 end，则返回从 n 索引位置到字符串结束位置的子字符串。

```
var str = "ThisIs 软件工程 2018 级";
var s1 = str.slice(3, 8);      //sIs 软件
var s2 = str.slice(3);         //sIs 软件工程 2018 级
var s3 = str.slice(3, -2);     //sIs 软件工程 201
```

3. 截取子字符串：substr(start, [length])、substring(start, end)

substr(start, [length]) 根据给定起始位置和长度截取子字符串。
substring(start, end) 根据起始、结束位置截取子字符串。

（1）如果 end 为负，返回从字符串起始位置开始的 start 个字符。
（2）如果参数 start 为负，视为 0。
（3）如果 end 大于字符串长度，视为 string.length。
（4）说明：包含 start 索引处字符，不包含 end 索引处字符。

当省略第 2 个参数时，二者功能相同，都截取到字符串结束位置。

```
var str = "ThisIs 软件工程 2018 级";
var s1 = str.substr(3, 8);        //sIs 软件工程 2
var s2 = str.substring(3, 8);     //sIs 软件
var s3 = str.substring(3, -2);    //Thi
```

4. 查看特定字符的索引位置：indexOf(字符)、lastIndexOf(字符)

💡 *没有搜索到，返回-1*

这个功能与 charAt() 正好相反，charAt() 是根据索引去找对应字符，而 indexOf()、lastIndexOf() 是根据字符去找对应索引位置。

需要注意的是：indexOf() 和 lastIndexOf() 都是找到第一个符合的字符即停止，并返回其索引值；只是搜索的方向不同，前者是从前往后，而后者则是从后向前。

下面例子演示了如何从已知的 URL 中解析出域名地址、当前文档名。

```
01   var url = "http://www.uexam.cn/teacher/images/demo.png";
02   var file = url.substring(url.lastIndexOf("/") + 1);
03   url = url.substr(url.indexOf("//") + 2);
04   var domainName = url.substring(0, url.indexOf("/"));
```

第 02 行找到最后一个"/"，从它的下一个字符开始截取到最后，得到的就是当前 URL 的文档名。

为了从 URL 中提取出域名"www.uexam.cn"，需要找到前后索引。第

03 行的作用是将"http://"去掉,得到"www.uexam.cn/teacher/..."。然后第 4 行从第 1 个字符开始截取,到第一个"/"所在的位置(不包含"/"字符),即得到域名。

5. 把字符串分割成字符串数组:split(分隔符)

在介绍数组时,提到过一个功能:join()。它的作用是,使用分隔符,将数组元素拼接成一个字符串。这个功能在 Web 开发中非常有用。比如,要传送一系列的集合值,很难通过对象来实现,这时,把它们拼接成字符串,就很容易通过参数传递。

那么,当得到了这样的拼接好的字符串后,如何还原成数组呢?split()函数正是解决这个问题的。其作用就是把字符串分割为字符串数组。

```
var student = ["刘子栋", "王杰", "James", "Jordan"];
var str = student.join(",");    //"刘子栋,王杰,James,Jordan"
var restore = str.split(",");  //将上面字符串以","分隔还原成数组
```

24.2.6 Boolean 对象

在 JS 中,布尔型是一种基本的数据类型。Boolean 对象用于转换一个不是 Boolean 类型的值转换为 Boolean 类型值(true 或者 false)。

创建 Boolean 对象有两种方式,如下所示:

```
var a = new Boolean(value);
var b = Boolean(value);
```

这两种创建 Boolean 对象的区别为:当作为一个构造函数(带有运算符 new)调用时,Boolean() 将把它的参数转换成一个布尔值,并且返回一个包含该值的 Boolean 对象。如果作为一个函数(不带有运算符 new)调用时,Boolean() 只把它的参数转换成一个原始的布尔值,并且返回这个值。

当调用 toString()方法将布尔值转换成字符串时(通常是由 JS 隐式地调用),JS 会内在地将这个布尔值转换成一个临时的 Boolean 对象,然后调用这个对象的 toString()方法。

布尔型广泛使用在逻辑处理中。

24.3 本章总结

对象在 JavaScript 中极其重要,在开发过程中,肯定会使用。本章学习了怎样定义对象,以及怎样访问对象的属性、方法。除此之外,还了解

了 JavaScript 中常见的对象。Web 开发者应该理解并灵活使用这些常见的对象，才能有效地提高开发效率。

24.4 最佳实践

（1）定义一个 Person 对象，包括姓名、年龄、电话等属性，并在网页中输出每一个属性及对应的值。

（2）在网页中输出当前的日期、时间，格式为：

2018 年 8 月 7 日 星期二 01：08：16

并考虑如何实现动态时间显示。

（3）设计一个"剪刀、石头、布"的人机交互小游戏，功能是：每轮游戏，操作人员通过下拉列表选择一个值，然后系统随机产生一个值，二者进行比较，从而得出胜、平、负。如图 24-5 所示。

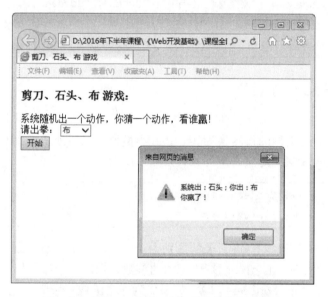

图 24-5 "剪刀、石头、布"的人机交互小游戏

第 **25** 章 JavaScript 函数

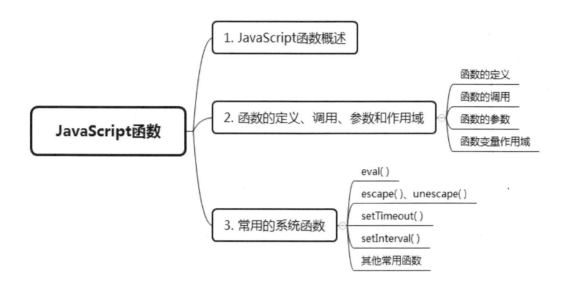

📖 本章介绍

　　函数实际上就是一段完成特定功能的代码块,一旦定义便可以多次调用,这样做既可减轻可开发人员的负担,也可提高开发的效率和代码的复用率。

　　JavaScript 函数分为系统内置函数和自定义函数。系统内置函数就是不用声明就可以直接调用的函数,自定义函数需要用户先定义后调用。

　　本章将介绍 JavaScript 函数,函数的定义和调用方式、参数和作用域等。

💡 学习重点

掌握自定义函数的声明、调用

掌握函数的参数

理解函数的作用域特性

能编写高质量的函数

掌握常用系统函数

25.1 JavaScript 函数概述

JS 的函数

在了解函数之前，先思考几个问题。

（1）为什么学校要教务处、学生处等部门？为什么要用 ATM 机？

（2）如何编程求解复杂的或者规模大的问题？

显然，我们可以有如下一些解释。

（1）分工明确，工作专一，提高效率。

（2）结构化、模块化，逐步分解，分而治之。

在编写程序时，经常会遇到这样的问题：在一个程序或者在不同的程序中反复做相同或相似的操作。小一点的如求圆的面积，大一点的如发布新闻、写留言等。很显然，我们不会为每一次操作编写一段代码，而是会编写一段特定的代码完成特定的功能，这就是函数。

函数（function）是由事件驱动的或者当它被调用时执行的、可重复使用的、实现一个特定功能的代码块。 在一些编程语言中又称为子程序。

函数机制的优点如下。

（1）使程序变得更简短而清晰。

（2）提高了程序的可读性。

（3）有利于程序维护。

（4）可以提高程序开发的效率。

（5）提高了代码的重用性。

25.2 函数的定义、调用、参数和作用域

25.2.1 函数的定义

函数可以把相对独立的某个功能抽象出来，使之成为程序中的一个独立实体，可以在同一个程序或其他程序中多次重复使用。因此，在开发程序时，肯定会根据实际需要定义函数。

使用 function 关键字定义函数的语法如下。

💡 函数的参数没有个数限制，可根据需求进行设计。

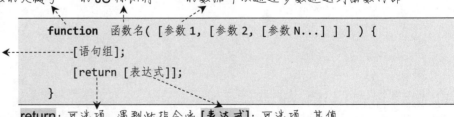

function: 定义函数的关键字　　函数名: 合法的 JS 标识符　　参数: 可选项, 合法的 JS 标识符, 外部的数据可以通过参数递送到函数内部

[语句组]: 可选项, JS 程序语句, 当为空时函数没有任何动作

```
function  函数名( [参数 1, [参数 2, [参数 N...] ] ] ) {
        [语句组];
        [return [表达式]];
    }
```

return: 可选项, 遇到此指令函数执行结束并返回, 当省略该项时函数将在右花括号处结束　　[表达式]: 可选项, 其值作为函数的返回值。只能返回一个值或对象

上述函数定义语法中 function 是关键字，是函数定义必不可少的部分。函数名在调用函数时使用，其命名须遵守函数命名规范，参数可省略，函数体就是具有一定逻辑的 JavaScript 语句块。

例如，下列代码定义了一个名为"calculate"的函数，接受两个参数和一个符号，根据符号进行简单四则运算，并返回结果。

```
function calculate(num1, op, num2) {
    if(op == "+")
        return num1 + num2;
    if(op == "-")
        return num1 - num2;
    if(op == "*")
        return num1 * num2;
    if(op == "/")
        return num1 / num2;
}
```

注意，这里仅是为了函数声明，代码实现中并未做逻辑检查及错误处理，实际项目中必须加以完善。

除此之外，还可以通过创建 Function 对象、为对象创建方法等方式创建函数。

函数定义中的注意事项如下。

（1）不指定函数的返回类型（注：C 语言等其他强类型语言要求必须指定返回类型）。

（2）函数名后必须有()，每个参数不必指定数据类型。

（3）如果函数有返回值，可以使用 return 表达式。

💡 一个函数最多只能有一个返回值！

25.2.2 函数的调用

函数的调用就是使用函数名，并根据函数的定义提供参数，如果函数有返回值，还需要返回值的接收。

例如，下述 JS 代码将调用 calculate 函数完成四则运算。

```
var result = calculate(3, "+", 5);      //得到 8
var result = calculate(16, "-", 9);     //得到 7
var result = calculate(4, "*", 5);      //得到 20
var result = calculate(4, "/", 5);      //得到 0.8
```

事实上，在 HTML 中，通过与事件绑定的方式，也可以调用 JS 中的函数，例如：

```
<INPUT id="btnSubmit" type="button" value="登录" onClick="login()">
```

这里点击"登录"按钮，将调用 login()函数。

很显然，在 HTML 控件中调用函数，往往是不需要返回值的。

25.2.3 函数的参数

在调用函数时，有时需要向其传递值，这些值被称为参数（parameter）。函数的定义、调用、形参、实参等的关系如图 25-1 所示。

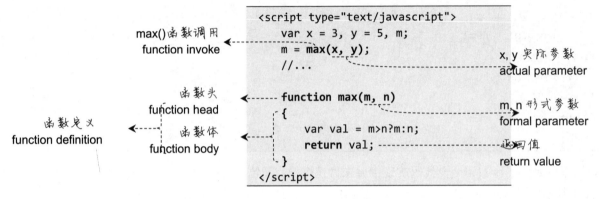

图 25-1 函数的定义、调用、形参、实参等的示意图

形式参数（formal parameter），简称形参，是函数定义时设定的参数，即在函数声明或定义时函数名后的圆括号中使用的变量。形参表是对函数调用格式的规定，或者说是与调用者之间的一种约定。

实际参数（actual parameter），简称实参，是调用函数时所提供的参数。

不同于 C 语言等强类型的语言对参数的严格要求，JS 在参数的使用上非常灵活。JS 中的函数定义并未指定函数形参的类型，函数调用也未对传入的实参值做任何类型检查。实际上，JS 函数调用甚至不检查传入形参的个数。

当实参比形参个数多，就依次取，多余的参数不管；当实参比形参个数少，缺少的形参都将设置为 undefined 值。

当然，强烈建议大家尽量按照 C 语言等强类型语言的规范去编写 JS 程序，以保证良好的编程习惯和严谨的编程思维。

25.2.4 函数变量作用域

在 JS 中，变量分为全局变量和局部变量。顾名思义全局变量作用于全局，可以在 JS 代码的任何位置发挥作用，而局部变量则作用于某一段代码块，只能在其对应的代码块中发挥作用。

1. 局部变量

在函数体中声明一个变量，就是这个函数的局部变量。

局部变量需要使用 var 关键字声明。

局部变量的作用域为：其所在的函数或函数中的代码块，从声明开始，到代码块结束。

2. 全局变量

在函数外声明的变量是全局变量。

全局变量不用 var 关键字声明。

全局变量的作用域为：从声明开始之后的所有语句。

例：正面两段 JS 代码执行后，提示的 age 值分别是多少？

💡 局部变量使用 var 声明
💡 全局变量不用 var 声明

```
age = 30;
function show(){
    age = 50;
}
show();
alert(age);
```

```
age = 30;
function show(){
    var age = 50;
}
show();
alert(age);
```

两段代码唯一的不同是右侧代码的 show() 函数中多了一个 var，但正是这个 var，使得第 3 行的 age 成为 show() 函数中新的局部变量，并在这个局部范围内会覆盖掉第 1 行的全局变量 age。所以，左侧代码的 show() 函数修改了全局 age，而右侧代码没有。即：左侧代码执行后结果为 50，而右侧仍为 30。

由此，可以得出结论：**在函数内部，局部变量允许和全局变量同名，但局部变量的优先级高于全局变量。**

25.3 常用的系统函数

JS 中有很多预先定义的系统函数，在使用这些系统函数时，不需要事先定义，直接调用即可。如前述章节中使用到的 document.write()、alert() 就是系统函数，除了这两个函数，JS 还提供了丰富的内置函数如 parsetInt()、eval()、inNaN() 等。以下介绍几个常用的系统函数。

25.3.1 eval(string)

eval 函数可以接受一个字符串作为参数，并将该参数字符串作为正常代码在上下文中执行，并将执行所得到的结果返回。即：计算字符串表达式的值。例如：

💡 eval 函数中参数可作为 JS 代码进行执行。

```
var x = eval("18*4/9");          //变量 x 获得值：8
```

```
document.write('1+1=' + eval('1+1'));        //页面上输出："1+1=2"
eval('var a = 1; b = 2; alert(a + b)');      //弹出消息框，显示"3"
```

25.3.2 escape(string)、unescape(string)

escape 函数接受一个字符串（ISO-Latin-1 字符集）作为参数，对参数字符串进行编码，并返回编码后的字符串，这样就可以在所有计算机上读取该字符串。unescape 函数与 escape 函数作用相反，对字符串进行解码，返回一个 ISO—Latin—1 字符集的字符串。

这两个函数非常实用。我们在访问网上资源时，只要 URL 中有中文或一些特殊字符出现，就可能造成 URL 出错，此时，将它们处理为可以正常使用的字符就很有必要。处理的方式就是编码。当然，如果需要从 URL 中获取参数，就需要把已经编码的字符解码还原。

URL 中出会经常现很多我们不认识的"乱码"，就是这个原因。

【例 25-1】 escape、unescape 函数实例，代码如下。

```
01  <!DOCTYPE html>
02  <html>
03  <head>
04      <meta charset="UTF-8">
05      <title>例 25-1: escapse()和 unescapse()示例</title>
06      <script type="text/javascript">
07          var url = "www.exam.cn/student/examing.aspx?"
08              + "id=201810411101&name=刘子栋&setName=WEB 开发技术"
09          out("原始 URL 为： " + url);
10          var urlEncode = escape(url);          //对字符串编码
11          out("编码后为： " + urlEncode);
12          var urlDecode = unescape(urlEncode);  //解码已编码的对象
13          out("解码还原后： " + urlDecode);
14          function out(str) {
15              document.write(str + "<br/>");
16          }
17      </script>
18  </head>
19  <body>
20  </body>
21  </html>
```

运行效果如图 25-2 所示。

（左侧边栏）

💡 **escape** 对字符串进行编码

💡 **unescape** 对已编码的字符串进行解码

自定义函数，接收一个字符串，然后把它在页面上输出，并换行

原始URL为：www.exam.cn/student/examing.aspx?id=201810411101&name=刘子栋&setName=WEB开发技术
编码后为：
www.exam.cn/student/examing.aspx%3Fid%3D201810411101%26name%3D%u5218%u5B50%u680B%26setName%3DWEB%u5F00%u53D1%u6280%u672F
解码还原后：www.exam.cn/student/examing.aspx?id=201810411101&name=刘子栋&setName=WEB开发技术

图 25-2 escaspe()和unescaspe()示例

25.3.3 setTimeout(code, mllisec)

setTimeout()方法用于在指定的毫秒数后调用函数或计算表达式。

该函数常用于需要间隔一定时间后执行一个操作的场景。如用户登录或注册成功几秒后自动跳转到首页、页面显示的广告几秒后自动关闭等。

setTimeout(code, millisec)中，参数 code 为要调用的函数名或要执行的 JavaScript 代码串；millisec 为执行代码前需等待的毫秒数。

setTimeout()只执行 code 一次。如果要多次调用，应使用 setInterval() 或者让 code 自身再次调用 setTimeout()。

💡 setTimeout(code, ms)
只执行 code 一次！

💡 clearTimeout(句柄)
可阻止 code 的执行。

【例 25-2】 setTimeOut 函数实例，定时执行操作，代码如下。

```
01  <!DOCTYPE html>
02  <html>
03  <head>
04      <meta charset="UTF-8">
05      <title>例 25-2: setTimeOut()示例</title>
06      <script type="text/javascript">
07          function timedMsg() {
08              var t = setTimeout("timeout()", 5000);
09          }
10          function timeout() {
11              alert("5 seconds timeout! Let's GO!");     //提示信息
12              location.href = "http://www.baidu.com/";   //跳转网页
13          }
14      </script>
15  </head>
16  <body>
17      <input type="button" value="5 秒后跳转" onClick="timedMsg()">
18      <p>点击上面的按钮。5 秒后会显示一个消息框。</p>
19  </body>
20  </html>
```

设置 5 秒后执行 setTimeout()函数

注：变量 t 的作用是获得函数的句柄，本例中没有使用，但在必要的时候，可以使用 clearTimeout(句柄)函数中止函数的执行。

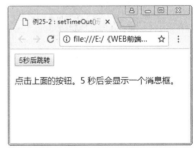

25-3 调用 setTimeout()前

在页面中的浏览效果如图 25-3 所示。当点击"5 秒后跳转"按钮后，等待 5 秒便会弹出一个消息框，如图 25-4 所示；点击确定后，页面跳转到指定网站。

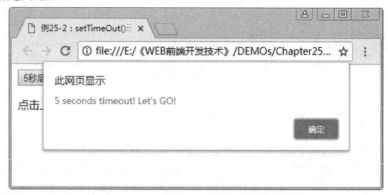

图 25-4 setTimeout()函数应用示例

💡 setInterval(code, ms)

   按周期 ms 不停调用 code

💡 clearInterval(句柄)

   可停止调用

📹 JS 实例：网页倒计时

25.3.4 setInterval(code, mllisec)

setInterval() 方法可按照指定的周期（以毫秒计）来调用函数或计算表达式。

setInterval()方法会不停地调用函数，直到 clearInterval()被调用或窗口被关闭。由 setInterval()返回的 ID 值（句柄）可作为 clearInterval()方法的参数。

参数 code 为要调用的函数名或要执行的 JavaScript 代码串；millisec 为执行代码前需等待的毫秒数。

setInterval()函数的使用更为频繁。例如：页面上动态显示当前时间；操作成功或失败，显示倒计时等。下面通过两个实例来说明。

【例 25-3】 倒计时跳转：假设场景为已经登录（或注册）成功，10 秒倒计时后跳转到指定页面。

```
01    <!DOCTYPE html>
02    <html>
03    <head>
04        <meta charset="UTF-8">
05        <title>例 25-3: setInterval()倒计时 10 秒示例</title>
06        <style type="text/css">
07            span#lblSec {
08                font-size: 32px;
09                color: #fb5404;
10                font-family: Verdana, Geneva, Tahoma, sans-serif;
11            }
12        </style>
13        <script type="text/javascript">
```

```
14      var n = 10;          //倒计时总时间
15      var lblSec;
16      window.onload = function () {
17          lblSec = document.getElementById("lblSec");
18          countdown();   //首先显示倒计时初始时间
19          setInterval("countdown()", 1000);  //每秒调用函数一次
20      }
21      function countdown() {
22          lblSec.innerHTML = n;   //显示剩余时间
23          if (n <= 0)
24              location.href = "http://www.uexam.cn/";
25          else
26              n--;
27      }
28      </script>
29  </head>
30  <body>
31    <h3>恭喜你注册成功，<span id="lblSec"></span>秒后跳转到首页</h3>
32  </body>
33  </html>
```

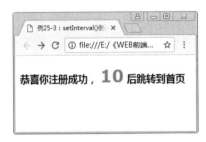

25-5 页面倒计时示例

上述代码在浏览器中的显示效果如图 25-5 所示。

setInterval() 函数另一个最典型的应用是动态显示当前时间。

在例 24-3 中，我们使用 Date 对象能够显示出当前日期和时间，但是它是"死"的，并不会动态变化，现在，我们让它动起来吧！

【例 25-4】动态显示当前日期和时间（能看到秒数的变化），HTML 如下。

```
01  <!DOCTYPE html>
02  <html>
03  <head>
04    <meta charset="UTF-8">
05    <title>例 25-4: 动态显示当前系统日期和时间</title>
06    <script type="text/javascript" src="JS/demo25-4.js"></script>
07  </head>
08  <body>
09      当前时间: <span id="lblDT"></span>
10  </body>
11  </html>
```

JS 实例：动态显示日期、时间

相应的 JS 代码为：

```
01   var dt;
02   var days = ["天", "一", "二", "三", "四", "五", "六"];
03   window.onload = function () {
04       dt = document.getElementById("lblDT");
05       getDT();
06       setInterval("getDT()", 1000); //定时器, 每秒执行一次
07   }
08   function getDT() {
09       var now = new Date();           //获取当前日期和时间对象
10       var y = now.getFullYear();    //获取年份（4 位）
11       var M = now.getMonth() + 1; //获取月份, 注意 +1
12       var d = now.getDate();          //获取月中的第几天
13       var h = now.getHours();         //获取小时
14       var m = now.getMinutes();    //获取分钟
15       var s = now.getSeconds();    //获取秒数
16       var day = now.getDay();          //获取星期几, 注意特殊值 0
17       if (m < 10) m = "0" + m;       //若小于 10, 则前面补"0"成两位
18       if (d < 10) d = "0" + d;
19       if (h < 10) h = "0" + h;
20       if (m < 10) m = "0" + m;
21       if (s < 10) s = "0" + s;
22       var str = y + "年" + M + "月" + d + "日 " +
23           h + ":" + m + ":" + s + " 星期" + days[day];
24       dt.innerHTML = str;
25   }
```

当 DOM 加载完成后才获取元素

初始显示当前时间

启动定时器, 每秒执行一次

当前时间：2018年8月10日 13:16:12 星期五

25-6 动态日期和时间示例

在浏览器中的效果如图 25-6 所示。当然，这个时钟可是动态的哟！

25.3.5 其他常用函数

JS 中常用的函数很多，如 Math、Array、String 等对象相关的处理函数，isNaN()、toString()、parseInt() 等，在其他章节分别都有介绍，这里不再赘述。

如果要了解更多、更详细的与系统函数相关的信息，大家可以查询 W3C 等相关资料。

25.3 本章总结

函数（function）是由事件驱动的或者当它被调用时执行的、可重复

使用的、实现一个特定功能的代码块。使用函数可以把复杂的问题分解成若干小问题，分而治之。使用函数能够提高代码的可读性、重用性、可维护性等。

本章重点讲解了函数的声明及使用，以及怎样调用函数。其中变量的作用域也是一个重点，需要重点理解。此外，还介绍了 JS 中的系统函数。系统函数在代码中可以直接使用。

25.4 最佳实践

（1）实践使用常见的系统函数。

（2）使用 JS 的函数功能，制作一个简易的计算器，包括加、减、乘、除的功能，如图 25-7 所示。要求如下。

① 两个操作数由用户通过文本框输入。

② 四则运算的运算符号通过下拉列表选择。

③ 单击"="按钮，计算出结果，并显示出来。

④ 使用函数传参的方式完成计算器的功能。

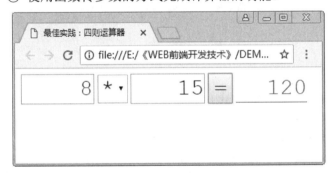

图 25-7 简单四则运算器(a)

参考代码如下。

```
01  <!DOCTYPE html>
02  <html>
03  <head>
04    <meta charset="UTF-8">
05    <title>最佳实践：四则运算器</title>
06    <style type="text/css">/*略*/</style>
07    <script type="text/javascript">
08        function calc() {
09            var num1 = +document.getElementById("num1").value;
10            var op = document.getElementById("op").value;
11            var num2 = +document.getElementById("num2").value;
```

```
12              var result = calculate(num1, op, num2);
13              document.getElementById("result").value = result;
14          }
15          function calculate(num1, op, num2) {
16              var result;
17              if (op == "+") {
18                  result = num1 + num2;
19              } else if (op == "-") {
20                  result = num1 - num2;
21              } else if (op == "*") {
22                  result = num1 * num2;
23              } else if (op == "/") {
24                  result = num1 / num2;
25              }
26              return result;
27          }
28      </script>
29  </head>
30  <body>
31      <input type="text" name="" id="num1" size="5">
32      <select id="op">
33          <option value="+">+</option>
34          <option value="-">-</option>
35          <option value="*">*</option>
36          <option value="/">/</option>
37      </select>
38      <input type="text" name="" id="num2" size="5">
39      <input type="button" value="=" onclick="calc()">
40      <input          type="text"          id="result"          size="5"
    disabled="disabled"></input>
41  </body>
42  </html>
```

特别说明：示例程序中没有进行数据合法性检查，读者可以在自己实现时加以补充完善。

（3）完善（2）中的界面与功能，达到如图 25-8 所示的效果，功能的完全实现需要结合第 27 章的知识进行。

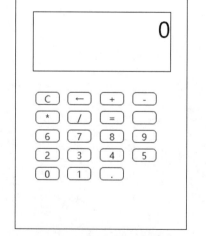

图 25-8　简易四则运算器(b)

第 26 章 DOM 和 BOM

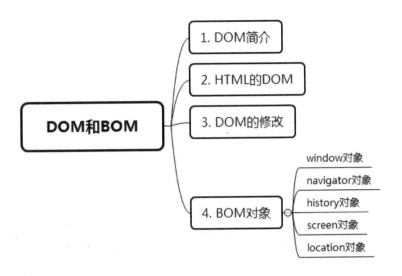

📖 **本章介绍**

DOM 是文档对象模型，用来获取或设置文档中标签的属性，如获取或者设置 input 表单的 value 值。DOM 是一个使程序和脚本有能力动态地访问和更新文档的内容、结构以及样式的平台和语言中立的接口。

BOM 是浏览器对象模型，B 定义了 JavaScript 可以进行操作的浏览器的各个功能部件的接口，用来获取或设置浏览器的属性、行为。例如：新建窗口、获取屏幕分辨率和浏览器版本号等。

💡 **学习重点**

了解 DOM 和 BOM

初步掌握如何利用 JS 操作 DOM

初步掌握如何利用 JS 操作 BOM

26.1 DOM 简介

☞ **DOM：文档对象模型**

Document Object Model

文档对象模型（Document Object Model，DOM），是 W3C 组织推荐的处理可扩展标志语言的标准编程接口。在网页上，组织页面（或文档）的对象被组织在一个树形结构中，用来表示文档中对象的标准模型就称为 DOM。

DOM 实际上是以面向对象方式描述的文档模型，位于 windows 对象的下一层级。DOM 定义了表示和修改文档所需的对象、这些对象的行为和属性以及这些对象之间的关系。可以把 DOM 认为是页面上数据和结构的一个树形表示。

通过 JavaScript 可以重构整个 HTML 文档，甚至可以添加、移除、改变或重排页面上的项目。DOM 被 JavaScript 用来读取、改变 HTML、XHTML 以及 XML 文档。

DOM 的历史可以追溯至 20 世纪 90 年代后期微软与 Netscape 的"浏览器大战"，双方为了 JavaScript 与 JScript 一决生死，于是大规模地赋予浏览器强大的功能。微软在网页技术上加入了不少专属事物，既有 VBScript、ActiveX，又有微软自家的 DHTML 格式等，使不少网页使用非微软平台及浏览器无法正常显示。DOM 即是当时创造出来的杰作。

DOM 的优势主要表现在：易用性强，使用 DOM 时，将把所有的 XML 文档信息都存于内存中，并且遍历简单，支持 XPath，增强了易用性。

DOM 的缺点主要表现在：效率低，解析速度慢，内存占用量过高，对于大文件来说几乎不可能使用。另外，效率低还表现在大量的消耗时间，因为使用 DOM 进行解析时，将为文档的每个 element、attribute、processing-instruction 和 comment 都创建一个对象，这样在 DOM 机制中所运用的大量对象的创建和销毁无疑会影响其效率。

26.2 HTML 的 DOM

HTML DOM 定义了所有 HTML 元素的对象和属性，以及访问它们的方法（接口）。换言之，**HTML DOM 是关于如何获取、修改、添加或删除 HTML 元素的标准**。根据 DOM，HTML 文档中的每个成分都是一个节点，具体规定如下。

（1）整个文档是一个文档节点。

（2）每个 HTML 标签是一个元素节点。

（3）包含在 HTML 元素中的文本是文本节点。

（4）每个 HTML 属性是一个属性节点。

HTML 文档中的所有节点组成了一个文档树（或节点树）。HTML 文档中的每个元素、属性、文本等都代表着树中的一个节点。**树起始于文档节点**

（**根节点**），并由此继续伸出枝条，直到处于这棵树最低级别的所有文本节点为止。

【**例 26-1**】HTML 文档。

```
01  <!DOCTYPE html>
02  <html lang="en">
03  <head>
04      <meta charset="UTF-8">
05      <title>DOM 文档树</title>
06  </head>
07  <body>
08      <h1>我的标题</h1>
09      <a href="#">我的链接</a>
10  </body>
11  </html>
```

上例对应的文档树（节点树）可以用图 26-1 所示的结构表示。

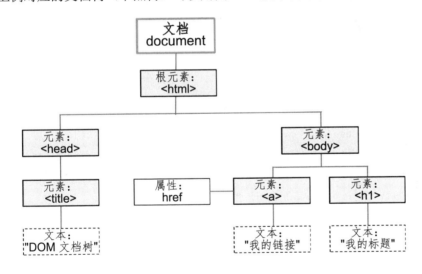

图 26-1 HTML 的 DOM 树

DOM 上的每个节点彼此都有等级关系，并且每个节点都包含关于自身的一些信息，这些信息可以通过 document 对象对其进行访问。

访问 HTML 元素等同于访问节点，主要有以下三种方式。

（1）通过使用 getElementById() 方法。

（2）通过使用 getElementsByTagName() 方法。

（3）通过使用 getElementsByClassName() 方法。

很显然，第（1）种方法能够获取唯一的对象，因为元素的 ID 是唯一的。而另外两种方法获得的对象都不唯一，需要按集合的方式进一步处理。

💡 这里只列举了使用 id 访问对象的方式，还有 class 以及标签名等访问方式。其他更多的对象访问方式请参见 W3C。

以方法（1）为例，访问 id 为 "main" 的<div>标签，代码如下。

```
var main = document.getElementById("main");
```

每个节点分出的下一层级称为该节点的子节点，该节点为父节点。如例 26-1 中<head>标签可以称为<title>和<meta>标签的父节点。每个父节点都可以通过数组属性 children 来获取自己的子节点。如上述 id 为"main"的<div>标签访问自身子节点的方式如下。

```
var mainChildNodes = main.children;   //获取子节点，以数组形式返回
```

每个节点还可以通过节点的 firstChild 和 lastChild 属性来获取它的第一个子节点和最后一个子节点。DOM 规定一个 HTML 文档只有一个根节点，**根节点没有父节点**。此外其他节点都可以通过 parentNode 属性来获取章节的父节点。**位于同一父级节点下的节点称为兄弟节点**，例 26-1 中的<title>标签和<meta>标签互为兄弟节点。节点对象具体的访问方法见例 26-2，运行结果如图 26-2 所示。

【例 26-2】访问 DOM 节点。

```
01  <!DOCTYPE html>
02  <html lang="en">
03  <head>
04      <meta charset="UTF-8">
05      <title>例 26-2：访问 DOM 节点示例</title>
06  </head>
07  <body>
08      <div id="main">
09          <h3>我是第一个子节点</h3>
10          <div>我是第二个子节点</div>
11          <p>我是最后子节点</p>
12      </div>
13  </body>
14  <script type="text/javascript">
15      var main = document.getElementById('main');
16      var mainChildNodes = main.children;
17      document.write("div 的子节点个数为: " + mainChildNodes.length);
18      document.write("<br>" + mainChildNodes[1].tagName);
19      document.write("<br>" + mainChildNodes[2].innerHTML);
20  </script>
21  </html>
```

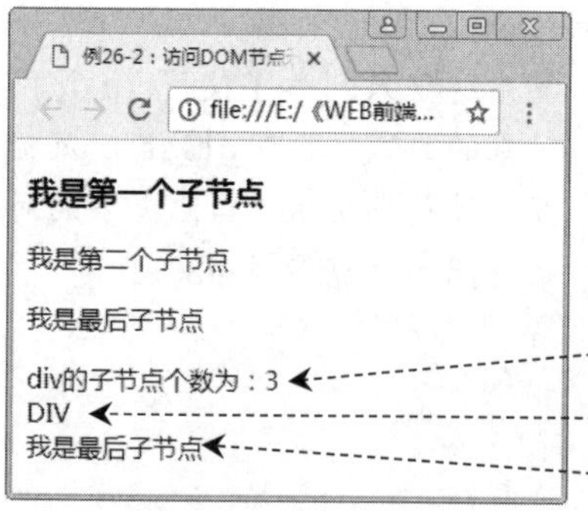

图 26-2 DOM 对象访问示例

需要注意的是，本例<script>脚本的位置在<body>之后，而不是在习惯的<head>部分，其原因已经在 22.5 节介绍，请参考。

此外，代码第 15 行获取到 id 为 "main" 的 DOM 对象；第 16 行获取该对象的所有子节点，由于子节点可能不止一个，所以是一个集合，因而 17 行可以通过集合的 length 属性获得集合的元素个数（即子节点数）；第 18、19 行分别获取第 2、3 个元素的一些信息，作为示例。

事实上，当获取到 DOM 对象（第 15 行）后，可以做很多事情，如获取该节点的各种信息，进一步获取其子节点、父节点的信息，还可以层层推进直到根或叶子。

26.3 DOM 的修改

除了获取信息之外，还可以进行各种修改操作，修改 HTML DOM 意味着许多不同的方面。

（1）改变 HTML 内容。

（2）改变 CSS 样式。

（3）改变 HTML 属性。

（4）创建新的 HTML 元素。

（5）删除已有的 HTML 元素。

（6）改变事件（处理程序）。

也就是说，从 DOM 操作开始，真正能够通过编程对文档进行控制。

HTML DOM 支持 JavaScript 动态改变元素的样式。使用方法有多种，这里给出几个：

```
var obj = document.getElementById(元素 ID); //或其他方式获得元素
obj.innerHTML = 标签内的内容;  //修改 HTML 内容
obj.style.样式属性名 = 样式值;  //修改 CSS 样式
obj.属性名 = 属性值;           //修改 HTML 属性
obj.remove();                 //删除元素
```

由于创建 HTML 元素、改变事件等涉及的操作较多，这里不再列出。下面通过实例说明。

【例 26-3】JS 操作 DOM 示例。

```
01  <!DOCTYPE html>
02  <html lang="en">
03  <head>
04      <meta charset="UTF-8">
05      <title>例 26-3：修改 DOM 节点示例</title>
```

```
06    </head>
07    <body>
08        <div id="main">
09            <a href="http://www.cdu.edu.cn/">我是第一个子节点</a>
10            <div>我是第二个子节点</div>
11            <p>我是最后子节点</p>
12        </div>
13    </body>
14    <script type="text/javascript">
15        var main = document.getElementById('main'); //获取 div 对象
16        var mainChildNodes = main.children;        //获取 div 子节点集合
17        var link = mainChildNodes[0];              //获取第 1 个子元素
18        link.style.backgroundColor = "#eee";       //修改元素的背景颜色
19        link.style.fontSize = "28px";              //修改元素的文字大小
20        link.style.textDecoration = "none";        //删除元素下划线
21        link.href = "http://wwww.baidu.com/";      //修改元素的属性
22        mainChildNodes[2].innerHTML = "节点内容修改了";  //修改内容
23        mainChildNodes[1].remove();                //删除第 2 个子元素
24        var ele=document.createElement("div"); //创建子元素（节点）
25        ele.innerHTML="新增加的节点";              //为新的 div 元素添加内容
26        main.appendChild(ele);                     //将新元素追加到 div#main 节点中
27    </script>
28    </html>
```

获取超链接元素，并修改其颜色、字号、样式等属性（17~21行）

向文档动态添加新 DOM 元素（24~26行）

上述代码在没有应用 JS 脚本（14~27 行的<script>代码）前，浏览效果如图 26-3 所示；应用 JS 后，效果如图 26-4 所示。

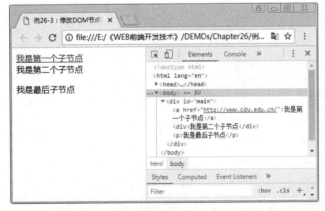

图 26-3 应用 JS 操作 DOM 之前（未应用 14~27 行代码）

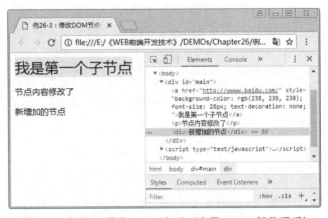

图 26-4 应用 JS 操作 DOM 之后（应用 14~27 行代码后）

本实例演示了 DOM 元素的访问、添加、删除、修改等操作。实际上相关操作方法很多，有兴趣的朋友请查阅相关资料。

26.4 BOM 对象

通过对 DOM 对象的学习，我们知道了怎么利用 JS 操作网页元素。但 DOM 对象只能操作文档内容，却不能操作当前网页窗口的浏览器，而 BOM 的作用正在于此。

BOM(Browser Object Model)是指浏览器对象模型，是用于描述这种对象与对象之间层次关系的模型。BOM 提供了独立于内容的、可以与浏览器窗口进行互动的对象结构。

☛ **BOM：浏览器对象模型**
Browser Object Model

BOM 由多个对象组成，其中代表浏览器窗口的 window 对象是 BOM 的顶层对象，其他对象都是该对象的子对象，包含了 document、history、location、screen、navigator 和 frame 对象（图 26-5）。

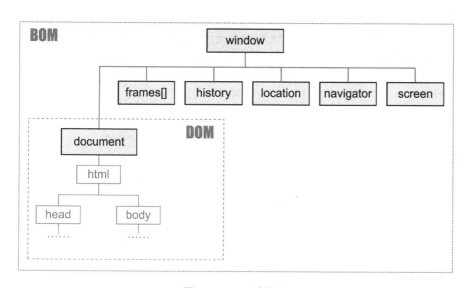

图 26-5 BOM 结构图

DOM 对象前述已有介绍，frame 对象由于涉及到框架，稍微复杂一点，且使用并不很普遍，所以全书不作介绍，下面就其他几个对象进行介绍。

26.4.1 window 对象

window 对象表示浏览器中打开的窗口。如果文档包含框架（<frame>或<iframe>标签），浏览器会为 HTML 文档创建一个 window 对象，并为每个框架创建一个额外的 window 对象。在实际应用中，当打开浏览器窗口时，window 对象就被创建。

window 对象内置了许多属性和方法，常用属性见表 26-1。

表 26-1 window 对象常用的属性

属性	描述
closed	返回窗口是否已被关闭
defaultStatus	设置或返回窗口状态栏中的默认文本
document	对 Document 对象的只读引用。请参阅 Document 对象
history	对 History 对象的只读引用。请参阅 History 对象
innerheight	返回窗口的文档显示区的高度
innerwidth	返回窗口的文档显示区的宽度
length	设置或返回窗口中的框架数量
location	用于窗口或框架的 Location 对象。请参阅 Location 对象。
name	设置或返回窗口的名称
Navigator	对 Navigator 对象的只读引用。请参阅 Navigator 对象

window 对象常用的方法见表 26-2。

表 26-2 window 对象常用的方法

属性	描述
alert()	显示带有一段消息和一个确认按钮的警告框
blur()	把键盘焦点从顶层窗口移开
clearInterval()	取消由 setInterval() 设置的 timeout
clearTimeout()	取消由 setTimeout() 方法设置的 timeout
close()	关闭浏览器窗口
confirm()	显示带有一段消息以及确认按钮和取消按钮的对话框
createPopup()	创建一个 pop-up 窗口
focus()	把键盘焦点给予一个窗口
moveBy()	可相对窗口的当前坐标把它移动指定的像素
moveTo()	把窗口的左上角移动到一个指定的坐标
open()	打开一个新的浏览器窗口或查找一个已命名的窗口
print()	打印当前窗口的内容
prompt()	显示可提示用户输入的对话框
resizeBy()	按照指定的像素调整窗口大小
resizeTo()	把窗口大小调整到指定的宽度和高度
scrollBy()	按照指定的像素值来滚动内容
setTimeout()	在指定的毫秒数后调用函数或计算表达式

💡 window 对象是一个全局对象，可省略不写。

window 对象表示一个浏览器窗口或一个框架。在客户端 JS 中，window 对象是全局对象，所有表达式都在当前环境中计算。也就是说，要引用当前窗口根本不需要特殊的语法，就可以把那个窗口的属性作为全局变量来使用。

例如，可以只写 document，而不必写 window.document。同样，可以把当前窗口对象的方法当作函数来使用，如只写 alert()，而不必写 window.alert()。

【例 26-4】 获取当前浏览器窗口的宽、高。

```
01  <!DOCTYPE html>
02  <html lang="en">
03  <head>
04      <title>例 26-4: window 对象示例（获取浏览器窗口的宽高）</title>
05      <meta charset="UTF-8">
06  </head>
07  <body>
08  </body>
09  <script tyep="text/javascript">
10      var w = window.innerWidth || document.body.clientWidth ||
11          document.documentElement.clientWidth;
12      var h = window.innerHeight || document.body.clientHeight ||
13          document.documentElement.clientHeight;
14      document.write("浏览器窗口宽: " + w + "px, 高: " + h + "px");
15  </script>
16  </html>
```

💡 此处浏览器窗口的宽高都写了三种方式，是为了兼容不同内核的浏览器。

上述代码在浏览器中的效果如图 26-6 所示。

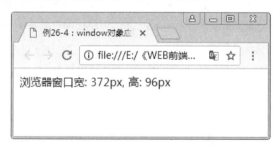

图 26-6 访问浏览器窗口的宽高

26.4.2 navigator 对象

navigator 对象是用来获取浏览器的相关信息。它的应用场景一般在于处理网站的兼容性问题，该对象是以 Netscape Navigator 命名的。navigator 对象包含很多用于描述浏览器信息的属性，但是不同浏览器所支持的属性之间也略有差别。

navigator 对象的常用属性见表 26-3。

表 26-3 navigator 对象常用的属性

属性	描述
appCodeName	返回浏览器的代码名
appMinorVersion	返回浏览器的次级版本
appName	返回浏览器的名称
appVersion	返回浏览器的平台和版本信息
cookieEnabled	返回指明浏览器中是否启用 cookie 的布尔值
platform	返回运行浏览器的操作系统平台
systemLanguage	返回操作系统使用的默认语言
userAgent	返回由客户机发送服务器的 user-agent 头部的值

【例 26-5】访问 navigator 对象使用示例。浏览效果如图 26-7 所示。

```
01   <!DOCTYPE html>
02   <html lang="en">
03   <head>
04     <meta charset="UTF-8">
05     <title>例 26-5：访问 navigator 对象示例</title>
06   </head>
07   <body>
08   </body>
09   <script tyep="text/javascript">
10     out("<p>浏览器代号: " + navigator.appCodeName + "</p>");
11     out("<p>浏览器名称: " + navigator.appName + "</p>");
12     out("<p>浏览器版本: " + navigator.appVersion + "</p>");
13     out("<p>启用 Cookies: " + navigator.cookieEnabled + "</p>");
14     function out(str) { document.write(str); }
15   </script>
16   </html>
```

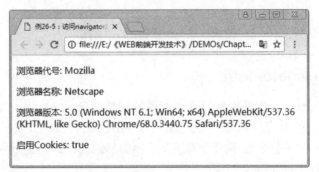

图 26-7 访问 navigator 对象

26.4.3 history 对象

history 对象包含用户在浏览器窗口中访问过的 URL，即浏览记录。

history 对象是 window 对象的一部分，可通过 window.history 属性对其进行访问。window.history 对象在编写时可不使用 window 这个前缀。

history 对象的具体方法见表 26-4。

表 26-4 history 对象方法

方法	描述
back()	加载 history 列表中的前一个 URL
forward()	加载 history 列表中的下一个 URL
go()	加载 history 列表中的某个具体页面（参数为负值表示后退）

History 对象的方法与浏览器软件的"前进"和"后退"按钮一致，需要明确的是用户如果没有使用过"后退"按钮或跳转菜单在网页历史记录中改变网页，JavaScript 脚本也同样没有使用过 history.back() 和 history.go()方法改变网页，那么 history.forward()就不会产生任何反应，因为此时的网页地址已处于 URL 列表最后的位置。

关于 history 对象使用方法的示例如下。

```
history.back();        //返回上一页
history.forward();     //向前加载下一页（前提是有过后退操作）
history.go(-2);        //相当于点击两次后退按钮
```

> 💡 history 对象最初设计是用于表示窗口的浏览历史。但出于隐私方面的原因，history 对象不再允许脚本访问已经访问过的实际 URL。唯一保持使用的功能只有 back()、forward() 和 go() 方法。

26.4.4 screen 对象

screen 对象包含有关用户屏幕的信息。每个 window 对象的 screen 属性都引用一个 screen 对象。screen 对象中存放着有关显示浏览器屏幕设置的信息。JavaScript 程序将利用这些信息来优化它们的输出，以达到用户的显示要求。

screen 对象的常用属性具体内容见表 26-5。

表 26-5 screen 对象的常用属性

属性	描述
availHeight	返回显示屏幕的高度（除 Windows 任务栏之外）
availWidth	返回显示屏幕的宽度（除 Windows 任务栏之外）
height	返回显示屏幕的高度
pixelDepth	返回显示屏幕的颜色分辨率（比特每像素）
width	返回显示器屏幕的宽度

例如，一个程序可以根据显示器的尺寸选择使用大图像还是使用小图像，它还可以根据显示器的颜色深度选择使用 16 位色还是使用 8 位色的图形。另外，JavaScript 程序还能根据有关屏幕尺寸的信息将新的浏览器窗口定位在屏幕中间。

```
var aWidth = screen.availWidth;    //返回屏幕宽度（不含任务栏）
var aHeight = screen.availHeight;  //返回屏幕高度（不含任务栏）
var sWidth = screen.width;         //返回屏幕宽度（包含任务栏）
var sHeight = screen.height;       //返回屏幕高度（包含任务栏）
```

26.4.5 location 对象

location 对象包含有关当前 URL 的信息，并把浏览器重定向到新的页面。location 对象表示窗口中当前显示的文档的 Web 地址。它的 href 属性存放的是文档的完整 URL，其他属性则分别描述了 URL 的各个部分。location 的常用属性见表 26-6。

表 26-6 location 对象常用的属性

属性	描述
hash	设置或返回从井号 (#) 开始的 URL（锚）
host	设置或返回主机名和当前 URL 的端口号
hostname	设置或返回当前 URL 的主机名
href	设置或返回完整的 URL
pathname	设置或返回当前 URL 的路径部分
port	设置或返回当前 URL 的端口号
protocol	设置或返回当前 URL 的协议
search	设置或返回从问号 (?) 开始的 URL（查询部分）

💡 URL 中问号(?)之后的部分，一般是页面之间的参数传递，使用 search 属性能够直接获取参数字段。

location 对象的常用方法见表 26-7。

表 26-7 location 对象常用的方法

方法	描述
assign()	加载新的文档
reload()	重新加载当前文档。即刷新当前页面
replace()	用新的文档替换当前文档

💡 location.reload()刷新当前页面，非常有用。

location 对象的使用示例如下。

```
var url = location.href;          //返回当前窗口完整的 URL
var params = location.search;     //返回从问号开始的 URL
location.reload();                //重新加载当前文档，即刷新当前页
```

26.5 本章总结

通过本章的学习，了解了 JavaScript 中的 BOM 和 DOM 模型，学会了怎样通过 DOM 来改变 HTML 中的内容或 CSS 中的样式，了解了 BOM 中的几个常见的对象，如 window、navigator、history 等对象。在实际开发中，DOM 使用得很多。

26.6 最佳实践

（1）使用 DOM 对象实现网页中增大字体和缩小字体的功能。

（2）使用 DOM 对象，对网页中的元素实现访问、增加、删除、修改等操作。请参考例 26-3。

（3）通过 BOM 对象获取以下信息。

    ① 鼠标当前的位置坐标。

    ② 显示屏幕高度与宽度。

    ③ 当前的 URL 地址及地址各个组成部分的信息。

（4）通过 BOM 对象实现浏览器中的前进与后退功能。

（5）设计一个登录界面（图 26-8），要求如下。

    ① 登录区域设置一定宽度和高度。

    ② 打开登录页面时，登录区在浏览器水平、垂直方向上都居中。

图 26-8 用户登录界面

参考代码如下。

```
01  <!DOCTYPE html>
02  <html>
03  <head>
04    <meta charset="UTF-8">
05      <title>最佳实践：登录界面在浏览器中居中</title>
```

设置登录区域的样式，着重强调了以矩形区域显示，并设置了位置为 position，以便能够对其位置进行定位

```
06      <style type="text/css">
07          div#loginDiv {
08              line-height: 3;
09              font-family: 微软雅黑;
10              font-size: 18px;
11              padding: 20px;
12              border: 3px solid #808080;
13              width: 300px;
14              position: fixed;
15          }
16      </style>
17  </head>
18  <body>
```

登录界面（注：仅作演示用，未对界面及功能进行优化和实现）

```
19      <div id="loginDiv">
20          用户名：<input type="text" id="txtID"><br>
21          密  码：<input type="password" id="txtPWD"><br>
22          <input type="button" value="登录">  
23          <input type="reset" value="重置">
24      </div>
25  </body>
26  <script type="text/javascript">
```

获取登录矩形区域的宽和高

```
27      var logDiv = document.getElementById("loginDiv");
28      var divW = logDiv.clientWidth;
29      var divH = logDiv.clientHeight;
```

获取浏览器窗口当前的宽和高

```
30      var w = window.innerWidth || document.body.clientWidth ||
31          document.documentElement.clientWidth;
32      var h = window.innerHeight || document.body.clientHeight ||
33          document.documentElement.clientHeight;
```

计算登录矩形区域居中时左上角顶点的坐标(x, y)，并将它移到相应坐标点，实现在浏览器窗口中居中的效果

```
34      var x = (w - divW) / 2;
35      var y = (h - divH) / 2;
36      logDiv.style.left = x + "px";
37      logDiv.style.top = y + "px";
38  </script>
39  </html>
```

　　特别说明：当改变窗口大小时，登录区域并不会自动调整位置去适应变化，需要刷新页面重新加载才会再次居中。要想让它根据窗口的变化适时动态居中，可以将上述 JS 代码放到 window.onresize() 事件中（参见第 27 章）。

第 *27* 章 JavaScript 事件

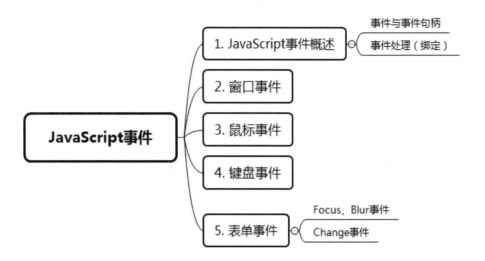

本章介绍

JavaScript 事件是整个网页交互中最重要的部分，可以说 JavaScript 事件就是整个浏览器和用户行为的实现。本章将介绍 JavaScript 的事件、事件类型、事件句柄以及常用事件的典型应用。

学习重点

了解 JS 的事件及意义

了解 JS 事件的类型

了解常用事件的事件句柄

掌握常用事件的典型应用

27.1 JavaScript 事件概述

27.1.1 事件与事件句柄

事件（event）是可以被 JavaScript 侦测到的行为。

事件在 HTML 页面中定义。网页中的每个元素都可以产生某些可以触发 JavaScript 函数的事件。如鼠标点击、页面或图像载入、鼠标悬浮于页面的某个热点之上、在表单中选取输入框、确认表单、键盘按键等都会触发一些事件。

绝大多数事件的命名是描述性的，很容易理解，如 Click、Load、Dblclick、MouseOver 等，基本符合见名知义的规范。

事件通常与函数配合使用，当事件发生时函数才会执行。

当事件发生时，浏览器自动查询页面上是否指定了对应的事件处理函数。如果没有指定，则不会发生任何反应；如果指定了，则调用相应的事件处理代码，完成相应事件的响应。通过设置页面元素的**事件句柄，可以将页面元素的特定事件和一段事件处理函数关联起来**。通常，事件句柄的命名原则是在事件名称前加上前缀 on。如果 Click 事件的句柄为 onclick。

27.1.2 事件处理（绑定）

当一个事件发生时，如果需要截获并处理该事件，只需要将该事件的事件句柄与特定的函数（事件处理程序）关联起来即可，这个关系的动作称为"绑定"。有以下两种常用的关联操作。

（1）在 HTML 的标签中静态绑定。

（2）在 JS 中动态绑定。

1. 在 HTML 的标签中静态绑定事件

即是将事件句柄以属性的形式写在 HTML 元素的标签中，其值即为事件处理程序的具体代码或函数名。HTML 中的语法如下。

> 由于在 HTML 标签中无法写较复杂的代码和逻辑处理，所以方式 1 仅适合简单的 JS 语句，这里无法实现登录

```
方式 1：<标签名 事件句柄 = "JS 语句代码;" ......> </标签名>
方式 2：<标签名 事件句柄 = "函数名()" ......> </标签名>
```

> 方式 2 由于是调用函数，所以可以完成任意复杂的逻辑和处理

例如，下面 HTML 代码实现静态事件绑定。

```
<INPUT type="button" value="登录" onclick="alert('按钮被点击了！');">
<INPUT id="btnSubmit" type="button" value="登录" onclick="login()">
```

这里 onclick 就是事件句柄。方式 1 中直接执行 JS 语句；方式 2 中 login 即是事件处理程序的函数名，当点击"登录"按钮，将调用 login()

函数。

这种绑定方法的优点是直观、清晰；缺点是比较"死板"，不灵活。最重要的是 HTML 与 JS 代码耦合度较高，没有完全分离。

2. 在 JS 中动态绑定事件

这种方式允许程序像操作 JS 对象的属性一样来处理事件。

处理方式是：先通过 DOM 操作获取到触发事件的元素，然后给它的事件属性（通常与事件句柄同名）赋予函数名或者直接写一段 function 代码。JS 语法如下。

> 方式1： 元素对象.事件属性 = function(){ 代码 }
>
> 方式2： 元素对象.事件属性 = 函数名;

方式1：直接将函数声明赋给事件属性，很直接，但是函数没有名字，没有独立，不具重用性。

方式2：将函数名（注意不带圆括号）赋给事件属性，显然函数代码具有重用性。

总的来看，动态绑定方法的优点是 HTML 与 JS 代码分离，操作灵活；不足之处是不够直观。

【例 27-1】JS 事件的绑定示例。

```
01  <!DOCTYPE html>
02  <html lang="en">
03  <head>
04      <meta charset="UTF-8">
05      <title>例 27-1：事件绑定示例</title>
06  </head>
07  <body>
08      <INPUT type="button" value="静态绑定 1" onclick="alert('静态 1');">
09      <INPUT type="button" value="静态绑定 2" onclick="popMsg()">
10      <INPUT type="button" value="动态绑定 1" id="btnDemo1">
11      <INPUT type="button" value="动态绑定 2" id="btnDemo2">
12  </body>
13  <script type="text/javascript">
14      function popMsg() { alert("静态绑定事件 2"); }
15      var btn1 = document.getElementById("btnDemo1");
16      btn1.onclick = function () {
17          alert("动态绑定事件，匿名函数形式。")
18      }
19      var btn2 = document.getElementById("btnDemo2");
20      btn2.onclick = myHandler;
21      function myHandler() { alert("动态绑定事件，普通函数形式。"); }
22  </script>
23  </html>
```

本示例演示了事件绑定的几种方式，页面中的效果为：4 个按钮，分别点击都会得到响应（图 27-1）。

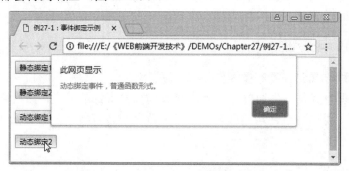

图 27-1 JavaScript 的事件绑定

27.2 窗口事件

窗口主要有加载和卸载等几个重要事件（表 27-1），都是非常有用的事件。

表 27-1 JavaScript 中常用的窗口事件

事件名称	事件句柄	事件描述
Load	onLoad	某个文档或图像被完成加载时触发
BeforeUnLoad	onBeforeUnload	当文档卸载时触发。优先于 Unload 事件
UnLoad	onUnload	当文档卸载时触发

1. Load 事件

还记得我们在"22.4 JavaScript 代码在 HTML 中的位置问题"部分介绍的 JS 因加载机制造成的问题么？

Web 加载时是按代码顺序加载的，如果 JS 代码在 head 部分，并且直接访问了页面元素，就可能造成错误。为了避免这种错误，我们不得不把 JS 代码放到了<body>标签之后，例 27-1 也是如此。

那么如何才能把 JS 放到 head 部分，而不造成错误呢？Load 事件为我们提供了解决方案。只要把需要等 DOM 加载完成再执行的 JS 代码放到 Load 事件中即可。

具体实现方法一般是：定义一个 init()函数，将上述 JS 代码放到函数中，而将 init 函数绑定给 window 对象的 onload 事件属性。

💡 函数名 init 显示不是必须的，只是因为它是单词"初始化"（initialize）的意思，所以用它表示初始化这个动作比较直观。

```
window.onload = init;        //特别注意：函数名后面不能加括号()
function init(){
    //需要等 DOM 加载完成再执行的 JS 代码
}
```

当然，上面第 1 行代码事件的绑定也可以在<body>标签中，例如：

```
<body onload = "init()">
```

【例 27-2】例 27-1 的代码的 JS 位置优化。

```
01  <!DOCTYPE html>
02  <html lang="en">
03  <head>
04      <meta charset="UTF-8">
05      <title>例 27-2: Load 事件优化 JS 代码位置</title>
06      <script type="text/javascript">
07          window.onload = init;
08          function init(){
09              //例 27-1 中 15~21 行的代码放这里
10          }
11          function popMsg() { alert("静态绑定事件 2"); } //原第 14 行
12      </script>
13  </head>
14  <body>
15      ......
16  </body>
17  </html>
```

至此，第 22.5 节讲到的 JS 代码放在<head>部分，因加载机制而造成错误的问题得到解决。

2. BeforeUnLoad、UnLoad 事件

窗口的 BeforeUnLoad 和 UnLoad 事件远不及 Load 事件使用得多，但是在特定场合还是非常有用的。比如：Web 版 QQ 邮箱，在编辑邮件时，如果要关闭当前窗口，它会询问你是否要先保存，而不是直接关闭；一些对用户是否在线比较敏感的 Web 应用（如在线考试系统），也不希望用户直接关闭窗口，而是要确认之后才能关闭。

这两个事件正好解决这个问题。当关闭窗口的命令发出时，会依次触发这两个事件，此时，给出确认对话框，让用户确认，这样就可以确保用户不是无意关闭窗口。

【例 27-3】关闭（离开）当前文档前让用户确认。

```
01  <!DOCTYPE html>
02  <html lang="en">
03  <head>
```

💡 BeforeUnLoad 事件通常用在确认是否离开文档的场景。

💡 UnLoad 事件通常用在确定离开后的善后处理（如清除用户登录状态、记录用户操作信息等）。

```
04        <meta charset="UTF-8">
05        <title>例 27-3：UnLoad 事件示例</title>
06        <script type="text/javascript">
07            window.onbeforeunload = function () {
08                if (window.event)
09                    window.event.returnValue = "确定关闭窗口吗？";
10            }
11        </script>
12    </head>
13    <body>
14      UnLoad 事件示例，关闭窗口会弹出确认对话框。<br/>
15      <input type="button" onclick="window.close()" value="关闭" />
16    </body>
17  </html>
```

在 IE 浏览器中的效果如图 27-2 所示。

图 27-2 window.unbeforeunload

本例中使用了 IE 浏览器演示效果（而不是 Chrome），原因在于不同的浏览器对窗口事件的支持有差异，Chrome 浏览器并不完全支持 BeforeUnLoad 事件。因而，在 IE 浏览器中，上述代码能够正确响应；在 Chrome 浏览器中单击窗口右上角的"关闭"按钮，使用 window.close() 触发 BeforeUnLoad 事件时也能够响应，但是如果直接关闭浏览器（如本例中通过 JS 直接调用方法、Alt+F4 快捷键等方式），有可能直接关闭窗口退出，并不出现对话框。

所以，这里旨在演示事件的触发机制，要真正实现完美的响应，需要进一步使用其他更好的解决方案。

27.3 鼠标事件

在网页功能中，用到最多的事件可能就是鼠标的点击事件。当在页面中单击按钮时就会发生鼠标单击事件；在元素上移动鼠标时，就会发生鼠标的移入移除事件；拖动鼠标时，就会发生鼠标的拖动事件。

常用的鼠标事件见表 27-2。

表 27-2 JavaScript 中常用的鼠标事件

事件名称	事件句柄	事件描述
Click	onclick	当用户点击某个对象
Dblclick	ondblclick	当用户双击某个对象
MouseDown	onmousedown	鼠标按钮被按下
MouseMove	onmousemove	鼠标被移动
MouseOut	onmouseout	鼠标从某元素上移开
MouseOver	onmouseover	鼠标移到某元素之上
MouseUp	onmouseup	鼠标按键被松开

鼠标的单击事件 Click 是所有事件中最经典、应用最多的，在前面的例子中已经反复用到，这里不再单独介绍。

此外，双击事件的原理与用法与单击事件差不多，可以参考单击事件了解；MouseDown、MouseMove、MouseUp 事件在游戏等交互场景下使用较多，普通设计中并不是很常用，这里都不做详细介绍。

MouseOver 和 MouseOut 就像一对情侣，常常配套使用。最常见的场景有：

（1）广告、商品展示等，当鼠标移到图片上时，小图像变成大图像或者淡图变得鲜艳，移开后还原。

（2）鼠标移到某个对象上，样式改变，使控件突出，移开后还原。

（3）显示表格数据时，鼠标在表格上移动时，所在的行（列）背景颜色改变，以提醒用户，移开后还原。

（4）通过标签显示信息时，当鼠标移到一个标签上，内容区的内容相应改变，移开后还原。

还有很多其他应用，这里不再一一列举。下面举两个最常用的例子加以说明。

【例 27-4】鼠标移到按钮上时，样式发生改变。效果：正常为灰色背景、蓝色文字、微软雅黑字体；鼠移到上方变为红色背景、楷体。浏览器中的显示效果如图 27-3 所示。

```
01  <!DOCTYPE html>
02  <html lang="en">
```

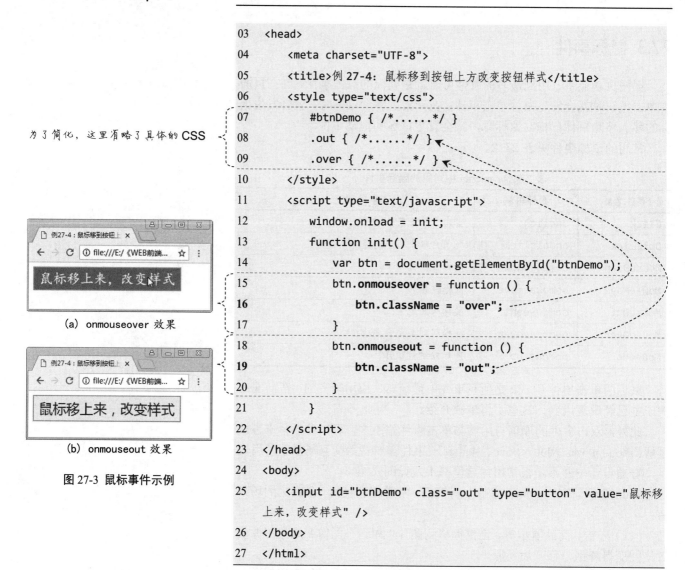

为了简化，这里省略了具体的 CSS

（a）onmouseover 效果

（b）onmouseout 效果

图 27-3 鼠标事件示例

```
03    <head>
04        <meta charset="UTF-8">
05        <title>例 27-4：鼠标移到按钮上方改变按钮样式</title>
06        <style type="text/css">
07            #btnDemo { /*......*/ }
08            .out { /*......*/ }
09            .over { /*......*/ }
10        </style>
11        <script type="text/javascript">
12            window.onload = init;
13            function init() {
14                var btn = document.getElementById("btnDemo");
15                btn.onmouseover = function () {
16                    btn.className = "over";
17                }
18                btn.onmouseout = function () {
19                    btn.className = "out";
20                }
21            }
22        </script>
23    </head>
24    <body>
25        <input id="btnDemo" class="out" type="button" value="鼠标移
    上来，改变样式" />
26    </body>
27 </html>
```

　　有朋友可能觉得奇怪：我们直接使用 CSS 的 hover 就可以实现鼠标移到按钮上改变样式的效果，为什么还要额外使用这么多代码去实现呢？

　　不要忘了，使用 CSS 设置样式是静态的、不能改变的；而这个示例，演示了如何使用 JS 动态地改变元素的 CSS。掌握了这一技术，我们就可以在适当的场景下去改变元素甚至是页面的样式，如让用户选择风格，或执行某些操作后样式发生改变等，这些都不是 CSS 自己可以实现的。

【例 27-5】鼠标移到表格上方时，当前行的背景颜色发生改变，移开还原，代码如下。

```
01 <!DOCTYPE html>
02 <html lang="en">
03 <head>
04     <meta charset="UTF-8">
```

```
05      <title>例27-5：鼠标移到表格上方时行变色</title>
06      <style type="text/css">
07          table, td, th {
08              border: 1px solid #999;
09              border-collapse: collapse;    /*合并边框*/
10          }
11      </style>
12      <script type="text/javascript">
13          window.onload = init;
14          function init() {
15              var tbl = document.getElementById("tbl");
16              var trs = tbl.getElementsByTagName("tr");
17              var oldBG;         //记录鼠标移上去之前的旧颜色
18              for (n in trs) {
19                  trs[n].onmouseover = function () {
20                      oldBG = this.style.background;   //记录旧颜色
21                      this.style.background = "#ccc";  //显示新颜色
22                  }
23                  trs[n].onmouseout = function () {
24                      this.style.background = oldBG;   //恢复旧颜色
25                  }
26              }
27          }
28      </script>
29  </head>
30  <body>
31      <table id="tbl">
32          /*......（省略）*/
33      </table>
34  </body>
35  </html>
```

JS 实例：鼠标移到行上变色

行15 → 根据表格 ID 获得表格元素对象
行16 → 根据 TagName 获取表格中的全部 tr
行18 → 遍历所有行

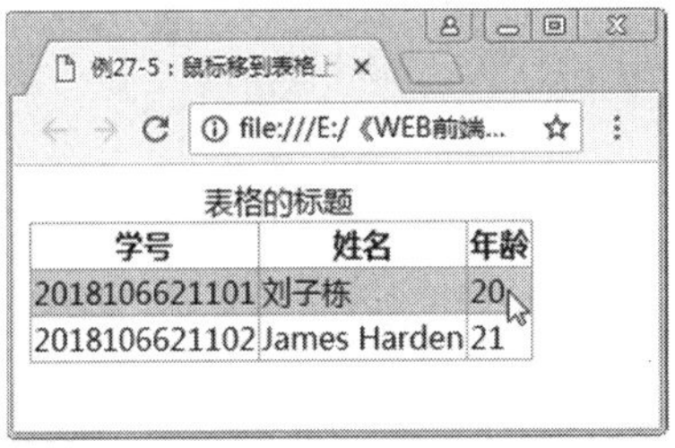

图 27-4 鼠标移到表格行上变色

浏览器中的显示效果如图 27-4 所示。

鼠标事件还有很多实际应用，有兴趣的朋友可以查阅相关资料。

27.4 键盘事件

键盘操作是网页中非常重要的操作，广泛应用于用户输入、游戏交互等场景。

常用的键盘事件有三个：KeyDown、KeyPress、KeyUp，即键盘按下、键盘按下并松开、键盘完全松开（表 27-3）。

表 27-3 JavaScript 中常用的键盘事件

事件名称	事件句柄	事件描述
KeyDown	onkeydown	当键被按下时触发
KeyPress	onkeypress	当键被按下又松开时触发
KeyUp	onkeyup	当键被松开时触发

键盘的键码值被包含在事件发生时创建的对象 event 中，用 event.keyCode 可以获得按键的对应键码值。

下面例子演示使用键盘事件响应 Enter 键，完成不同的功能。

【例 27-6】模拟用户登录操作，有用户名、密码两个输入框，一个登录按钮。当在用户名输入框上按 Enter 键时，焦点跳转到密码输入框；当在密码上按 Enter 键时，提交登录操作，作用与单击登录按钮相同。

```
01  <!DOCTYPE html>
02  <html>
03  <head>
04    <meta charset="UTF-8">
05    <title>例 27-6：输入时的键盘事件</title>
06    <script type="text/javascript" src="JS/demo27-6.js"></script>
07  </head>
08  <body>
09    <p>请按下回车键提交用户名和密码</p>
10    用户名：
11    <input type="text" id="txtID" onkeydown="idKeyDown()"><br/>
12    密  码：
13    <input type="password" id="txtPWD" onkeydown="pwdKeyDown()">
14    <br/><input type="button" value="登  录" onclick="submit()">
15  </body>
16  </html>
```

对应的 JS 文件 demo27-6.js 代码如下。

```
01  /* demo27-6.js */
02  var txtID, txtPWD;
03  window.onload = function () {
04      txtID = document.getElementById("txtID");
05      txtPWD = document.getElementById("txtPWD");
06  }
```

```
07   //绑定到用户名文本框 onkeydown 事件，在其上按回车键，焦点跳转到密码框
08   function idKeyDown() {
09       if (window.event.keyCode == 13) {
10           txtPWD.focus();
11       }
12   }
13   //绑定到密码文本框 onkeydown 事件，在其上按回车键，提交登录请求
14   function pwdKeyDown() {
15       if (window.event.keyCode == 13) {
16           submit();
17       }
18   }
19   //登录请求的逻辑处理
20   function submit() {
21       var id = txtID.value;
22       var pwd = txtPWD.value;
23       if (id == "") {
24           alert("用户名不能为空！")
25           txtID.focus();
26       } else if (pwd == "") {
27           alert("密码不能为空！")
28           txtPWD.focus();
29       } else {
30           alert("开始登录验证……");
31       }
32   }
```

💡 回车键的键码值: **13**

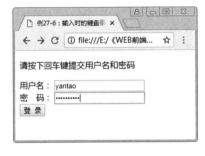

图 27-5 键盘事件示例

本例在页面中的浏览效果如图 27-5 所示，但需要实际操作才能验证功能。

KeyPress 事件与其他两个事件的主要区别如下。

（1）KeyPress 只能捕获单个字符、区分大小写；KeyDown 和 KeyUp 可以捕获组合键、不区分大小写。

（2）从响应顺序上看：KeyDown、KeyPress 触发在文本还没真正写入，返回的是文本框中之前就存在的内容；而 KeyUp 触发在文本写入之后，返回的是当前文本框中的内容。

其他更深入细致的区别这里不再详述。

27.5 表单事件

表单是在网页应用与用户交互中最常用的工具，用户的登录注册以及写评论等都要用到表单。表单事件最主要的作用就是表单的数据验证，规定数据的正确性和合法性，然后把数据传输到服务端。表单有众多元素，如输入框、单选框、复选框、下拉表框等，都会触发相应的事件。

表单常用的事件见表 27-4。

表 27-4 JavaScript 中常用的表单事件

事件名称	事件句柄	事件描述
Change	onchange	当表单元素发发生改变时触发
Submit	onsubmit	当表单被提交时触发
Reset	onrest	当表单被重置时触发
Select	onselect	当元素被选取时触发
Blur	onblur	当元素失去焦点时触发
Focus	onfocus	当元素获得焦点时触发

27.5.1 Focus、Blur 事件

表单中的元素获取焦点就会触发 Focus 事件，失去焦点就会触发 Blur 事件。以文本框为例，当用鼠标单击文本框时，文本框中就会在输入框中显示输入光标，也就是获取到了焦点。当文本框获取焦点后，在文本框以外点击时，文本框就会失去输入光标，也就是失去焦点。

【例 27-7】表单元素的 Focus 和 Blur 事件。浏览效果如图 27-6 所示。

```
01  <!DOCTYPE html>
02  <html>
03  <head>
04      <meta charset="UTF-8">
05      <title>例 27-7：表单元素的 Focus 和 Blur 事件</title>
06      <script type="text/javascript">
07          var txtID, tips;
08          window.onload = init;          //当 DOM 加载完成后，再初始化
09          function init() {
10              txtID = document.getElementById("txtID");
11              tips = document.getElementById("tips");
12              txtID.onfocus = Focus;      //绑定得到焦点事件
13              txtID.onblur = Blur;        //绑定失去焦点事件
14          }
```

```
15          function Focus() {
16              tips.innerHTML = "正在输入用户名……";
17          }
18          function Blur() {
19              if (txtID.value != "") {
20                  tips.innerHTML = "用户名输入完成";
21              } else {
22                  tips.innerHTML = "用户名不能为空";
23              }
24          }
25      </script>
26  </head>
27  <body>
28      <div>用户名：<input type="text" id="txtID"><br/></div>
29      <span id="tips">请输入用户名</span>
30  </body>
31  </html>
```

27-6(a) 文本框得到焦点的状态

27-6(b) 文本框失去焦点的状态

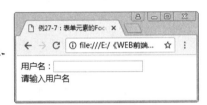

27-6(c) 文本框初始状态

图 27-6 Focus 和 Blur 事件示例

27.5.2 Change 事件

　　表单主要是用来填写数据的网页应用，数据内容的改变将会触发表单内容改变事件。内容改变事件在表单的下拉列表框中经常会用到。如我们在注册信息选择地区时，往往是下拉边框构成的多级联动。也就是根据前一个下拉表框，改变下一个下拉列表框中的内容。

【例 27-8】下拉列表二级联动示例，代码如下。

```
01  <!DOCTYPE html>
02  <html>
03  <head>
04      <meta charset="UTF-8">
05      <title>例 27-8：Change 事件实现下拉列表的联动</title>
06      <script type="text/javascript" src="JS/demo27-8.js"></script>
07  </head>
08  <body>
09      <select id="province" onchange="changeCity()">
10          <option value="0">--请选择--</option>
11          <option value="1">四川</option>
12          <option value="2">浙江</option>
13      </select>
```

27-7(a) 下拉列表初始状态

province 下拉列表初设 2 个省份

实际开发中，通常页面打开时，从后台读取数据，动态加载到下拉列表中

city 下拉列表中初始没有城市选择
需要根据 province 列表中选择的省
份动态加载其城市

```
14      <select id="city">
15          <option value="0">--请选择--</option>
16      </select>
17  </body>
18  </html>
```

对应的 JS 文件 demo27-8.js 如下。

当页面 DOM 加载完成后，获取 city
和 province 两个下拉列表元素对象

定义城市对象，模拟两个省的城市
实际开发中，当选择省份时，需要动
态从后台读取相应的城市，动态加载

当 province 下拉列表发生 Change 事
件（即选项改变）时，执行此函数
功能是：如果 city 列表中有城市（项
数>1）那么就清除已有的城市选项
（注：需要保留第一个"--请选择--"选
项）。然后调用 addNode()函数添加城
市

根据 province 中的选项，动态加载城
市到 city 下拉列表中
注意：这里仅是为了演示方便，直接
定义了城市列表，且使用了固定值的
判断（1 表示第一个城市，2 表示第 2
个城市）。实际开发中，这些都要使用
动态技术实现

```
01  /* demo27-8.js */
02  var city, province;
03  window.onload = function () {
04      city = document.getElementById("city");
05      province = document.getElementById("province");
06  }
07  var cityObject = {
08      SiChuan: ["成都", "绵阳", "德阳"],
09      ZheJiang: ["杭州", "宁波"]
10  };
11  function changeCity() {
12      if (city.children.length > 1) {
13          var length = city.children.length;
14          for (var j = 1; j < length; j++) {
15              city.removeChild(city.children[1]);
16          }
17      }
18      addNode();
19  }
20  function addNode() {
21      if (province.value == 1) {
22          for (var i = 0; i < cityObject.SiChuan.length; i++) {
23              addOption(cityObject.SiChuan[i]);
24          }
25      }
26      if (province.value == 2) {
27          for (var i = 0; i < cityObject.ZheJiang.length; i++) {
28              addOption(cityObject.ZheJiang[i]);
29          }
30      }
31  }
```

```
32    function addOption(object) {
33        var option = document.createElement("option");
34        node = document.createTextNode(object);
35        option.appendChild(node);
36        city.appendChild(option);
37    }
```

动态生成 city 下拉列表的 option 选项

在浏览器中的操作效果如图 27-7 所示。

 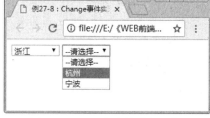 

(b) province 中选择"四川"　　　　(c) province 中选择"浙江"　　　　(d) province 中选择未选择省份

图 27-7 使用 Change 事件实现下拉列表的联动

Change 事件还有非常实用的场景：用户注册时，输入用户名，当输入完成后（Change 事件发生），系统马上给出提示："用户名已经存在，请换个用户名！"或"恭喜你，可以注册！"这个功能需要用到 AJAX，及时从后台数据库中查询，以便确认当前新的用户名是否能注册，具体操作这里不作介绍。只想让大家知道：我们经常看到的这个功能，正是由 Change 事件触发的。

因此，大家应该认真学习、深入理解，才能为将来的开发打下坚实基础。

27.6 本章总结

通过本章的学习，了解了什么是 JavaScript 中的事件，以及具体有哪些事件。事件在 JavaScript 中是一个很重要的知识点，用法都非常相似，这里只简单地介绍了四种事件的一些典型应用，更多的事件需要读者查阅相关资料，并通过大量实践去理解、掌握，并最终运用到实际开发中。

27.7 最佳实践

（1）利用鼠标移入移出事件实现表格隔行变色。

　　① 当鼠标移入奇数行时是一种背景颜色，移入偶数行时是另一种背景颜色，移出时恢复原色。

　　② 当鼠标滑到表头时不变色。

（2）设计一个登录页面（包括用户名输入框、密码输入框和登录按钮），并利用 JS 函数及事件完成登录功能验证。这里不涉及后台数据库，故设置一个固定的用户名（cdu）和密码（123456），实际开发过程中表单中获取的数据将会与数据库中的数据进行比较。

① 用户名验证规则：至少 2 位字符，不能超过 8 位字符。

② 密码验证规则：至少 6 位字符，不能超过 16 位字符。

③ 实际过程中验证规则更为复杂，需要使用正则表达式进行验证，这里不做要求，读者可自行了解一下。

④ 利用 JS 函数进行细化验证条件。

⑤ 当鼠标失去焦点时，开始验证输入内容，并弹出相应的提示（如：用户名长度不能少于 2 位）。

⑥ 当输入用户名和密码正确时，点击登录按钮时弹出"登录成功"。

（3）完善 26.6 第（5）题，使得登录界面中的矩形 div 区域适应浏览器大小变化，实时调整居中。

提示，将示例代码的 JS 部分（27~37 行）放到 window.onresize()事件中，结构如下。

```
01    ...
02    <script type="text/javascript">
03        window.onresize = divCenter;   //改变窗口大小时实时调用函数
04        function divCenter(){
05            /*原 27~37 行代码放这里*/
06        }
07        divCenter(); //首次打开页面时，调用函数，实现居中
08    </script>
09    <html>
10    <head>
11    ...
```

附 录

附录一 Web 前端工程师知识体系示意图

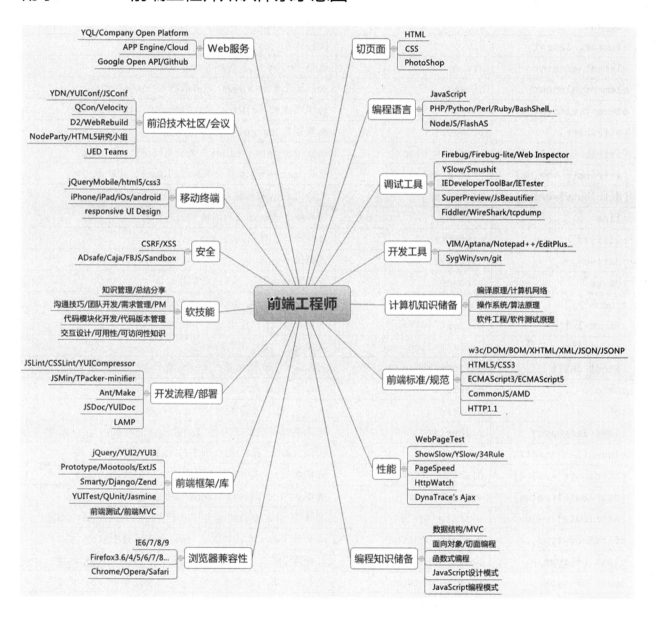

附录二 CSS 常用的选择器

选择器	示例	示例描述
.class	.intro	选择 class="intro" 的所有元素
#id	#firstname	选择 id="firstname" 的所有元素
*	*	选择所有元素
element	p	选择所有 <p> 元素
element,element	div,p	选择所有 <div> 元素和所有 <p> 元素
element element	div p	选择 <div> 元素内部的所有 <p> 元素
element>element	div>p	选择父元素为 <div> 元素的所有 <p> 元素
element+element	div+p	选择紧接在 <div> 元素之后的所有 <p> 元素
[attribute]	[target]	选择带有 target 属性所有元素
[attribute=value]	[target=_blank]	选择 target="_blank" 的所有元素
[attribute~=value]	[title~=flower]	选择 title 属性包含单词 "flower" 的所有元素
[attribute|=value]	[lang|=en]	选择 lang 属性值以 "en" 开头的所有元素
:link	a:link	选择所有未被访问的链接
:visited	a:visited	选择所有已被访问的链接
:active	a:active	选择活动链接
:hover	a:hover	选择鼠标指针位于其上的链接
:focus	input:focus	选择获得焦点的 input 元素
:first-letter	p:first-letter	选择每个 <p> 元素的首字母
:first-line	p:first-line	选择每个 <p> 元素的首行
:first-child	p:first-child	选择属于父元素的第一个子元素的每个 <p> 元素
:before	p:before	在每个 <p> 元素的内容之前插入内容
:after	p:after	在每个 <p> 元素的内容之后插入内容
:lang(language)	p:lang(it)	选择带有以"it"开头的 lang 属性值的每个 <p> 元素
element1~element2	p~ul	选择前面有 <p> 元素的每个 <ul> 元素
[attribute^=value]	a[src^="https"]	选择其 src 属性值以 "https" 开头的每个 <a> 元素
[attribute$=value]	a[src$=".pdf"]	选择其 src 属性以 ".pdf" 结尾的所有 <a> 元素
[attribute*=value]	a[src*="abc"]	选择其 src 属性中包含 "abc" 子串的每个 <a> 元素
:first-of-type	p:first-of-type	选择属于其父元素的首个 <p> 元素的每个 <p> 元素
:last-of-type	p:last-of-type	选择属于其父元素的最后 <p> 元素的每个 <p> 元素
:only-of-type	p:only-of-type	选择属于其父元素唯一的 <p> 元素的每个 <p> 元素
:only-child	p:only-child	选择属于其父元素的唯一子元素的每个 <p> 元素
:nth-child(n)	p:nth-child(2)	选择属于其父元素的第二个子元素的每个 <p> 元素
:nth-last-child(n)	p:nth-last-child(2)	同上，从最后一个子元素开始计数
:nth-of-type(n)	p:nth-of-type(2)	选择属于其父元素第二个 <p> 元素的每个 <p> 元素

选择器	示例	示例描述
:nth-last-of-type(n)	p:nth-last-of-type(2)	同上，但是从最后一个子元素开始计数
:last-child	p:last-child	选择属于其父元素最后一个子元素每个 <p> 元素
:root	:root	选择文档的根元素
:empty	p:empty	选择没有子元素的每个 <p> 元素（包括文本节点）
:target	#news:target	选择当前活动的 #news 元素
:enabled	input:enabled	选择每个启用的 <input> 元素
:disabled	input:disabled	选择每个禁用的 <input> 元素
:checked	input:checked	选择每个被选中的 <input> 元素
:not(selector)	:not(p)	选择非 <p> 元素的每个元素
::selection	::selection	选择被用户选取的元素部分

主要参考文献

King K N, 吕秀锋, 等. C 语言程序设计现代方法[M]. 北京:人民邮电出版社, 2010.

Morrison M. Head First JavaScript[M]. 南京:东南大学出版社, 2008.

Robbins J N. Web 前端工程师修炼之道[M]. 北京:机械工业出版社, 2014.

Robson E, EricFreeman. Head First HTML 与 CSS[M]. 北京:中国电力出版社, 2013.

Smith D. JavaScript 基础教程[M].9 版. 北京:人民邮电出版社, 2015.

Suehring S. JavaScript 从入门到精通[M]. 北京:清华大学出版社, 2012.

W3school 在线教程. http://www.w3school.com.cn/

Zakas N C. JavaScript 高级程序设计[M].3 版. 北京:人民邮电出版社, 2012.

储久良. Web 前端开发技术[M]. 北京:人民邮电出版社, 2013.

党建. Web 前端开发最佳实践[M]. 北京:机械工业出版社, 2015.

杜小丹, 等. 大学计算机基础实践教程[M].3 版. 北京:科学出版社, 2018.

李银城. 高效前端:Web 高效编程与优化实践[M]. 北京:机械工业出版社, 2018.

莫振杰. Web 前端开发精品课:HTML 与 CSS 基础教程[M]. 北京:人民邮电出版社, 2016.

后 记

　　这是一本 Web 前端开发技术的教程，编者同时希望它像是一本知识手册，甚至是一本笔记。它或许不能帮助你成为优秀的前端工程师，却能为你打开 Web 前端开发大门，助你攀上更高的山峰。

　　Web 前端开发的教程很多，如何"旧瓶装新酒"，如何让知识介绍变得生动、有趣，编者花了大量的功夫和心血，希望能以全新的、平易近人的语言，最简洁明了地进行诠释，即使不能做到超凡，也力争脱俗。

　　本书主要介绍 HTML、CSS、JavaScript 基础，尽管作者已经非常努力，但由于篇幅和时间限制，仍有一些知识没有完整呈现出来，如 JS 部分的运算符和表达式、流程控制，以及对于 HTML5、CSS3 等新知识的介绍，这是遗憾，同时也是方向和动力，希望在不久的将来有机会完善。

　　正所谓"万丈高楼平地起"，希望这本书能够为你插上前端开发的翅膀，在更广阔的天空翱翔！